線性控制系統

楊善國　編著

全華圖書股份有限公司

國家圖書館出版品預行編目資料

線性控制系統 / 楊善國編著. -- 二版. -- 新北
市 : 全華圖書, 2012.04
面 ; 公分
ISBN 978-957-21-8451-6(平裝)

1.自動控制

448.9 101004944

線性控制系統

作者 / 楊善國
發行人 / 陳本源
執行編輯 / 李文菁
出版者 / 全華圖書股份有限公司
郵政帳號 / 0100836-1 號
印刷者 / 宏懋打字印刷股份有限公司
圖書編號 / 0600071
二版一刷 / 2016 年 09 月
定價 / 新台幣 280 元
ISBN / 978-957-21-8451-6(平裝)
全華圖書 / www.chwa.com.tw
全華網路書店 Open Tech / www.opentech.com.tw
若您對書籍內容、排版印刷有任何問題，歡迎來信指導 book@chwa.com.tw

臺北總公司(北區營業處)
地址：23671 新北市土城區忠義路 21 號
電話：(02) 2262-5666
傳真：(02) 6637-3695、6637-3696

中區營業處
地址：40256 臺中市南區樹義一巷 26 號
電話：(04) 2261-8485
傳真：(04) 3600-9806

南區營業處
地址：80769 高雄市三民區應安街 12 號
電話：(07) 381-1377
傳真：(07) 862-5562

序一

控制理論是研究各種系統（包括自然系統和人造系統）的一般性共同控制規律的科學，其應用已遍及當今社會的各個方面，成爲人們認識自然和改造自然的重要手段。現代工業文明也表明控制理論是機器自動化的基礎，是將人類從繁重的乃至是危險的體力勞動中解放出來，從而提高勞動生產率和產品質量，並保證勞動者人身安全的關鍵。線性控制系統是控制理論中最爲成熟和最爲基礎的一個組成分支，是現代控制理論的基石。系統與控制理論的其他分支，都不同程度地受到其概念、方法和結果的影響。

目前雖也已有許多論著和典籍論及線性控制系統問題，但是作爲控制理論的教育與研究，當是人們永無止境的追求。本書作者楊善國教授累積二十餘年控制理論教育與研究之經驗，深諳現行控制理論各種書籍的優缺點以及教授執教、學生從學之規律，通過披沙揀金、博採眾長而撰寫成此書，因而使本書內容具有鮮明特色。比如能去蕪存菁，使全書量少而精要，同時能從學習者的立場著眼，不空談高深理論，重在深入淺出、循循善誘，務使學習者能透徹理解、易於掌握；特別是關鍵批註，能交代清楚前因與後果間的邏輯關係，理清來龍去脈，將使學習者常有頓然領悟、融會貫通之感。這些特色也是本書特別值得向讀者推薦的原因。

本書作者楊善國教授曾在中山科學研究院擔任 IDF 戰機空用儀電系統研究多年，隨後在國立勤益技術學院任教，對於控制理論和系統可靠性有精深的研究，已有數十篇論文發表於國內外，並多次在國際大會作特邀演講(Plenary Lecture)，同時楊教授以教書育人爲本，對教育教學規律很具心得，2006 年夏參加筆者主持的 Symposium of Multi and Interdisciplinary Engineering Education，其精彩演講令人印象尤深，在諸多專家的推選下，楊教授榮獲了拜耳優秀教學獎(Bayer Teaching Excellence Award)。由於隔海相望的緣故，我能向楊教授討教的機會並不多，除了郵件往還，我們或一起參加國際學術會議，雖接觸時間不長，我卻深受楊教授虔誠敬業、嚴謹治學、謙和爲人精神的感染，其種種卓越表現，堪稱學者楷模。本人有此機緣與教授切磋，共同探討，自覺受益匪淺，乃樂於爲序。

涂善東
華東理工大學副校長
中國壓力容器學會理事長
IFToMM 可靠性委員會理事

序二

在現代科學技術領域裏，線性控制系統的應用範圍極爲廣泛，它涉及到電氣、控制、電子、通訊、機械、儀器儀錶、感測器與檢測、電腦、人工智慧等眾多學科領域。因此，“線性控制系統”課程，現在已經成爲大部分工程與技術專業學生的必修課程。

楊善國教授多年從事自動控制理論教學與研究工作，特別是在線性控制系統方面累積了豐富的經驗。仔細閱讀了楊善國教授編寫的“線性控制系統”乙書，對其評價如下：

1. 雖然自動控制理論博大精深，有關線性控制系統方面的著作也非常多，但是，對於初學者來說，抓住線性控制系統基礎與關鍵內容十分重要。楊善國教授根據當前該學科理論與實際密切結合的特點，站在學生和教師不同的側面上去尋找線性控制系統“學習與教學”的盲點與瓶頸。教材內容新穎，題材廣泛，結構別具一格。
2. 教材內容覆蓋了經典控制理論和現代控制理論的線性微分方程、拉普拉斯變換、矩陣、轉移函數、狀態方程等數學基礎部分，方法包括了系統的圖形表示法、時域分析法、根軌跡法、頻率分析法、控制系統的設計與補償等內容，教材重點內容突出，系統編排環環相扣，課程內容安排適中，例題貼切。
3. 本書作者用字遣詞講究，語句清晰通順，教材分析透徹生動，同時注重了理論的嚴密性和方法的實用性，使讀者易於領會和掌握問題的實質，並能較快地用以解決實際問題，是一本不可多得的好教材。

芮延年
于蘇州大學

序三

現代科學技術日新月異的發展，使得自動控制技術以前所未有的步伐推陳出新。高校肩負著培養技術人才的重任，而“線性控制系統”課程正是學生學習機械、電機、電子、電腦等相關學科都需要掌握的重要基礎課程之一。

楊善國教授編寫的《線性控制系統》教材已成爲多所高校使用的課本，這與楊教授多年來關注本學科發展狀況，認眞鑽研教學，積極總結自己的教學經驗是分不開的。此教材得以再版，充分說明廣大教師和學生對它的喜愛，在此向楊教授表示祝賀！

本人結識楊教授是在來勤益科技大學做客座教授（2013.9-2014.7）之前，機械系推薦楊教授編寫的《感測與度量工程》作爲我在勤益科技大學給研究所學生講授的教材，教材中深入淺出的講解，理論與實踐緊密聯繫的風格，給我留下了深刻的印象。此次拜讀《線性控制系統》一書，我又一次領略了楊教授治學之嚴謹。本書的特點如下：

一、教材從基本概念入手，圖文並茂，精選實例，對實際案例的說明細緻入微、全面周到，注重反映實際的工程應用。比如《線性控制系統》第三章中的“系統的數學表示法”，例舉了機械系統、電氣系統、熱能系統等多種工程應用，幫助學生實現觸類旁通；對重點原理的介紹由淺入深、言簡意賅；教材編寫的整體安排具有實用性、系統性，也體現了該領域發展的先進性。

二、該教材引導學生系統掌握自動控制領域的基礎理論和實際知識，有利於培養學生分析問題、解決問題的能力，有利於提高學生的實踐技能，並使他們具有嚴謹的科學態度和科學的工作方法，這樣爲今後的實際工作和科學研究奠定扎實的知識基礎。

三、 本教材的另一特色是：作者憑藉多年教學經驗，在學生經常發生問題的關卡，適時地以問答方式提供批註，使讀者在研讀本書的過程中，有如親臨教室上課，輕鬆閱讀。這種循循善誘，深入淺出的寫作形式令人耳目一新，這又是楊教授治學風格的明證，非常感謝楊教授毫無保留地將多年教學經驗和體會融入了書中，這將使讀者受益匪淺。

楊教授曾在大陸多所大學講學並做客座教授，也曾多次受到國際同行的邀請做專題學術演講和報告。他學識淵博、爲人豪爽、平易近人、謙虛有禮，與他暢談，總有如沐春風之感。能爲楊教授的《線性控制系統》再版書寫此序本人深感榮幸！本人在勤益科技大學做客座教授期間也得到楊教授以及該校許多教師的多方關照，借此一併致謝！

河北工業大學教授　劉新福
于天津

自序

傳統控制理論自二十世紀初萌芽以來，經歷長時間的淬煉，迄今已逐漸趨於成熟穩定。在這發展的過程中，無數的學者貢獻其相關研究的心血，點滴累積成了今日的成果。當然也因此造成了百家爭鳴、各放異彩的局面。所以坊間可以找到許多這方面的書籍，無論是外文版、中文版或翻譯版均不在少數。

筆者大學部畢業於自動控制系，碩士班唸的是自動控制研究所，而博士學位是在機械所控制組完成的，故可謂控制領域的科班生。筆者曾在中山科學研究院從事控制相關工作六年，繼而投身教職並且擔任控制相關課程的教授工作已逾十五年，因而深深知悉坊間叢書的優缺點以及學生的需求和學習控制理論時的盲點與瓶頸。所以在有機會卸除長年兼任行政工作後的空檔中，將過去的教材做了一番整理，並且編輯成冊，希望能對學習者有所助益。

感謝上海華東理工大學副校長涂善東博士、蘇州大學機電學院院長芮延年博士及河北工業大學劉新福教授的撥冗題序。作者才疏學淺，文中恐有謬誤，祈請先進賢達不吝指正，謝謝。願上帝祝福您！

楊善國　謹誌

於國立勤益科技大學自動化工程系

個人網頁：http://irw.ncut.edu.tw/mechanical/skyang/skyang.htm

編輯部序

「系統編輯」是我們的編輯方針，我們所提供給您的，絕不只是一本書，而是關於這門學問的所有知識，它們由淺入深，循序漸進。

本書文句力求清晰通順，使讀者可輕鬆閱讀，且每一個主題講解完後都會有例題，經由例題可使講解更清楚，加倍學習的功效。另外適時地以問答方式提供註解(Note)，使讀者於研讀本書的過程當中，有如親臨教室上課，輕鬆而親切。本書依作者的教學經驗及專業知識，在兼顧學習內容及學習效果的考慮下，內容章節做以下的安排：導論(介紹控制的學術定義以及相關名詞及用語)、數學基礎、系統的數學表示法、系統的圖形表示法、時域分析、根軌跡法、頻域分析、控制系統的設計與補償。本書適用於私立大學、科大電機系「線性控制系統」之課程。

同時，爲了使您能有系統且循序漸進研習相關方面的叢書，我們以流程圖方式，列出各有關圖書的閱讀順序，以減少您研習此門學問的摸索時間，並能對這門學問有完整的知識。若您在這方面有任何問題，歡迎來函連繫，我們將竭誠爲您服務。

相關叢書介紹

書號：0229402
書名：信號與線性系統(第三版)
編著：賴柏洲
20K/840 頁/620 元

書號：0582802
書名：智慧型控制：分析與設計
(第三版)
編著：林俊良
16K/424 頁/520 元

書號：05418037
書名：機電整合－可程式控制
原理與應用實務(第四版)
(附系統光碟)
編著：宓哲民
20K/480 頁/470 元

書號：02897027
書名：自動控制(附範例光碟)
(修訂二版)
編著：胡永柟
16K/472 頁/480 元

書號：0564308
書名：機電整合實習(含丙級學、
術科解析)(2015 第二版)
編著：張世波.王坤龍.洪志育
16K/432 頁/450 元

書號：0375405
書名：自動控制(第六版)
編著：蔡瑞昌.陳 維.林忠火
16K/600 頁/630 元

書號：05803027
書名：FX2/FX2N 可程式控制器程式
設計與實務(附範例光碟)
(第三版)
編著：陳正義
16K/368 頁/380 元

◎上列書價若有變動，請
以最新定價為準。

流程圖

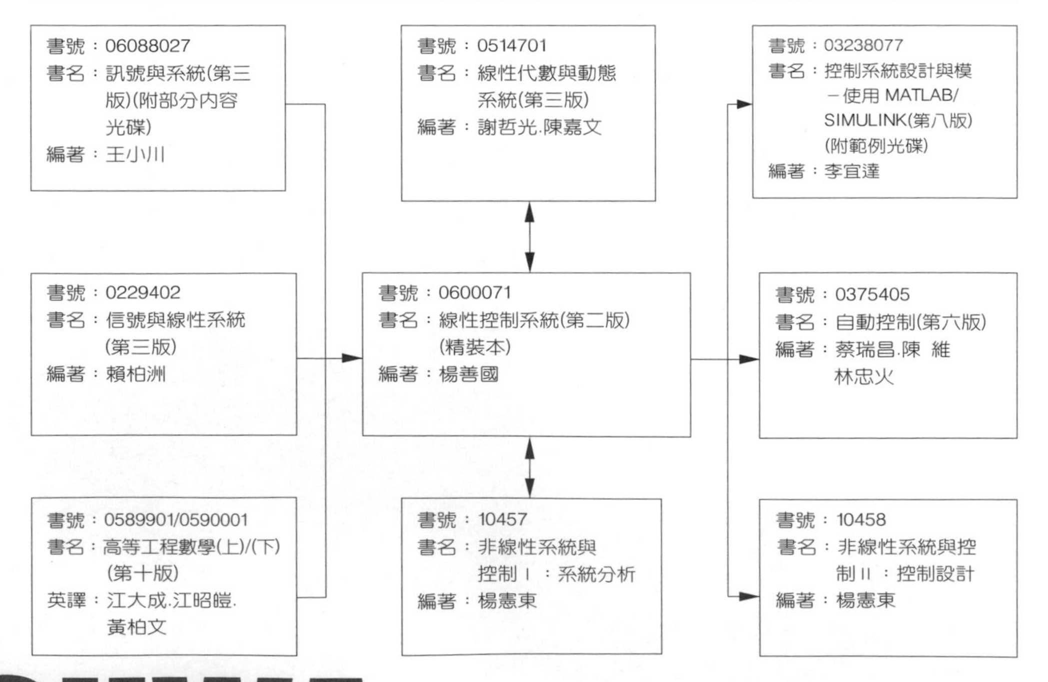

目　錄

第 1 章　導　論

第 2 章　數學基礎

第 3 章　系統的數學表示法

第 4 章 系統的圖形表示法

第 5 章 時域分析

第 6 章 根軌跡法

第 7 章 頻域分析

第 8 章 控制系統的設計與補償

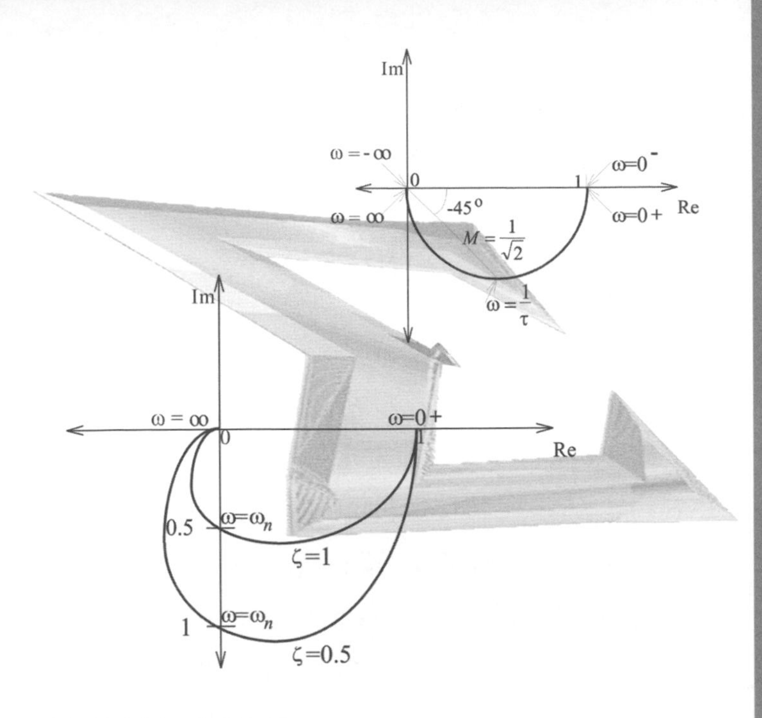

1 章

導 論

1-1 系統分析的流程

1-2 控制與操縱

1-3 控制系統的分類

1-1 系統分析的流程

人們設計或製造一個系統的目的，是希望該系統依照設計、執行並完成要求的功能。然而設計者如何知曉該系統的特性行爲(Performance)是否達到設計要求？對於已生產製造完成的系統，可以在系統實體上進行實作(實驗)以驗證其功能。但對於還在概念階段的系統，或執行實作(實驗)有所不便(例如有破壞性或花費昂貴或耗時)、或在執行實作前基於某種原因欲先初步瞭解其行爲的系統，則勢必需要一套方法評估之以知其眞相。因爲該評估並不是在實際系統上執行測試，所以這一套方法首先須將該系統轉換爲適當的數學模型，接著針對該數學模型進行理論分析，圖 1-1 即描述了這個流程。

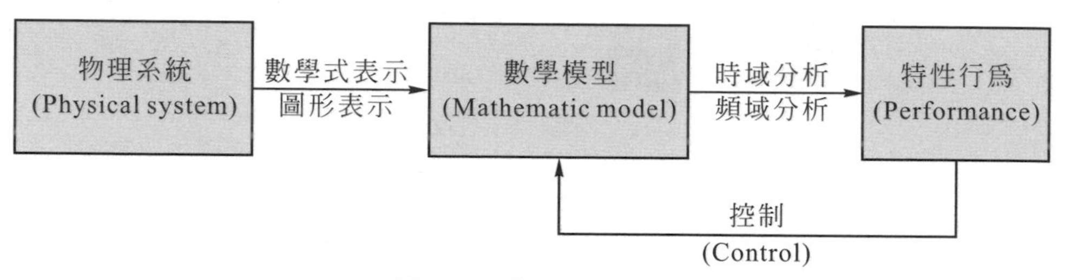

圖 1-1　系統分析的流程

在控制理論的領域裡，經常將一物理系統以數學式或圖形的方式表示之。其中數學式表示法常用的有：(1)轉移函數(Transfer function)，(2)狀態方程式(State equations)；常用的圖形表示法則有(1)方塊圖(Block diagram)，(2)訊號流程圖(Signal flow graph)。得到該系統的數學模型之後，可以用兩種不同的角度對該系統進行分析以得知其特性行爲：(1)時域分析(Time domain analysis)，即站在時間座標軸上觀察系統對不同輸入所產生的輸出；(2)頻域分析(Frequency domain analysis)，即觀察系統對不同頻率信號的反應如何。由這兩種角度的分析，設計者可以充分瞭解該系統的特性行爲。

一般對系統特性行爲的要求有三方面：(1)穩定(Stable)：也就是說系統必須收斂而不可以發散；(2)快速(Fast)：系統只要花很短的時間即可表現出要求的特性行爲；(3)準確(Accurate)：系統的特性行爲與要求的規格很接近。例如：現欲要求一馬達的轉速爲 300rpm，則該馬達於給予電源後由靜止到轉速爲 300rpm 左右所花的時間要愈短愈好(快速)，但不能愈轉愈快以致燒毀(收斂不可以發散)，而且最終實際轉速須與 300rpm 愈接近愈好(準確)。

若系統的特性行爲不能讓設計者滿意，則須找出原因並且改善之，使該系統在經過改善後有新的數學模型，再對新的數學模型進行分析，以得到新系統的特性行爲。如此反覆進行直到系統的特性行爲達到要求，讓設計者滿意爲止。控制(Control)是改善系統特性行爲的有效方法，其實際作法有加入控制器(Controller)或使用補償器(Compensator)等方式。

1-2 控制與操縱

一個系統的行爲，依其管制特性可分爲操縱及控制兩類。

1. 操縱(Manipulate)：無回授(Feedback)功能者，又稱開環路(Open loop)，如圖 1-2 所示。

圖 1-2 操縱系統的方塊圖

該類系統的理論輸出係依據系統本身的特性以及在輸入的作用下完成，但實際輸出是否如理論輸出卻無法掌握。此類系統通常應用於使用者對輸出的準確度要求不高的場合，例如驅動教室電風扇的馬達。若依規格電風扇在通電後之轉速應該在 200rpm，但實際轉速如何通常我們並不在意，快了一點或慢了一點都不要緊，只要會轉、能通風即可。

2. 控制(Control)：有回授功能者，又稱閉環路(Close loop)。

此類系統的輸出信號會回饋到輸入端，成爲輸入信號的一部份；也就是說實際驅動系統的信號大小會隨輸出的大小而變化。通常此類系統應用於使用者對輸出的準確度要求很高的場合，例如驅動生產線輸送帶的馬達，方塊圖如圖 1-3 所示。因爲加工站間的距離是固定的，加工站間的距離除以輸送帶的速度等於工件於加工站間移動所需的時間。若驅動生產線輸送帶馬達的轉速忽快忽慢，則加工程序勢必大亂，故必須要求該馬達的轉速保持在某個可接受的小誤差範圍之內。回授功能(控制)可以達到這個要求：馬達實際轉速由感測器量度後(V_S)經反向放大器將信號反向(V_B)再回授至輸入端，實際輸入馬達的信號是 V_{in} (定值)加 V_B (爲負值)後的 V_E。若實際轉速太快，則 V_B 變大 V_E 變小，可使馬達轉速變慢；反之，若實際轉速太慢，則 V_B 變小 V_E 變大，可使馬達轉速變快。經由此機制(控制)，馬達則必須(被控制)在要求的轉速下運轉。

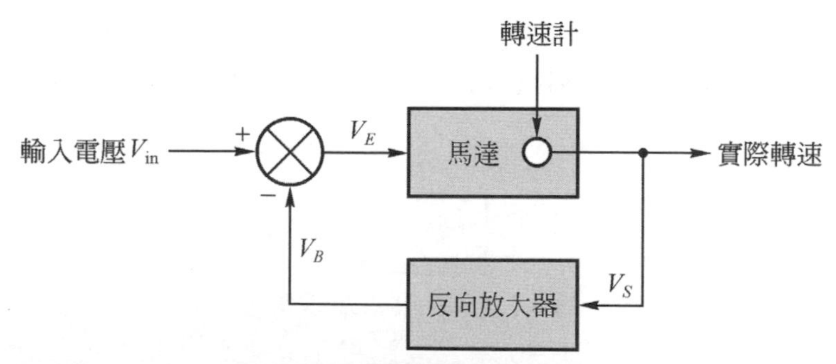

圖 1-3 伺服馬達轉速控制方塊圖

3. 控制系統方塊圖(Block diagram of a control system)：

任何一個控制系統均可以化成如圖 1-4 所示的方塊圖。其中：

(1) 輸入(R)：又稱期望值或目標值、應有值。

(2) 輸出(C)：又稱控制量或實有值。

(3) 誤差(E)：輸入值與回授值之差($E = R - B$)。

(4) 控制區間(G)：受控制之物或機構、空間。

(5) 控制器(G_C)：可改變控制區間的特性行爲以符合要求的裝置。

(6) 回授(B)：與輸入信號於相加點處相加以產生誤差(E)的信號。

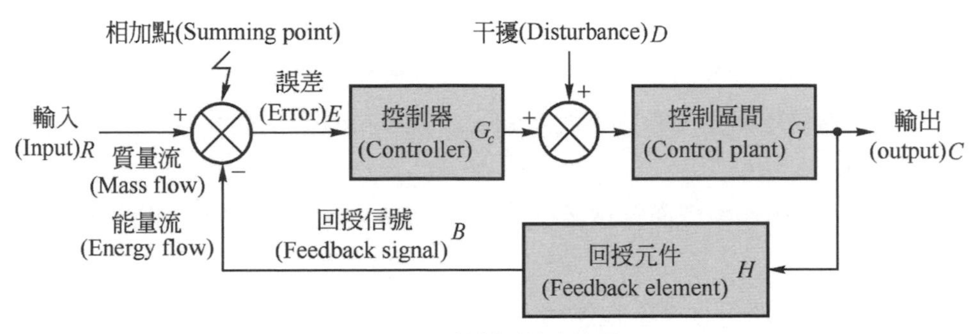

圖 1-4　控制系統方塊圖

1-3　控制系統的分類

控制系統依不同的性質或角度可以有下列的分類。

1. 連續(Continuous-data)或稱類比(Analog)系統與離散(Discrete-data)或稱取樣(Sampled-data)系統。

　　連續、不連續、類比、離散等名詞間的關係如圖 1-5 所示。另數位系統(Digital)是離散系統中的一個特例，乃指該類系統中之控制器爲數位式計算機(Digital computer)。本書所討論的對象爲連續系統。

2. 線性(Linear)與非線性(Non-linear)系統。

凡符合重疊定理(Principle of superposition)者若且唯若($\Leftrightarrow$)是線性系統。i.e.

NOTE 「i.e.」是拉丁字，常用於科學敘述中，其意思為「亦即」或「也就是說」。

$$f(I_1)+f(I_2)+...+f(I_n)=f(I_1+I_2+...I_n)$$

其中

f 對物理模型而言為一系統，對數學模型而言為一函數；

I 對物理模型而言為系統之輸入信號，對數學模型而言為函數之自變數；

$f(I)$ 對物理模型而言為系統之輸出信號，對數學模型而言為函數之應變數。

重疊定理可以文字敘述為：「分別對一系統(函數)給予多次輸入(自變數)所得到多個輸出(應變數)的和，若會等於將此多次輸入(自變數)的和一次給予該系統(函數)所得到的輸出(應變數)，則稱該系統(函數)符合重疊定理。」

本書所討論的對象為線性系統。

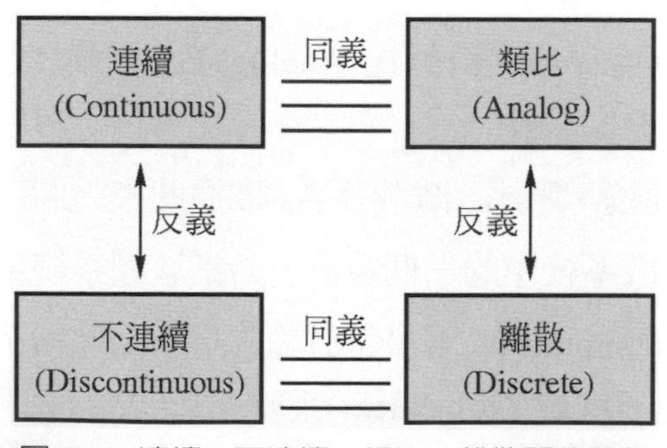

圖 1-5　連續、不連續、類比、離散間的關係

3. 單變數(Single-variable)與多變數(Multi-variable)系統。

   指系統中之變數只有一個或多於一個。本書所討論的對象為單變數系統。

4. 非時變(Time-invariant)與時變(Time-variant)系統。

   指系統中之參數是否隨時間變化而定；隨時間變化者爲時變。本書所討論的對象爲非時變系統。

其他如：最佳控制(Optimum control)、適應控制(Adaptive control)、學習控制(Learning control)、強健控制(Robust control)、模糊控制(Fuzzy control)等均爲控制系統的特殊型態。

習　題　EXERCISE

1. 請繪出控制系統方塊圖(Block diagram of a control system)，需寫出每一信號和元件之名稱。
2. 請舉出一控制系統之實例。
3. 「抽水馬桶」是操縱系統或控制系統？請繪出其方塊圖並解釋之。
4. 量度與控制間有何關係？請舉例說明。

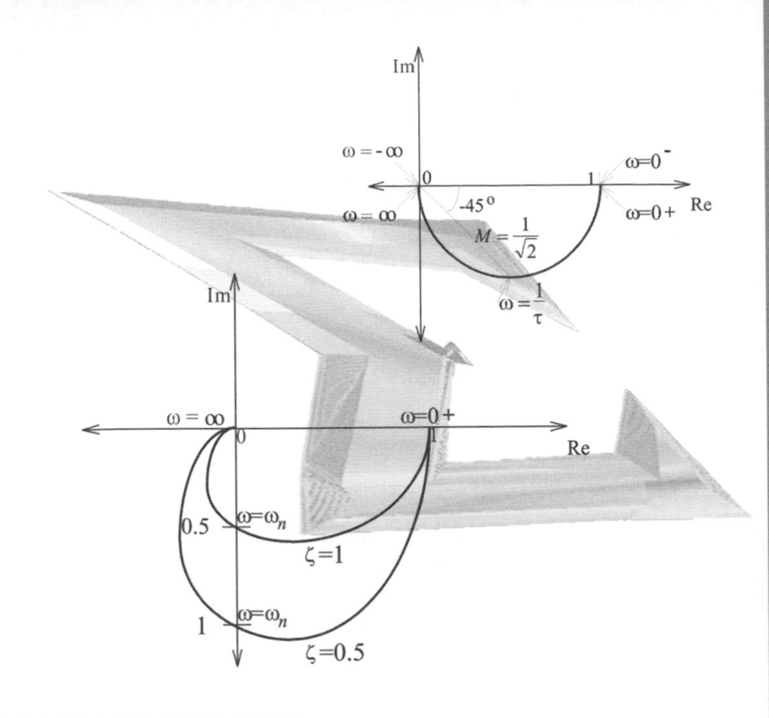

2 章

數學基礎

2-1 微分方程(Deferential equation, DE)

2-2 拉氏轉換(Laplace transform)

2-3 矩陣(Matrix)

2-1 微分方程(Deferential equation, DE)

1. 一階常微分方程

(1) 通式：

$$A(x)\frac{dy}{dx}+B(x)y+C(x)=0$$

$$\Rightarrow \frac{dy}{dx}+\frac{B(x)}{A(x)}y+\frac{C(x)}{A(x)}=0 \Rightarrow \frac{dy}{dx}+P(x)y=q(x)$$

① 若 $q(x)=0$ 則稱爲齊性微分方程式(Homogeneous DE)，其解稱爲齊性解(Homogeneous solution， y_h)。

$$\Rightarrow \frac{dy_h}{dx}+p(x)y_h=0 \Rightarrow \frac{1}{y_h}dy_h=-p(x)dx$$

$$\Rightarrow y_h=ce^{-\int p(x)dx}$$

② 若 $q(x)\neq 0$ 則稱爲非齊性微分方程式(Non-Homogeneous DE) ，

其解爲 $y=y_p+y_h$ ，其中 y_p 稱爲特別解(Particular solution)。

$$\Rightarrow y=e^{-h(x)}\cdot\int e^{h(x)}\cdot q(x)dx+ce^{-h(x)} \text{，} h(x)=\int p(x)dx$$

例 2-1 微分方程式： $x^2y'+2xy=x-1$ ， $y(1)=0$ 。求其解。

Sol

$$\text{原式}=y'+\frac{2}{x}y=\frac{x-1}{x^2}$$

$$p(x)=\frac{2}{x} \quad q(x)=\frac{x-1}{x^2} \quad h(x)=\int p(x)dx=\int\frac{2}{x}dx=2\ln x+c$$

$$y=e^{-2\ln x}\cdot\int\left(e^{2\ln x}\cdot\frac{x-1}{x^2}\right)dx+ce^{-2\ln x}$$

$$= \frac{1}{x^2} \cdot \int \left(x^2 \cdot \frac{x-1}{x^2} \right) dx + \frac{c}{x^2}$$

$$= \frac{1}{x^2} \cdot \left(\frac{1}{2} x^2 - x + c_1 \right) + \frac{c}{x^2}$$

$$= \frac{1}{2} - \frac{1}{x} + \frac{c_2}{x^2}$$

$\because \ y(1) = 0$

$\therefore \ \frac{1}{2} - 1 + c_2 = 0 \Rightarrow c_2 = \frac{1}{2}$

$$\Rightarrow y = \frac{1}{2} - \frac{1}{x} + \frac{1}{2x^2}$$

(2) 白努力微分方程(Bernoulli's DE)

通式：

$y' + p(x)y = q(x)y^n \qquad (n \neq 1)$

$\Rightarrow y^{-n}y' + p(x)y^{1-n} = q(x)$

令 $V = y^{1-n}$，則 $V' = y^{-n} \times y'(1-n)$，代入上式

$\Rightarrow \frac{1}{1-n} V' + p(x)V = q(x)$ 則爲一階通式

例 2-2　微分方程式：$xy' - y = y^2 \ln x$，求其解。

Sol

原式 $y' - \frac{1}{x} y = \frac{\ln x}{x} y^2 \Rightarrow y^{-2} y' - \frac{1}{x} y^{-1} = \frac{\ln x}{x}$

令 $V = y^{-1} \quad V' = -y^{-2} y'$ 代入上式

$\Rightarrow -V' - \frac{1}{x} V = \frac{\ln x}{x} \Rightarrow V' + \frac{1}{x} V = -\frac{\ln x}{x}$ (變爲一階通式)

$\Rightarrow p(x) = \frac{1}{x} \quad q(x) = -\frac{\ln x}{x} \quad h(x) = \int p(x) dx = \ln x$

$$\Rightarrow V = e^{-\ln x} \cdot \int e^{\ln x} \cdot \left(-\frac{\ln x}{x}\right) dx + ce^{-\ln x}$$

$$= \frac{1}{x} \cdot \int x \cdot \left(-\frac{\ln x}{x}\right) dx + \frac{c}{x}$$

$$= \frac{1}{x} \cdot \int -(\ln x) dx + \frac{c}{x}$$

$$= \frac{1}{x} \cdot (x - x\ln x) + \frac{c}{x}$$

$$= 1 - \ln x + \frac{c}{x}$$

$$\Rightarrow y^{-1} = 1 - \ln x + \frac{c}{x}$$

$$\Rightarrow y = \frac{x}{x - x\ln x + c}$$

2. 二階常微分方程

(1) 二階常係數齊性線性微分方程

通式：

$y'' + ay' + by = 0$，a, b 爲常數

設其解基爲 e^{rx}，r 爲常數。

NOTE 為何其解基可設為 e^{rx}？有什麼函數微分兩次後與其微分一次後及其原式間線性組合後會等於零？

$\Rightarrow y = e^{rx}, y' = re^{rx}, y'' = r^2 e^{rx}$

原式 $= r^2 e^{rx} + are^{rx} + be^{rx} = 0$

$\Rightarrow e^{rx}(r^2 + ar + b) = 0$

$\Rightarrow e^{rx} = 0$ (Trivial solution)

或 $r^2 + ar + b = 0$.............CE (特性方程式)

隨特性方程式之解的不同，可分爲下列三種情況。

① r 之二解：r_1 、r_2 爲相異實根(i.e. $a^2-4b>0$)

則 $y=c_1e^{r_1x}+c_2e^{r_2x}$

例 2-3　微分方程式：$y''-y'-6y=0, y(0)=3, y'(0)=-4$，求其解。

Sol

$$CE=r^2-r-6=0\Rightarrow r_1=3,\quad r_2=-2$$

$$\left.\begin{aligned}&\therefore y=c_1e^{3x}+c_2e^{-2x}\Rightarrow y(0)=c_1+c_2=3\\&\ \ y'=3c_1e^{3x}-2c_2e^{-2x}\Rightarrow y'(0)=3c_1-2c_2=-4\end{aligned}\right\}c_1=\frac{2}{5},\quad c_2=\frac{13}{5}$$

$$\Rightarrow y=\frac{2}{5}e^{3x}+\frac{13}{5}e^{-2x}$$

② r 之二解：r_1 、r_2 爲相等實根(i.e. $a^2-4b=0$)

$$\Rightarrow y=e^{rx}(c_1x+c_2)=c_1xe^{rx}+c_2e^{rx}$$

例 2-4　微分方程式：$y''-8y'+16y=0, y(0)=1, y'(0)=6$，求其解。

Sol

設解基 $y=e^{rx}\Rightarrow CE=r^2-8r+16=0\Rightarrow r_1=r_2=4$

$$\left.\begin{aligned}&\therefore y=c_1xe^{4x}+c_2e^{4x}\Rightarrow y(0)=c_2=1\\&\ \ y'=c_1e^{4x}+4c_1xe^{4x}+4c_2e^{4x}\Rightarrow y'(0)=c_1+4c_2=6\end{aligned}\right\}c_1=2$$

$$\Rightarrow y=2xe^{4x}+e^{4x}$$

③ r 之二解：r_1 、r_2 爲二共軛虛根(i.e. $a^2-4b<0$)

$$\left.\begin{aligned}r_1&=\alpha+\beta i\\r_2&=\alpha-\beta i\end{aligned}\right\}\Rightarrow y=e^{\alpha x}(A\cos\beta x+B\sin\beta x)$$

例 2-5 微分方程式：$y''-4y'+13y=0, y(0)=1, y'(0)=8$，求其解。

Sol

設解基 $y=e^{rx} \Rightarrow CE=r^2-4r+13=0$

$\Rightarrow r_1=2+3i,\ r_2=2-3i$

$\therefore y=e^{2x}(A\cos 3x+B\sin 3x) \Rightarrow y(0)=A=1$

$y'=e^{2x}(-3A\sin 3x+3B\cos 3x)+2e^{2x}(A\cos 3x+B\sin 3x)$

$\Rightarrow y'(0)=3B+2A=8 \Rightarrow B=2$

$\Rightarrow y=e^{2x}(\cos 3x+2\sin 3x)$

(2) 二階常係數非齊性線性微分方程

通式：

$$y''+f(x)y'+g(x)y=r(x)$$

以變換參數法(Variation parameter)求解：

NOTE 另有比較係數法，請參考工程數學課本。

設 y_1 及 y_2 為齊性之二解基

$$\Rightarrow \left.\begin{array}{l} y_h=c_1y_1+c_2y_2 \\ y_p=u(x)y_1+v(x)y_2 \end{array}\right\} y=y_p+y_h$$

由聯立方程式：$\begin{Bmatrix} u'y_1+v'y_2=0 \\ u'y_1'+v'y_2'=r(x) \end{Bmatrix}$ 解 u' 及 v'，再分別積分得 u 及 v，

即可得完全解 y。

例 2-6 微分方程式：$y''+y=\sec x\tan x$，求其解。

Sol

$CE=r^2+1 \Rightarrow r=\pm i$

$\therefore y_h=e^{0x}(A\cos x+B\sin x)=A\cos x+B\sin x$

$y_p = u(x)\cos x + v(x)\sin x$

$\Rightarrow \begin{cases} u' y_1 + v' y_2 = 0 \\ u' y_1' + v' y_2' = r(x) \end{cases} \Rightarrow \begin{cases} u'\cos x + v'\sin x = 0 \\ -u'\sin x + v'\cos x = \sec x \tan x \end{cases}$

$\Rightarrow v' = \tan x \Rightarrow v = \int \tan x dx = \ln|\sec x| + c = -\ln|\cos x| + c_1$

$u' = -\tan^2 x \Rightarrow u = -\int \tan^2 x dx = -\int (\sec^2 x - 1)dx = x - \tan x + c_2$

$\Rightarrow y = (x - \tan x)\cos x - \sin x \ln|\cos x| + A\cos x + B\sin x$

(3) 柯西－尤拉方程式(Cauchy-Euler's Equation)

通式：

$x^2 y'' + axy' + by = r(x)$

(應變數之係數均爲自變數之 n 次方，且 n 等於應變數微分之次數)

① 齊性解

若 $r(x) = 0$ 則 y 勢必爲 $x^m \Rightarrow CE = m^2 + (a-1)m + b = 0$

NOTE 有什麼函數微分兩次後乘上 x^2 與其微分一次後乘上 x^1 及其原式間線性組合後會等於零？

a. 若 $(a-1)^2 - 4b > 0$，則令 $y = c_1 x^{m1} + c_2 x^{m2}$

例 2-7 微分方程式：$x^2 y'' + 2xy' - 2y = 0$，求其解。

Sol

$CE = m^2 + (2-1)m - 2 = 0 \Rightarrow m_1 = -2,\ m_2 = 1$

$\therefore y = c_1 x^{-2} + c_2 x$

b. 若$(a-1)^2-4b=0$，則令$y=c_1x^m\ln x+c_2x^m$

例 2-8 微分方程式：$x^2y''+3xy'+y=0$，求其解。

Sol

$$CE=m^2+(3-1)m+1=0\Rightarrow m_1=m_2=-1$$
$$\therefore y=c_1x^{-1}\ln x+c_2x^{-1}$$

c. 若$(a-1)^2-4b<0$，則令$y=x^{\alpha}[A\cos(\beta\ln x)+B\sin(\beta\ln x)]$

例 2-9 微分方程式：$x^2y''+xy'+y=0$，求其解。

Sol

$$CE=m^2+(1-1)m+1=0\Rightarrow m_{1,2}=\pm i\ \Rightarrow\alpha=0,\beta=1$$
$$\Rightarrow y=x^0[A\cos(\ln x)+B\sin(\ln x)]=[A\cos(\ln x)+B\sin(\ln x)]$$

② 非齊性解

$x^2y''+axy'+by=r(x)$ ， $r(x)\neq 0$

以變換參數法(Variation parameter)求解：

設y_1及y_2爲齊性之二解基

$$\Rightarrow\left.\begin{aligned}y_h&=c_1y_1+c_2y_2\\y_p&=u(x)y_1+v(x)y_2\end{aligned}\right\}y=y_p+y_h$$

由聯立方程式：

$$\left\{\begin{aligned}&u'y_1+v'y_2=0\\&u'y_1'+v'y_2'=\frac{r(x)}{x^2}\end{aligned}\right\}$$ 解u'及v'，再分別積分得u及v，即可得完全解y。

例 2-10　微分方程式：$x^2y''+3xy'+y=x^3$，求其解。

Sol

$$CE=m^2+(3-1)m+1=0\Rightarrow m_1=m_2=-1$$

$$\Rightarrow y_h=(c_1+c_2\ln x)x^{-1}\Rightarrow y_1=x^{-1},\ y_2=x^{-1}\ln x$$

設 $y_p=u(x)x^{-1}+v(x)x^{-1}\ln x$

$$\Rightarrow\begin{Bmatrix}u'x^{-1}+v'x^{-1}\ln x=0\\-u'x^{-2}+v'x^{-2}(1-\ln x)=x\end{Bmatrix}$$

$$\Rightarrow\begin{Bmatrix}u'=-x^3\ln x\\v'=x^3\end{Bmatrix}$$

$$\Rightarrow\begin{Bmatrix}u=\frac{1}{16}x^4-\frac{1}{4}x^4\ln x+c_3\\v=\frac{1}{4}x^4+c_4\end{Bmatrix}$$

$$\Rightarrow y=\left(\frac{1}{16}x^4-\frac{1}{4}x^4\ln x+c_3\right)x^{-1}+\left(\frac{1}{4}x^4+c_4\right)\frac{\ln x}{x}+(c_1+c_2\ln x)x^{-1}$$

$$=(A+B\ln x)x^{-1}+\frac{1}{16}x^3$$

2-2　拉氏轉換(Laplace transform)

1.　定義：

$$\mathcal{L}[f(t)]=\int_0^\infty e^{-st}f(t)dt=F(s),\quad\forall t>0$$

$$\mathcal{L}^{-1}[F(s)]=f(t)$$

NOTE　$\mathcal{L}$ 為拉式轉換符號，$\mathcal{L}^{-1}$ 為反拉式轉換符號。

2. 基本函數

(1) $\mathcal{L}[e^{at}]=\dfrac{1}{s-a}$

(2) $\mathcal{L}[\sin\omega t]=\dfrac{\omega}{s^2+\omega^2}$

(3) $\mathcal{L}[\cos\omega t]=\dfrac{s}{s^2+\omega^2}$

(4) $\mathcal{L}[\sin h\omega t]=\dfrac{\omega}{s^2-\omega^2}$

(5) $\mathcal{L}[\cos h\omega t]=\dfrac{s}{s^2-\omega^2}$

(6) $\mathcal{L}[t^n]=\dfrac{n!}{s^{n+1}}$， $n\in N$

(7) $\mathcal{L}[u_c(t)]=\dfrac{e^{-cs}}{s}$

3. 基本定理

(1) 線性定理：

$$\mathcal{L}[af(t)+bg(t)]=a\mathcal{L}[f(t)]+b\mathcal{L}[g(t)]$$

(2) 尺度變換：

設 $\mathcal{L}[f(t)]=F(s)\Rightarrow\mathcal{L}[f(bt)]=\dfrac{1}{b}F\left(\dfrac{s}{b}\right)$

(3) 第一移轉定理(Shift on s-axis)：

設 $\mathcal{L}[f(t)]=F(s)\Rightarrow\mathcal{L}[e^{bt}f(t)]=F(s-b)$

(4) 微分式之 Laplace transform：

① $\mathcal{L}[f'(t)]=s\mathcal{L}[f(t)-[f(0)]$

② $\mathcal{L}[f''(t)]=s^2\mathcal{L}[f(t)]-s[f(0)]-[f'(0)]$

③ $\mathcal{L}[f^n(t)]=s^n\mathcal{L}[f(t)]-s^{n-1}[f(0)]-s^{n-2}[f'(0)]$
$-s^{n-3}[f''(0)]-\ldots-[f^{n-1}(0)]$

(5) 積分式之 Laplace transform：

① $\mathcal{L}\left[\int_0^t f(t)dt\right]=\frac{1}{s}\mathcal{L}[f(t)]$

② $\mathcal{L}\left[\int_0^t\int_0^t\cdots\int_0^t f(t)dt^n\right]=\frac{1}{s^n}\mathcal{L}[f(t)]$

(6) Laplace transform 的微分：

① $F'(s)=-\mathcal{L}[tf(t)]$

② $F''(s)=\mathcal{L}[t^2 f(t)]$

③ $F^n(s)=(-1)^n\mathcal{L}[t^n f(t)]$

(7) Laplace transform 的積分：

① $\int_s^\infty F(s)ds=\mathcal{L}\left[\frac{1}{t}f(t)\right]$

② $\int_s^\infty\int_s^\infty F(s)ds^2=\mathcal{L}\left[\frac{1}{t^2}f(t)\right]$

③ $\int_s^\infty\int_s^\infty\cdots\int_s^\infty F(s)ds^n=\mathcal{L}\left[\frac{1}{t^n}f(t)\right]$

(8) 當 $s\to 0$，$\int_s^\infty F(s)ds=\int_0^\infty F(s)ds=\int_0^\infty\frac{f(t)}{t}dt$ (瑕積分，Improper integral)

(9) 第二移轉定理(Shift on t-axis)：

設 $\mathcal{L}[f(t)]=F(s)\Rightarrow\mathcal{L}[u_c(t)f(t-c)]=F(s)e^{-cs}$

4. Laplace inverse (反拉氏轉換)

(1) 部分分式法

(2) 迴轉法(Convolution ∗)：

$$f(t)*g(t)=\int_0^t f(u)g(t-u)du$$

例 2-11 一彈簧質量系統如圖 2-1，請以拉普拉斯法求解質量之位移方程式 $y(t)$，其中 $c=4$ (c 爲阻尼系數)， $y(0)=2$ ， $\dot{y}(0)=-4$ ， $f(t)=0$ (f 爲施加的外力)。

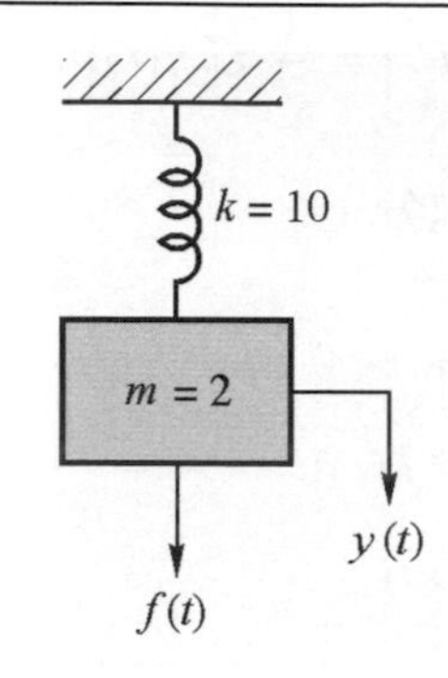

圖 2-1　例 2-11 的彈簧質量系統

Sol

According to the Newton's second law:

$$\sum F = ma \Rightarrow m\ddot{y} + c\dot{y} + ky = f(t)$$

$$\Rightarrow 2\ddot{y} + 4\dot{y} + 10y = 0$$

$$\Rightarrow \ddot{y} + 2\dot{y} + 5y = 0$$

Take the Laplace transform for both sides：

$$\mathcal{L}[\ddot{y} + 2\dot{y} + 5y] = s^2\mathcal{L}(y) - s[y(0)] - [y'(0)] + 2s\mathcal{L}(y) - 2[y(0)] + 5\mathcal{L}(y)$$

$$= s^2\mathcal{L}(y) - 2s + 4 + 2s\mathcal{L}(y) - 4 + 5\mathcal{L}(y) = 0$$

$$\Rightarrow \mathcal{L}(y) = \frac{2s}{(s+1)^2 + 4}$$

$$= \frac{2(s+1)}{(s+1)^2 + 4} - \frac{2}{(s+1)^2 + 4}$$

$$\Rightarrow y(t) = \mathcal{L}^{-1}\left[\frac{2(s+1)}{(s+1)^2 + 4}\right] - \mathcal{L}^{-1}\left[\frac{2}{(s+1)^2 + 4}\right]$$

$$= 2e^{-t}\cos 2t - e^{-t}\sin 2t$$

$$= e^{-t}(2\cos 2t - \sin 2t)$$

例 2-12 一彈簧質量系統如圖 2-2，請以拉普拉斯法求解質量之位移方程式 $y(t)$，其中 $c=0$, $y(0)=\dot{y}(0)=0$，$f(t)=\begin{cases}1, & 0\le t<1\\ 0, & t>1\end{cases}$。

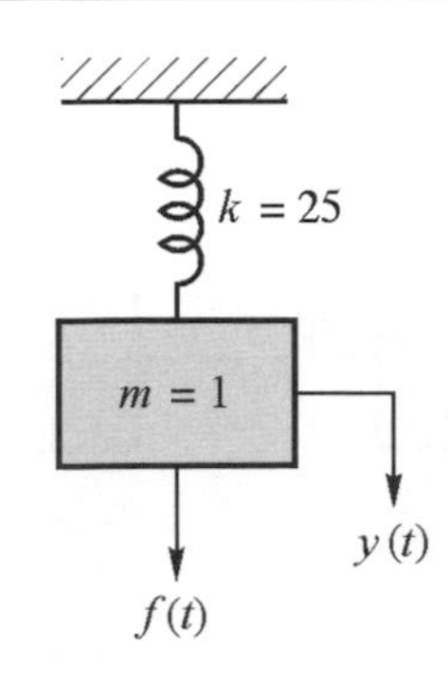

圖 2-2　例 2-12 的彈簧質量系統

Sol

$$m\ddot{y}+c\dot{y}+ky=f(t)$$

$$\Rightarrow \ddot{y}+25y=u_0(t)-u_1(t)$$

Take the Laplace transform for both sides:

$$\Rightarrow s^2\mathcal{L}(y)+25\mathcal{L}(y)=\frac{1}{s}-\frac{e^{-s}}{s}$$

$$\Rightarrow \mathcal{L}(y)(s^2+25)=\frac{1}{s}-\frac{e^{-s}}{s}$$

$$\Rightarrow \mathcal{L}(y)=\frac{1-e^{-s}}{s(s^2+25)}$$

$$\Rightarrow y(t)=\mathcal{L}^{-1}\left[\frac{1}{s(s^2+25)}-\frac{e^{-s}}{s(s^2+25)}\right]$$

$$=\int_0^t\frac{1}{5}\sin 5u\,du-\mathcal{L}^{-1}\left[\frac{e^{-s}}{s(s^2+25)}\right]$$

$$=\frac{1}{25}(1-\cos 5t)-\frac{1}{25}\left[1-\cos 5(t-1)\right]u_1(t)$$

NOTE Laplace transform 的作用是在將 t domain 的困難問題轉換至 s domain 成簡單問題(例如於 t domain 的積分、微分式轉換至 s domain 後變成僅有加減乘除的多項式)，於 s domain 將該問題解決後再將結果反轉換回 t domain。其步驟如圖 2-3 所示。

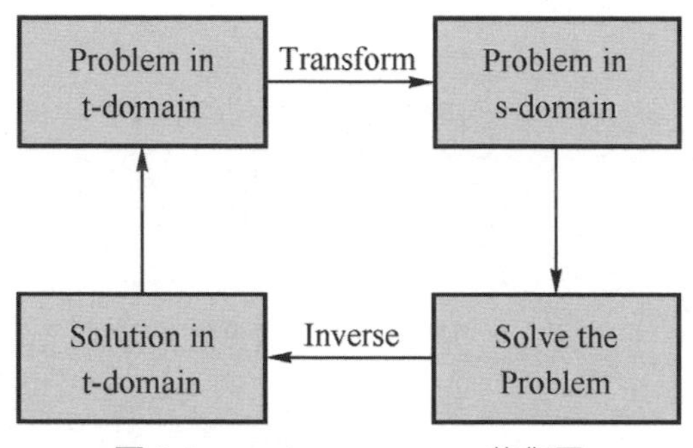

圖 2-3 Laplace transform 的作用

2-3 矩陣(Matrix)

1. Cramer's Rule

(1) Cramer's Rule 係以矩陣運算解聯立方程式的方法。

(2) 現有 n 個聯立方程：

$$\begin{Bmatrix} a_{11}x_1 + a_{12}x_2 + \ldots + a_{1n}x_n = b_1 \\ a_{21}x_1 + a_{22}x_2 + \ldots + a_{2n}x_n = b_2 \\ \vdots \\ a_{n1}x_1 + a_{n2}x_2 + \ldots + a_{nn}x_n = b_n \end{Bmatrix}$$

可改寫爲 $AX = B$ ，其中

$$A=\begin{bmatrix} a_{11} & a_{12} & \cdots & a_{1n} \\ a_{21} & a_{22} & \cdots & a_{2n} \\ & & \vdots & \\ a_{n1} & a_{n2} & \cdots & a_{nn} \end{bmatrix}$$ 稱爲：係數矩陣

$$X=\begin{bmatrix} X_1 \\ X_2 \\ \vdots \\ X_n \end{bmatrix}$$ 稱爲：未知數矩陣

$$B=\begin{bmatrix} b_1 \\ b_2 \\ \vdots \\ b_n \end{bmatrix}$$ 稱爲：常數矩陣

(3) 若 $|A| \neq 0$，則 $X_K = \dfrac{|A_K|}{|A|}(K=1,2,3\cdots n)$，其中 A_K 表示矩陣 A 之第 K 行以常數矩陣取代之矩陣。

NOTE 若 $|A|=0$ 則無法運算，是否表示 Cramer's Rule 有瑕疵？$|A|=0$ 之數學意義為何？

例 2-13 聯立方程式：$\begin{cases} X_1 - X_2 - X_3 = -4 \\ 2X_1 + 3X_2 + 5X_3 = 23 \\ X_1 - 2X_2 + 3X_3 = 6 \end{cases}$，請以 Cramer's Rule 求 X_1, X_2, X_3 之值。

Sol

$$|A|=\begin{vmatrix} 1 & -1 & -1 \\ 2 & 3 & 5 \\ 1 & -2 & 3 \end{vmatrix}=27 \qquad B=\begin{bmatrix} -4 \\ 23 \\ 6 \end{bmatrix}$$

$$|A_1|=\begin{vmatrix}-4 & -1 & -1\\ 23 & 3 & 5\\ 6 & -2 & 3\end{vmatrix}=27，|A_2|=\begin{vmatrix}1 & -4 & -1\\ 2 & 23 & 5\\ 1 & 6 & 3\end{vmatrix}=54，$$

$$|A_3|=\begin{vmatrix}1 & -1 & -4\\ 2 & 3 & 23\\ 1 & -2 & 6\end{vmatrix}=81$$

$$\therefore X_1=\frac{|A_1|}{|A|}=\frac{27}{27}=1，X_2=\frac{|A_2|}{|A|}=\frac{54}{27}=2，X_3=\frac{|A_3|}{|A|}=\frac{81}{27}=3$$

2. 運算

(1) 乘法

設 $B=\begin{bmatrix}2 & 2\\ -3 & 1\\ 4 & 5\end{bmatrix}$，$A=\begin{bmatrix}1 & -2 & 3\\ 0 & 4 & 5\end{bmatrix}$，則 $BA=\begin{bmatrix}2 & 4 & 16\\ -3 & 10 & -4\\ 4 & 12 & 37\end{bmatrix}$。

(2) 轉置矩陣(Transpose matrix)

若矩陣 $A=(a_{ij})$，則其轉置矩陣 $A^T=(a_{ji})$。

例 2-14 矩陣 $A=\begin{bmatrix}1 & 2 & 3\\ 4 & 5 & 6\end{bmatrix}$，則其轉置矩陣 $A^T=\begin{bmatrix}1 & 4\\ 2 & 5\\ 3 & 6\end{bmatrix}$。

---

(3) 對稱矩陣(Symmetrical Matrix)：S

若 $A=A^T$ or $a_{ij}=a_{ji}$，則 A 為 S 矩陣。

(4) 反對稱矩陣(Skew-Symmetrical Matrix)：R

若 $A=-A^T$ or $a_{ij}=-a_{ji}$ (可見 $a_{ii}=0$，i.e.對角線上的元素均為零)，則 A 為 R 矩陣。

(5) 任一方陣 A 可化為 $A=R+S$，$A^T=R-S$

其中 $R=\frac{1}{2}(A+A^T)$，$S=\frac{1}{2}(A-A^T)$。

(6) 單位矩陣(Unit Matrix)：I

$$I=\begin{bmatrix}1 & 0 & \cdots & 0\\ 0 & 1 & \cdots & 0\\ \vdots & \vdots & \ddots & \vdots\\ 0 & \cdots & 0 & 1\end{bmatrix}$$

，係指對角線上的元素均爲 1、其餘元素均爲 0 之方陣。

3. 解聯立方程式

(1) Cramer's Rule

$$AX=B$$

$$X_K=\frac{|A_K|}{|A|}$$

(2) 高斯消去法

聯立方程式：$\begin{cases}2X_1-4X_2+X_3=0\\ X_1+X_2+4X_3=5\\ 3X_1+1X_2-3X_3=-1\end{cases}$，

寫成矩陣形式：$\begin{bmatrix}2 & -4 & 1 & 0\\ 1 & 1 & 4 & 5\\ 3 & 1 & -3 & 1\end{bmatrix}\Rightarrow\begin{bmatrix}1 & 1 & 4 & 5\\ 0 & 1 & \frac{7}{6} & \frac{5}{3}\\ 0 & 0 & 1 & 1\end{bmatrix}$

$$\Rightarrow\begin{cases}X_3=1\\ X_2=\frac{5}{3}-\frac{7}{6}X_3=\frac{1}{2}\\ X_1=5-X_2-4X_3=\frac{1}{2}\end{cases}$$

Row Echelon Form

4. 逆矩陣(Inverse Matrix)

(1) 矩陣 A 之逆矩陣記爲 A^{-1}，兩者間之關係爲：$AA^{-1}=A^{-1}A=I$ 。
若 $|A|\neq 0$ 則 A^{-1} Exist，A 爲非奇異矩陣(Non-singular Matrix)；
若 $|A|=0$ 則 A^{-1} Non-exist，A 爲奇異矩陣(Singular Matrix)。

(2) 餘因子(Cofactor)

設 $A=\begin{bmatrix}1&3&3\\1&4&3\\1&3&4\end{bmatrix}$，其元素之 Cofactor $\Rightarrow A_{ij}=(-1)^{i+j}$

$A_{11}=(-1)^{1+1}\begin{vmatrix}4&3\\3&4\end{vmatrix}=7$　　　　$A_{12}=(-1)^{1+2}\begin{vmatrix}1&3\\1&4\end{vmatrix}=-1$

(3) 伴隨矩陣(Adjoin Matrix)：adj

$adjA=[A\text{的Cofactor}]^T$

設 $A=\begin{bmatrix}1&3&3\\1&4&3\\1&3&4\end{bmatrix}$，則 $adjA=\begin{bmatrix}7&-1&-1\\-3&1&0\\-3&0&1\end{bmatrix}^T=\begin{bmatrix}7&-3&-3\\-1&1&0\\-1&0&1\end{bmatrix}$

⇑

Cofactor組成之矩陣

(4) $A^{-1}=\dfrac{adjA}{|A|}$，或令 $B=A^{-1}\Rightarrow BA=I$，

$\Rightarrow\begin{bmatrix}b_{11}&b_{12}&\cdots&b_{1n}\\\vdots&\vdots&\vdots&\vdots\\b_{m1}&b_{m2}&\cdots&b_{mn}\end{bmatrix}[A]=I\Rightarrow$ 可解得 B。

(5) $AX=B\Rightarrow X=A^{-1}B$

例 2-15 聯立方程式：$\begin{cases}X_1+3X_2+3X_3=10\\X_1+4X_2+3X_3=12\\X_1+3X_2+4X_3=11\end{cases}$，求解矩陣。

Sol

$$A=\begin{bmatrix}1&3&3\\1&4&3\\1&3&4\end{bmatrix}，X=\begin{bmatrix}X_1\\X_2\\X_3\end{bmatrix}，B=\begin{bmatrix}10\\12\\11\end{bmatrix}。$$

$$A^{-1}=\frac{adjA}{|A|}=\frac{\begin{bmatrix}7&-3&-3\\-1&1&0\\-1&0&1\end{bmatrix}}{\begin{vmatrix}1&3&3\\1&4&3\\1&3&4\end{vmatrix}}=\begin{bmatrix}7&-3&-3\\-1&1&0\\-1&0&1\end{bmatrix}，$$

$$\Rightarrow X=\begin{bmatrix}7&-3&-3\\-1&1&0\\-1&0&1\end{bmatrix}\begin{bmatrix}10\\12\\11\end{bmatrix}=\begin{bmatrix}1\\2\\1\end{bmatrix}。$$

習　題　EXERCISE

1. 微分方程式：$x^2y''+2xy'-2y=x^2e^{-x}$，$\forall x>0$。求其解。

2. 設 $f(t)$ 為已知之連續函數，且 $b\neq 0$。請以拉普拉斯法求解下列聯立方程組。

$$\begin{cases}\dot{x}=f(t)-(a^2+b^2)y\\ \dot{y}=x+2ay\end{cases},\quad x(0)=y(0)=\dot{y}(0)=0$$

3. 設 $\mathcal{L}[f(t)]=\frac{1}{s^2}\left(1-e^{-s}\right)^2$，求 $f(t)$ 並繪出其圖形。

4. 請以拉普拉斯法求解方程式 $y(t)$。

$$\ddot{y}+2\dot{y}+2y=\delta(t-1),\quad y(0)=0,\quad \dot{y}(0)=-1$$

5. 設 $\mathcal{L}[f(t)]=\frac{1}{(s+a)(1-e^{-ks})}$，求 $f(t)$。

6. 請以拉普拉斯法求解下列聯立方程組。

$$\begin{cases}\dot{x}+3x-4y=\cos t\\ \dot{y}-3y+2x=t\end{cases},\quad x(0)=0,\quad y(0)=1$$

7. 請以拉普拉斯法求解下列聯立方程組。

$$\begin{cases}\ddot{x}-\ddot{y}+x-4y=0\\ \dot{x}+\dot{y}=\cos t+2\cos 2t\end{cases},\quad x(0)=y(0)=0,\quad \dot{x}(0)=-1,\quad \dot{y}(0)=2$$

8. 聯立方程式：$\begin{cases}2X_1-3X_2+X_3=0\\ 3X_1-2X_2+2X_3=0\end{cases}$

請以(1) Cramer's Rule 法，(2) Inverse Matrix 法，求解矩陣。

9. 聯立方程式：$\begin{cases}3X_1-2X_2+2X_3=5\\ 2X_1+X_2-3X_3=5\\ 5X_1-3X_2-X_3=16\end{cases}$

請以(1) Cramer's Rule 法，(2) Inverse Matrix 法，求解矩陣。

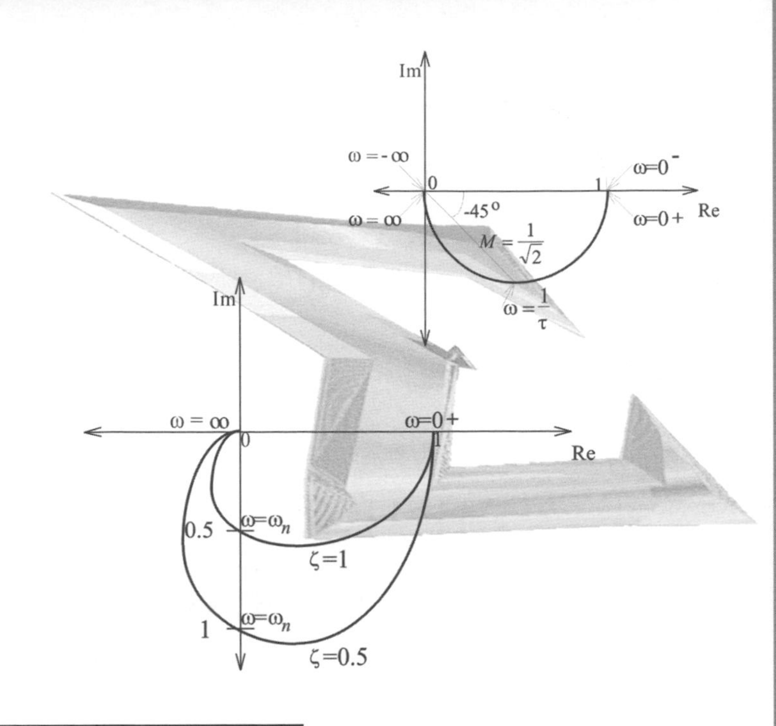

Im
ω = -∞
0
1
ω=0⁻
-45°
Re
ω = ∞
ω=0+
$M = \frac{1}{\sqrt{2}}$
$\omega = \frac{1}{\tau}$
Im
ω = ∞
ω=0+
0
1
Re
0.5
$\omega=\omega_n$
ζ=1
1
$\omega=\omega_n$
ζ=0.5

3 章

系統的數學表示法

一物理系統可依其特性以數學模型表示，以便於後續的特性行爲分析。本章將介紹兩種數學表示法：(1)轉移函數，(2)狀態方程式。

3-1 何謂轉移函數(Transfer function)

定義：線性非時變系統(LTI System)之初值皆爲零時，其輸出與輸入之拉式轉換比稱爲該系統之「轉移函數(Transfer function)」。

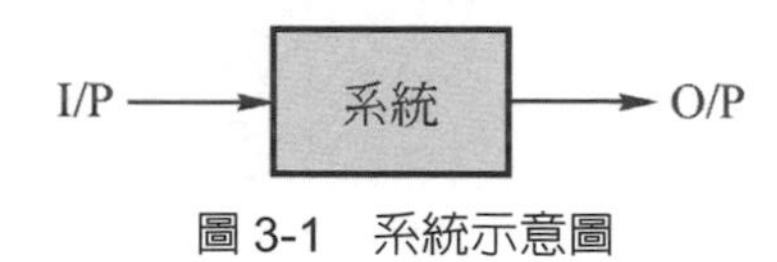

圖 3-1 系統示意圖

$$\text{i.e. Transfer function} = \mathcal{L}[O/P(t)]/\mathcal{L}[I/P(t)]$$

NOTE $\mathcal{L}$ 為拉式轉換符號。

令 $\mathcal{L}[O/P(t)] = C(s)$

$\mathcal{L}[I/P(t)] = R(s)$

Transfer function=G(s)

則 $G(s)=\dfrac{C(s)}{R(s)}$，此三者間之關係可以下圖表示：

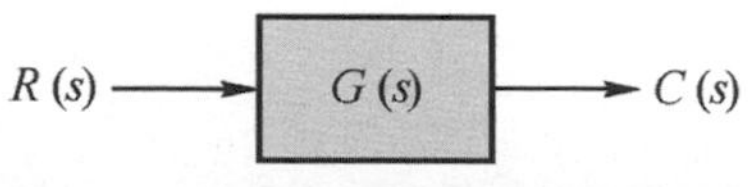

圖 3-2 系統經拉式轉換後之示意圖

故 $G(s)$即代表了系統本身，由 $G(s)$可知系統的特性。

例 3-1 一系統之動態微分方程式爲 $5\ddot{c}(t)+2\dot{c}(t)+3c(t)=r(t)$，求：該系統之轉移函數。

Sol

$$\mathcal{L}[5\ddot{c}(t)+2\dot{c}(t)+3c(t)]=\mathcal{L}[r(t)]$$

$$(5s^2+2s+3)C(s)=R(s)$$

$$\Rightarrow G(s)=\frac{C(s)}{R(s)}=\frac{1}{5s^2+2s+3}$$

結論：轉移函數旨在 s domain 中描述系統特性。

3-2 求轉移函數的步驟

依下述步驟可求得某系統之轉移函數：

1. 求出該物理系統之動態微分方程式。
2. 將此微分方程式取拉式轉換並令所有 initial 值為 0。
3. 取輸出與輸入之比值即為 Transfer function。

例 3-2　一彈簧質量系統如圖，求：該系統之轉移函數。

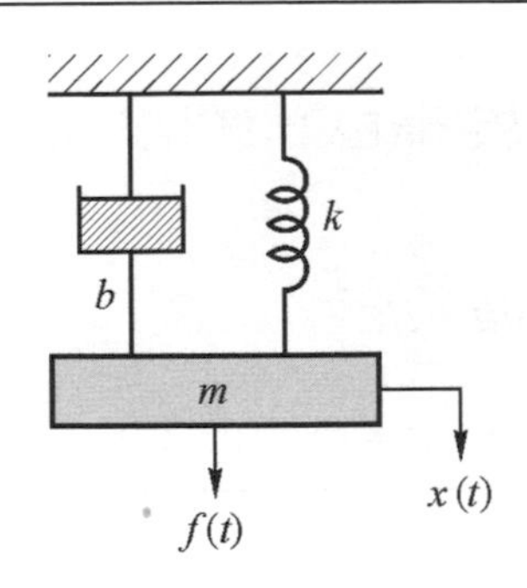

圖 3-3　彈簧質量系統之示意圖

Sol

1. 由牛頓第二定律：$\sum F=ma$，可得該系統之動態微分方程式：

$$f(t)-kx(t)-b\dot{x}(t)=m\ddot{x}(t)$$

$$\Rightarrow m\ddot{x}+b\dot{x}(t)+kx(t)=f(t)$$

2. 取拉式轉換(令 $\forall$ initial = 0)

$$ms^2x(s)+bsx(s)+kx(s)=F(s)$$

3. 取輸出與輸入之比，即爲該系統之轉移函數：

$$G(s)=\frac{x(s)}{F(s)}=\frac{1}{ms^2+bs+k}$$

例 3-3 一電路如圖，求：該電路之 Transfer function。

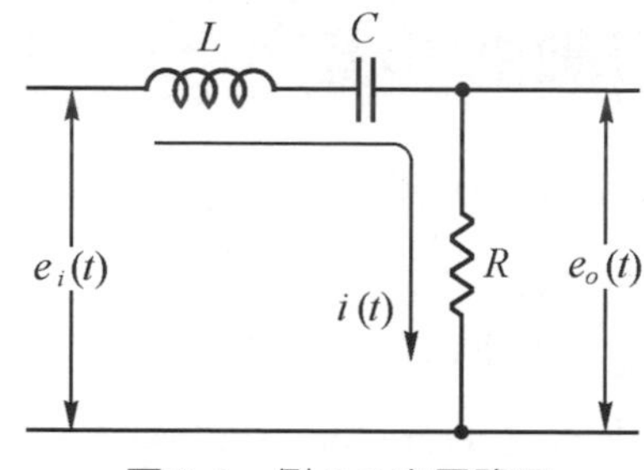

圖 3-4 例 3-3 之電路圖

Sol

1. 根據克希荷夫電壓定律(KVL)寫出該電路之迴路電壓方程式：

$$e_i(t)=e_L+e_C+e_R$$
$$=L\frac{di}{dt}+\frac{1}{C}\int idt+iR$$

根據歐姆定律寫出輸出電壓方程式：

$$e_o(t)=iR$$

2. 將上二式取拉式轉換 (令 $\forall$ initial = 0)：

$$\mathcal{L}[e_i(t)]=E_i(s)$$
$$=LsI(s)+\frac{1}{C}\frac{1}{s}I(s)+RI(s)$$
$$=\left[Ls+\frac{1}{Cs}+R\right]I(s)$$

$$\mathcal{L}[e_o(t)]=E_o(s)=RI(s)$$

3. 取輸出與輸入之比，即爲該系統之轉移函數：

$$G(s)=\frac{E_O(s)}{E_i(s)}=\frac{R}{Ls+\dfrac{1}{Cs}+R}=\frac{RCs}{LCs^2+RCs+1}$$

3-3 機械系統

1. 慣性單元

(1) 質量(m)：$F=ma \Rightarrow m=\dfrac{F}{a}$，其中 F 爲力，a 爲線加速度。

(2) 轉動慣量(J)：$\tau=J\alpha \Rightarrow J=\dfrac{\tau}{\alpha}$，其中 τ 爲力矩，α 爲角加速度。

2. 彈簧單元：儲散能交換元件

(1) 平移運動：$F=kx$，其中 k 爲平移彈簧係數，x 爲平移量。

(2) 旋轉運動：$T=\alpha\theta$，其中 T 爲扭矩，α 爲扭力彈簧係數，θ 爲角位移。

3. 阻尼器單元(Damper)：能量逸散元件(視作黏滯摩擦)

摩擦
- (1)庫倫摩擦(固體摩擦) $\Rightarrow f=N\cdot\mu$
- (2)黏滯摩擦(液體摩擦)
- (3)內摩擦(結構摩擦)

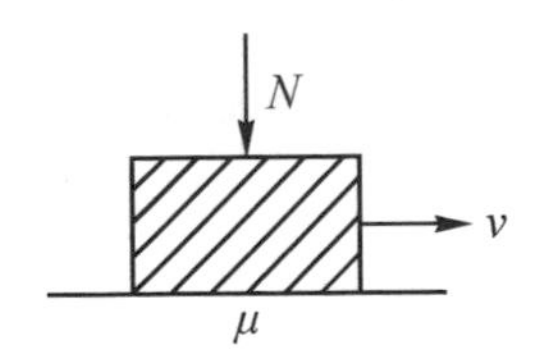

圖 3-5　庫倫摩擦

① 平移運動：$F=bv=b\dot{x}$，其中 b 爲阻尼係數，v 爲平移速度。

② 旋轉運動：$T=b\dot{\theta}$。

4. 自然頻率(Natural Frequency，ω_n)：系統發生自由振動(Free Vibration)時之頻率。
5. 阻尼比(Damping Ratio，ζ)：一系統之實際阻尼與臨界阻尼之比值，可表示系統吸收振動的能力。
6. 特性方程式(Characteristic Equation，CE)：令轉移函數之分母為零之方程式，即為該轉移函數所表示之系統的特性方程式。
7. 系統之階數：指其動態微分方程式之階數(或拉式轉換後 s 的次冪數)。
8. 二階系統 CE 之標準式：$s^2+2\zeta\omega_n s+\omega_n{}^2=0$，一階系統 CE 之標準式：$\tau s+1=0$。

NOTE 該二標準式於第五章中將有詳細推導。

例 3-4 一彈簧質量系統如圖 3-6，其中 $b=2$，$k=100$，$m=1$，求該系統之：(1)運動方程式，(2)轉移函數，(3) ω_n、ζ。

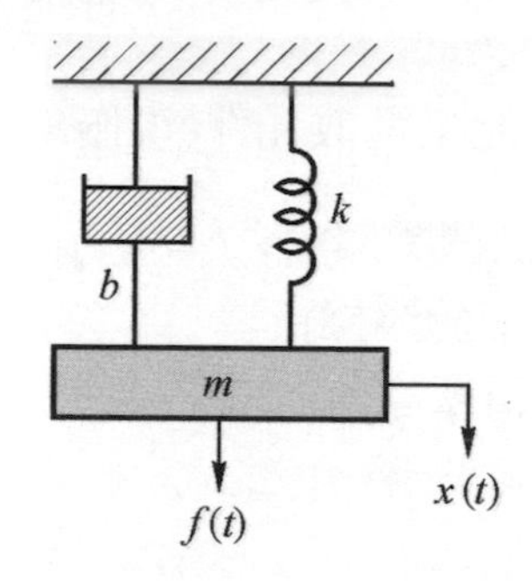

圖 3-6　例 3-4 的彈簧質量系統

Sol

(1) 寫出動態微分方程式：

$$m\ddot{x}+b\dot{x}+kx=f(t)\Rightarrow \ddot{x}+2\dot{x}+100x=f(t)$$

(2) 取拉式轉換(令 $\forall$ initial $=0$) 並求得轉移函數：

$$s^2X(s)+2sX(s)+100X(s)=F(s)$$

(3) 令轉移函數之分母爲零可得該系統之特性方程式：

$s^2+2s+100=0$..........CE

將該系統之特性方程式與二階特性方程式之標準式比較係數：

$$\Rightarrow \left.\begin{matrix} \omega_n{}^2=100 \\ 2\zeta\omega_n=2 \end{matrix}\right\}$$

解聯立方程式可得所求：

$\omega_n=\sqrt{100}=10(\text{rad/s})$，$\zeta=\dfrac{1}{10}$。

例 3-5　一單擺系統如圖 3-7，求該系統之：(1)運動方程式，(2)當 θ 很小時之 ω_n 、ζ 和週期 T。

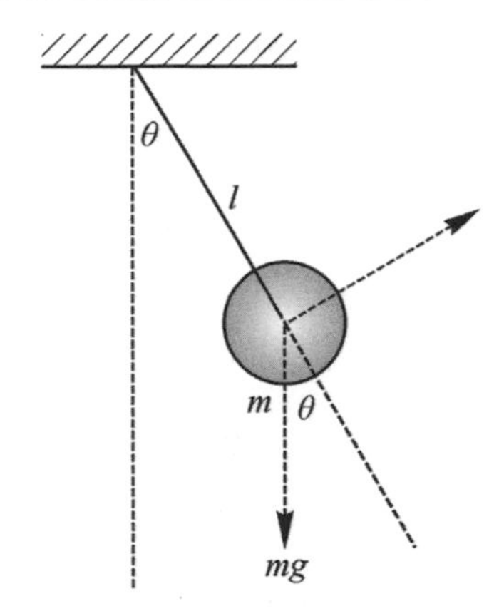

圖 3-7　例 3-5 的單擺系統

Sol

(1) 寫出動態微分方程式：

$\tau=J\ddot{\theta}$

$(-mg\sin\theta)\times l=(ml^2)\ddot{\theta}$

NOTE 角速度 ω、線速度 v 、迴轉半徑 r 、角加速度 α 、線加速度 a 間的關係為：

$$\omega = \frac{v}{r} \Rightarrow v = r\omega \Rightarrow a = r\alpha$$

本題之動態方程式亦可依牛頓定律寫成：

$$-mg\sin\theta = ma = m(l\alpha) = m(l\ddot{\theta})$$

$$\ddot{\theta} + \frac{g}{l}\sin\theta = 0 \cdots \text{運動方程式}$$

(2) 根據三角函數特性，若 $\theta \to 0$ 則 $\sin\theta \to \theta$ 代入運動方程式，

NOTE 此種假設為工程上為了解決難解之數學問題時常用的方法，其結果雖有誤差，但在可接受的範圍內。

$$\Rightarrow \ddot{\theta} + \frac{g}{l}\sin\theta = 0 \Rightarrow \ddot{\theta} + \frac{g}{l}\theta = 0$$

將該系統之特性方程式與二階特性方程式之標準式比較係數後可得：$\left.\begin{array}{l}\omega_n^{\ 2} = \dfrac{g}{l} \\ 2\zeta\omega_n = 0\end{array}\right\}$

解聯立方程式即為所求：$\left.\begin{array}{l}\omega_n = \sqrt{\dfrac{g}{l}} \\ \zeta = 0\end{array}\right\}$。

另週期部分：$\omega_n = 2\pi f \Rightarrow f = \dfrac{\omega_n}{2\pi}$。

所以：$T = \dfrac{1}{f} = \dfrac{2\pi}{\omega_n} = 2\pi\sqrt{\dfrac{l}{g}}$。

3-4 電路系統

1. 電阻(R)：

$R = \dfrac{V}{i}(\Omega)$：能量逸散元件，其中 V 為電動勢，i 為電流。

NOTE 歐姆定律：一電路之電流與該電路之總電動勢成正比、與總電阻成反比。

即：$i=\frac{V}{R}$ 。據此可導得 $R=\frac{V}{i}$

2. 電容(C)：

$C=\frac{Q}{V}(F)$ ：儲散能交互元件，其中 Q 爲電量。

NOTE 電容值之定義為：造成二平行極板間單位電壓所需之電量。單位為法拉 F。

$\Rightarrow Q=CV$

而 $\int idt=Q$ ，代入上式，

NOTE 電流值之定義為：導流導體之截面積上，單位時間內流過的電量。即：$i=\frac{dQ}{dt}$ ，$\Rightarrow idt=dQ\Rightarrow\int idt=Q$ ，故將電流對時間積分即得電量，或 $i=C\frac{dV}{dt}$ 。

得 $Q=\int_0 idt=CV$ ，兩邊取拉式轉換(令初值爲零)得：$\frac{1}{s}I(s)=CV(s)$ 。

3. 電感(L)：

$L=\frac{V}{di/dt}$ ：儲散能交互元件。

NOTE 線圈因會發生自感(Self-induction)現象，故稱電感(Inductor)。電感量的定義為：一線圈上單位電流變化率所能感應出電動勢之能力。

$\Rightarrow V = L \cdot \frac{di}{dt}$，兩邊取拉式轉換(令初值爲零)得：$V(s) = LsI(s)$。

例 3-6 一電路如圖 3-8，求：該電路之 Transfer function。

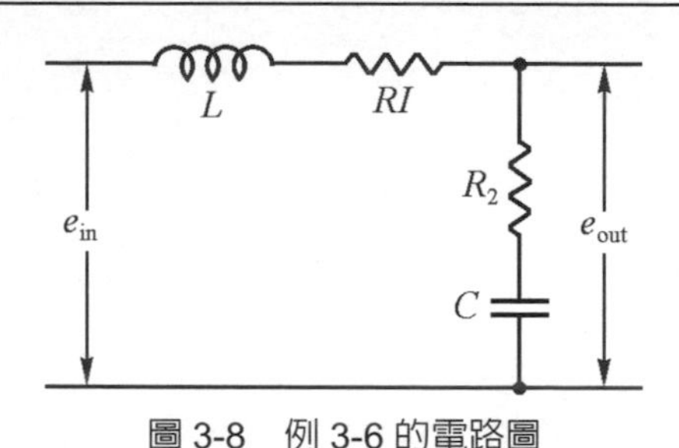

圖 3-8 例 3-6 的電路圖

Sol

設電流爲 $i(t)$，根據克希荷夫電壓定律可寫出該電路之輸入電壓爲：

$$e_{in} = L\frac{di(t)}{dt} + i(t)R_1 + i(t)R_2 + \frac{1}{C}\int_0^t i(t)dt$$

取拉式轉換 $\Rightarrow E_{in}(s) = sLI(s) + R_1 I(s) + R_2 I(s) + \frac{1}{Cs}I(s)$

而 $e_{out} = i(t)R_2 + \frac{1}{C}\int_0^t i(t)dt$

取拉式轉換 $\Rightarrow E_{out}(s) = R_2 I(s) + \frac{1}{Cs}I(s)$

$\Rightarrow$轉移函數：

$$\frac{E_{out}(s)}{E_{in}(s)} = \frac{I(s)[R_2 + \frac{1}{Cs}]}{I(s)[sL + R_1 + R_2 + \frac{1}{Cs}]} = \frac{R_2 Cs + 1}{LCs^2 + (R_1 + R_2)Cs + 1}$$

3-5 水位系統

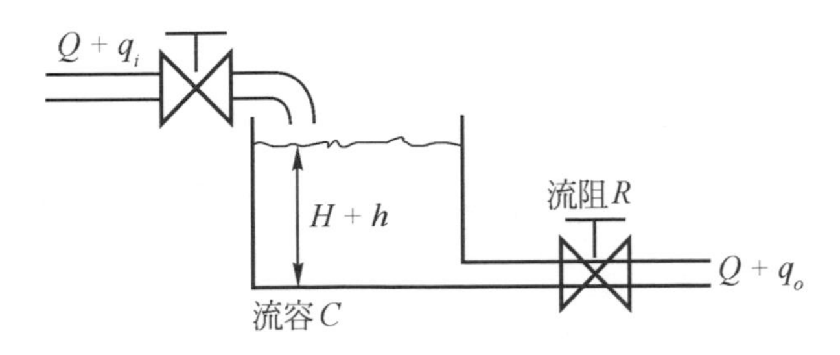

圖 3-9　水位系統示意圖

1. 流阻：

$$R=\frac{\Delta H(\text{水位變化})}{Q(\text{流率})}$$

NOTE 於電路中 $R=\frac{V_1-V_2}{I}=\frac{\Delta V(\text{電位變化})}{I}$，所以電路中之電位類比於水路中之水位，電路中之電流類比於水路中之流率。

2. 流容：

$$C=\frac{\Delta V(\text{體積變化})}{H(\text{水位})}$$

NOTE 於電路中 $C=\frac{Q}{V}$，所以電路中之電量類比於水路中之體積。

3. $(q_i-q_o)=C\frac{dh}{dt}$

4. $q_o = \frac{h}{R}$

NOTE $Q = \frac{\Delta H}{R} \Rightarrow \Delta H = h \Rightarrow q_o = \frac{h}{R}$

5. 設 q_i 爲 I/P，h 爲 O/P：

$\Rightarrow (q_i - \frac{h}{R}) = C\frac{dh}{dt}$

$\Rightarrow Rq_i = RC\frac{dh}{dt} + h$

取拉式轉換：$RQ_i(s) = RCsH(s) + H(s)$

可得轉移函數：$\frac{H(s)}{Q_i(s)} = \frac{R}{RCs+1}$ …………(1)

6. 設 q_i 爲 I/P，q_o 爲 O/P：

$\Rightarrow (q_i - q_o) = C\frac{dq_oR}{dt} = RC\frac{dq_o}{dt}$

$\Rightarrow q_i = RC\frac{dq_o}{dt} + q_o$

取拉式轉換：$Q_i(s) = RCQ_o(s) + Q_o(s)$

可得轉移函數：$\frac{Q_o(s)}{Q_i(s)} = \frac{1}{RCs+1}$ …………(2)

NOTE 比較(1)、(2)兩式可知：$Q_o(s) \cdot R = H(s) \Leftarrow q_0R = h$

3-6 熱傳系統

1. 熱傳方式 $\begin{cases} \text{(1)傳導} \rightarrow \text{Solid} \\ \text{(2)對流} \rightarrow \text{Liquid} \\ \text{(3)輻射} \rightarrow \text{Gas} \end{cases}$

2. 熱流率 q(J/sec)：

(1) 傳導：$q=\dfrac{KA(T_1-T_2)}{d}$

其中 K：介質熱傳導係數

A：傳導面積

d：介質厚度

T_1：高溫

T_2：低溫

(2) 對流：$q=hA(T_1-T_2)$，其中 h：介質熱對流係數

(3) 輻射：$q=K_r(T_1^4-T_2^4)$，其中 K_r：輻射表面係數

3. 熱阻 $R=\dfrac{\Delta T(\text{溫度變化})}{q(\text{熱流率})}$

(1) 傳導：$R=\dfrac{d}{\mathrm{KA}}$

(2) 對流：$R=\dfrac{1}{hA}$

4. 熱容 $C=\dfrac{\Delta Q(\text{熱含量之變化})}{T(\text{溫度})}$

5. 熱含量 $Q=\int q dt=C_nT\Rightarrow q=C_n\dfrac{dT}{dt}$，其中 C_n：比熱

例 3-7　套管中之溫度計如圖 3-10，求：該系統之轉移函數 $\dfrac{T_b}{T_i}$。

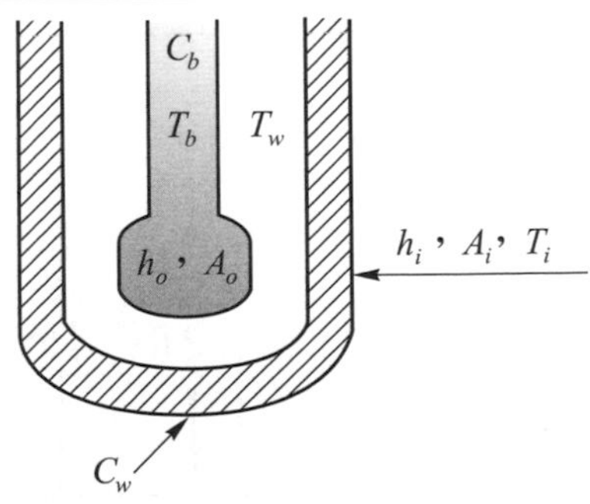

圖 3-10　套管中之溫度計示意圖

Sol

套管：$h_iA_i(T_i - T_w) - h_oA_o(T_w - T_b) = C_w \dfrac{dT_w}{dt}$

取拉式轉換：$h_iA_i(T_i - T_w) - h_oA_o(T_w - T_b) = C_w sT_w$ .... (1)

球莖：$h_oA_o(T_w - T_b) - 0 = C_b \dfrac{dT_b}{dt}$

取拉式轉換：$h_oA_o(T_w - T_b) = C_b sT_b$ .... (2)

(1)、(2)聯立，得

$$\frac{T_b}{T_i} = \frac{1}{R_1C_1R_2C_2s^2 + (R_1C_1 + R_2C_2 + C_1R_2)s + 1}$$

其中 $R_1 = \dfrac{1}{h_iA_i}, R_2 = \dfrac{1}{h_oA_o}, C_1 = C_w, C_2 = C_b$ 。

3-7 各系統間之類比

1. 機械系統之動態方程式：

$$m\ddot{x} + b\dot{x} + kx = f(t)$$

2. 電路系統之動態方程式：

$$L\frac{di}{dt} + Ri + \frac{1}{c}\int idt = e_{\text{in}}$$

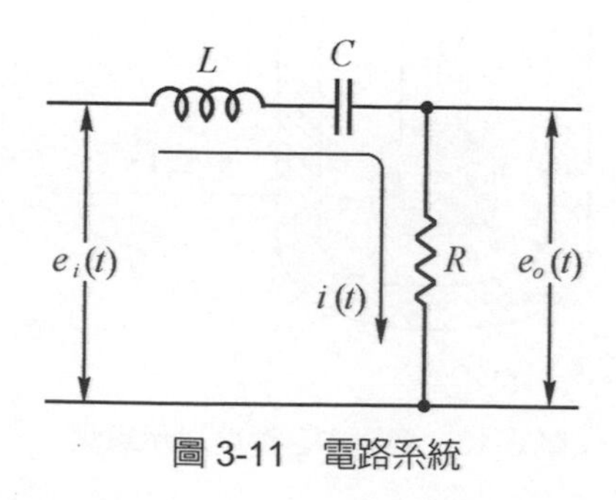

圖 3-11 電路系統

而 $i(t)=\dfrac{dq}{dt}=\dot{q}$，代入上式可改寫成：

$$L\ddot{q}+R\dot{q}+\frac{1}{c}q=e_{in}(t)$$

3.　各類系統間之類比比較表

表 3-1　各類系統間之類比比較

機械系統	電路系統	水位系統	熱傳系統
力(F)	電位(E)	水位(H)	溫度(T)
質量(m)	電感(L)	−	−
位移(x)	電量(Q)	體積(V)	熱含量(Q)
速度$(\dot{x})$	電流(i)	流率(Q)	熱流率(q)
阻尼(b)	電阻(R) $R=\dfrac{\Delta E}{i}$	流阻(R) $R=\dfrac{\Delta H}{Q}$	熱阻(R) $R=\dfrac{\Delta T}{q}$
彈簧(k)	電容倒數 $\dfrac{1}{C}$ $i=C\dfrac{dE}{dt}\left(\dfrac{dq}{dt}=C\dfrac{dE}{dt}\right)$ $\Delta E=V$	流容倒數 $\dfrac{1}{C}$ $Q=C\dfrac{dH}{dt}$	熱容倒數 $\dfrac{1}{C}$ $q=C\dfrac{dT}{dt}$

3-8 狀態變數表示法 (State variable representation)

1.　狀態變數及狀態方程式

一彈簧質量系統如圖 3-12，其轉移函數為：

$$\frac{X(s)}{F(s)}=\frac{1}{ms^2+bs+k}$$

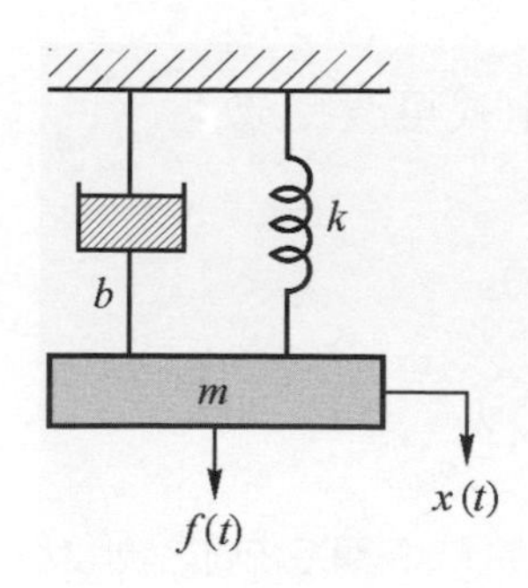

圖 3-12　彈簧質量系統

現選擇質量 m 之位移爲第一個狀態變數 x_1，選擇質量 m 之速度爲第二個狀態變數 x_2 。

令輸出爲 y，而系統之輸出爲 m 之位移，故

$$x_1 = y \quad \text{......(1)}$$

$$x_2 = \dot{y}$$

又由系統之特性可知：

$$\dot{x}_1 = x_2 \quad \text{......(2)}$$

該系統之動態微分方程式爲：

$$f(t) = m\dot{x}_2 + bx_2 + kx_1$$

$$\Rightarrow m\dot{x}_2 = -kx_1 - bx_2 + f(t)$$

$$\Rightarrow \dot{x}_2 = \frac{-k}{m}x_1 - \frac{-b}{m}x_2 + \frac{1}{m}f(t) \quad \text{......(3)}$$

由(2)式及(3)式可知狀態變數的微分與狀態變數及輸入間的關係，寫成矩陣型式，得：

$$\begin{bmatrix} \dot{x}_1 \\ \dot{x}_2 \end{bmatrix} = \begin{bmatrix} 0 & 1 \\ -\frac{k}{m} & -\frac{b}{m} \end{bmatrix} \begin{bmatrix} x_1 \\ x_2 \end{bmatrix} + \begin{bmatrix} 0 \\ \frac{1}{m} \end{bmatrix} f(t) \quad \text{......(4)}$$

由(1)式可知輸出與狀態變數及輸入間的關係，寫成矩陣型式，得：

$$y = \begin{bmatrix} 1 & 0 \end{bmatrix} \begin{bmatrix} x_1 \\ x_2 \end{bmatrix} + \begin{bmatrix} 0 \end{bmatrix} f(t) \quad \text{.................................(5)}$$

(4)式及(5)式合稱為該系統之狀態方程式(State equations)。

2. 狀態方程式之標準式

狀態方程式共有兩個式子，其一描述狀態變數的微分與狀態變數及輸入間的關係；另一描述輸出與狀態變數及輸入間的關係；均寫成矩陣的型式，如下列各式所示。

$$\begin{bmatrix} \dot{x}_1 \\ \dot{x}_2 \\ \vdots \\ \dot{x}_n \end{bmatrix} = A \begin{bmatrix} x_1 \\ x_2 \\ \vdots \\ x_n \end{bmatrix} + B \begin{bmatrix} u_1 \\ u_2 \\ \vdots \\ u_n \end{bmatrix} \;；\; Y = C \begin{bmatrix} x_1 \\ x_2 \\ \vdots \\ x_n \end{bmatrix} + D \begin{bmatrix} u_1 \\ u_2 \\ \vdots \\ u_n \end{bmatrix}$$

，其中 A、B、C、D 對線性非時變系統而言均為常數矩陣。

令 $\dot{X} = \begin{bmatrix} \dot{x}_1 \\ \dot{x}_2 \\ \vdots \\ \dot{x}_n \end{bmatrix}$，$X = \begin{bmatrix} x_1 \\ x_2 \\ \vdots \\ x_n \end{bmatrix}$，$U = \begin{bmatrix} u_1 \\ u_2 \\ \vdots \\ u_n \end{bmatrix}$，則上二式可再改寫成：

$$\dot{X} = AX + BU$$
$$Y = CX + DU$$

3. 由 State equations 求 Transfer function

已知某系統之狀態方程式如下：

$$\dot{X}(t) = AX(t) + BU(t)$$
$$Y(t) = CX(t) + DU(t)$$

現欲求該系統之轉移函數，則將該狀態方程式取拉氏轉換，得

$$sX(s) - X_0 = AX(s) + BU(s) \quad \text{...........................(1)}$$
$$Y(s) = CX(s) + DU(s) \quad \text{.......................................(2)}$$

將(1)式改寫成：

$$(sI-A)X(s)=X_0+BU(s)$$
$$\Rightarrow X(s)=(sI-A)^{-1}X_0+(sI-A)^{-1}BU(s) \text{ ....(3)}$$

將(3)式代入(2)式，得

$$Y(s)=C\left[(sI-A)^{-1}X_0+(sI-A)^{-1}BU(s)\right]+DU(s)$$

$\because$初始值 $X_0=0$

$\therefore Y(s)=C(sI-A)^{-1}BU(s)+DU(s)=\left[C(sI-A)^{-1}B+D\right]U(s)$

可得轉移函數為：

$$\frac{Y(s)}{U(s)}=C(sI-A)^{-1}B+D=C\left(\frac{adj(sI-A)}{\det|sI-A|}\right)B+D$$

例 3-8 某系統之狀態方程式如下，求該系統之轉移函數。

$$\dot{X}=\begin{bmatrix}1 & 2 & 0\\ 3 & -1 & 1\\ 0 & 2 & 0\end{bmatrix}X+\begin{bmatrix}2\\ 1\\ 1\end{bmatrix}u$$

$$Y=\begin{bmatrix}0 & 0 & 1\end{bmatrix}X$$

Sol

因為 $D=0$，所以轉移函數可改寫成：$C(sI-A)^{-1}B$。

$$(sI-A)=\begin{bmatrix}s & 0 & 0\\ 0 & s & 0\\ 0 & 0 & s\end{bmatrix}-\begin{bmatrix}1 & 2 & 0\\ 3 & -1 & 1\\ 0 & 2 & 0\end{bmatrix}=\begin{bmatrix}s-1 & -2 & 0\\ -3 & s+1 & -1\\ 0 & -2 & s\end{bmatrix},$$

則 $$(sI-A)^{-1}=\frac{adj(sI-A)}{\det|sI-A|}=\frac{\begin{bmatrix}s^2+s-2 & 2s & 2\\ 3s & s^2-s & s-1\\ 6 & 2s-2 & s^2-7\end{bmatrix}}{s(s+1)(s-1)-2(s-1)-6s}$$

$$= \frac{\begin{bmatrix} s^2+s-2 & 2s & 2 \\ 3s & s^2-s & s-1 \\ 6 & 2s-2 & s^2-7 \end{bmatrix}}{s^3-9s+2}$$

$$\text{TF} = \begin{bmatrix} 0 & 0 & 1 \end{bmatrix}(sI-A)^{-1}\begin{bmatrix} 2 \\ 1 \\ 1 \end{bmatrix} = \frac{\begin{bmatrix} 6 & 2s-2 & s^2-7 \end{bmatrix}}{s^3-9s+2}\begin{bmatrix} 2 \\ 1 \\ 1 \end{bmatrix} = \frac{s^2+2s+3}{s^3-9s+2}$$

4. 由 Transfer function 求 State equations

一個轉移函數所對應之狀態方程式非唯一，其所對應之狀態方程式中有幾個正則式(或稱經典式)可供選擇，例如控制正則式、觀察正則式。首先須將已知之轉移函數整理成下列格式：

$$\text{TF} = \frac{b_1 s^2 + b_2 s + b_3}{s^3 + a_1 s^2 + a_2 s + a_3}$$

其中須考慮的原則為：(1)分母階數較分子高，且(2)分母最高次項係數為 1。

(1) 控制正則式(Control canonical form, CCF)

CCF：
$$\dot{X} = \begin{bmatrix} 0 & 1 & 0 \\ 0 & 0 & 1 \\ -a_3 & -a_2 & -a_1 \end{bmatrix} X + \begin{bmatrix} 0 \\ 0 \\ 1 \end{bmatrix} U$$
$$Y = \begin{bmatrix} b_3 & b_2 & b_1 \end{bmatrix} X$$

(2) 觀察正則式(Observe canonical form, OCF)

OCF：
$$\dot{X} = \begin{bmatrix} 0 & 0 & -a_3 \\ 1 & 0 & -a_2 \\ 0 & 1 & -a_1 \end{bmatrix} X + \begin{bmatrix} b_3 \\ b_2 \\ b_1 \end{bmatrix} U$$
$$Y = \begin{bmatrix} 0 & 0 & 1 \end{bmatrix} X$$

NOTE 該二正則式主要用於討論系統之可控性(Controllability)及可觀性(Observability)。若一系統之輸入可驅動所有的狀態變數，則稱該系統為「完全可控制」；若僅可驅動部分的狀態變數，則稱該系統為「不完全可控制」：若所有的狀態變數均無法被系統之輸入驅動，則稱該系統為「完全不可控制」。另外，若一系統之輸出可被所有的狀態變數驅動，則稱該系統為「完全可觀察」；若僅可被部分的狀態變數驅動，則稱該系統為「不完全可觀察」：若所有的狀態變數均無法驅動系統之輸出，則稱該系統為「完全不可觀察」。由控制正則式所繪出之訊號流程圖(訊號流程圖在第四章將有詳述)可看出該系統的可控性；而由觀察正則式所繪出之訊號流程圖可看出該系統的可觀性。

例 3-9 一系統之轉移函數爲：$\dfrac{C}{R}=\dfrac{s^2+2s+3}{s^3-9s+2}$，求該系統狀態方程式之 CCF 及 OCF。

Sol

該轉移函數已符合要求的格式，故可直接寫出所求如下：

$$\text{CCF}:\begin{cases}\dot{X}=\begin{bmatrix}0 & 1 & 0\\ 0 & 0 & 1\\ -2 & 9 & 0\end{bmatrix}X+\begin{bmatrix}0\\0\\1\end{bmatrix}R\\ C=\begin{bmatrix}3 & 2 & 1\end{bmatrix}X\end{cases}$$

$$\text{OCF}:\begin{cases}\dot{X}=\begin{bmatrix}0 & 0 & -2\\ 1 & 0 & 9\\ 0 & 1 & 0\end{bmatrix}X+\begin{bmatrix}3\\2\\1\end{bmatrix}R\\ C=\begin{bmatrix}0 & 0 & 1\end{bmatrix}X\end{cases}$$

例 3-10　一系統之轉移函數為：$g(s)=\dfrac{4s^3+25s^2+45s+34}{2s^3+12s^2+20s+16}$，求該系統狀態方程式之 CCF 及 OCF。

Sol

因該轉移函數不符合要求的格式，故須先將其整理成要求格式。

以長除法計算原式，得 $g(s)=\dfrac{0.5s^2+2.5s+1}{s^3+6s^2+10s+8}+2$ 。

根據上式可寫出所求如下：

$$\text{CCF：}\begin{cases}\dot{X}=\begin{bmatrix}0 & 1 & 0\\ 0 & 0 & 1\\ -8 & -10 & -6\end{bmatrix}X+\begin{bmatrix}0\\0\\1\end{bmatrix}U\\ Y=\begin{bmatrix}1 & 2.5 & 0.5\end{bmatrix}X+2U\end{cases}$$

$$\text{OCF：}\begin{cases}\dot{X}=\begin{bmatrix}0 & 0 & -8\\ 1 & 0 & -10\\ 0 & 1 & -6\end{bmatrix}X+\begin{bmatrix}1\\2.5\\0.5\end{bmatrix}U\\ C=\begin{bmatrix}0 & 0 & 1\end{bmatrix}X+2U\end{cases}$$

5. 轉移函數與狀態方程式的比較

(1) 轉移函數係由系統外部描述該系統(External description)，而狀態方程式係由系統內部描述該系統(Internal description)。

(2) 轉移函數對系統的描述是「輸入－輸出描述(I/P-O/P description)」，而狀態方程式對系統的描述是「動態方程式描述(Dynamic-equation description)」。

習 題 EXERCISE

1. 系統如圖 3-13。求該系統之：(1)Transfer function，(2)自然頻率 ω_n，(3)阻尼比 ξ。

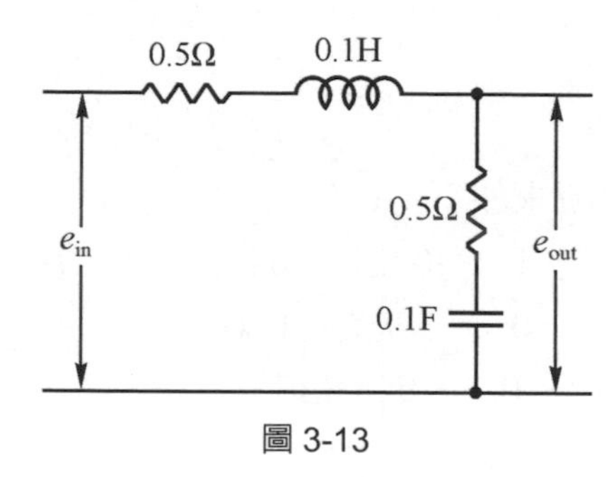

圖 3-13

2. 請推導下列狀態模型的轉移函數：
$\dot{X}(t) = AX(t) + BU(t)$ 、 $Y(t) = CX(t) + DU(t)$ 。

3. 某系統之狀態方程式如下，求其(1)轉移函數，(2)狀態方程式之 Control Canonical Form。

$$\dot{X} = \begin{bmatrix} 1 & 2 & 0 \\ 3 & -1 & 1 \\ 0 & 2 & 0 \end{bmatrix} X + \begin{bmatrix} 2 \\ 1 \\ 1 \end{bmatrix} U$$

$$Y = \begin{bmatrix} 0 & 0 & 1 \end{bmatrix} X$$

4. 某系統之動態微分方程式如下：$\frac{d}{dt}y(t) + y(t) = x(t-T)$，其中 T 爲延遲時間。求該系統之轉移函數。

5. 水位系統示意圖如下，以 q_i 爲輸入，以 q_o 爲輸出。求該系統之轉移函數。

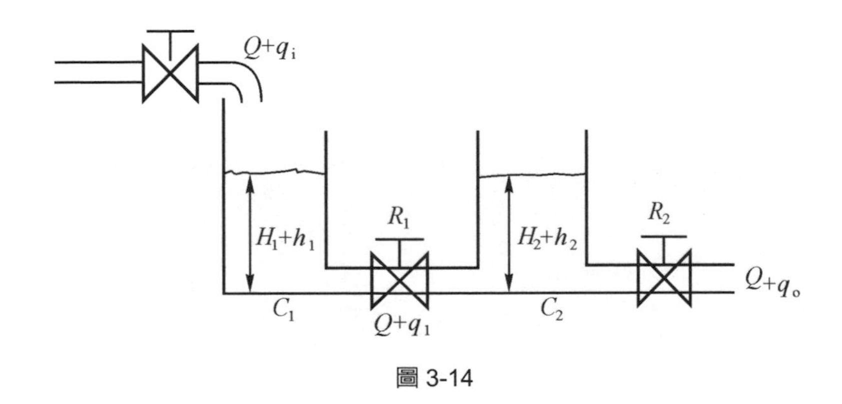

圖 3-14

6. 某系統之動態微分方程式如下：$\dddot{y}+6\ddot{y}+11\dot{y}+6y=6u$，其中 y 爲輸入，以 u 爲輸出。求該系統之狀態方程式。

7. 某系統之狀態方程式如下，求解狀態向量 $X(t)$ ，$\forall t \geq 0$。

$\dot{X}=\begin{bmatrix} 0 & 1 \\ -2 & -3 \end{bmatrix}X+\begin{bmatrix} 0 \\ 1 \end{bmatrix}U$ ，$U(t)=1 \quad \forall t \geq 0$。

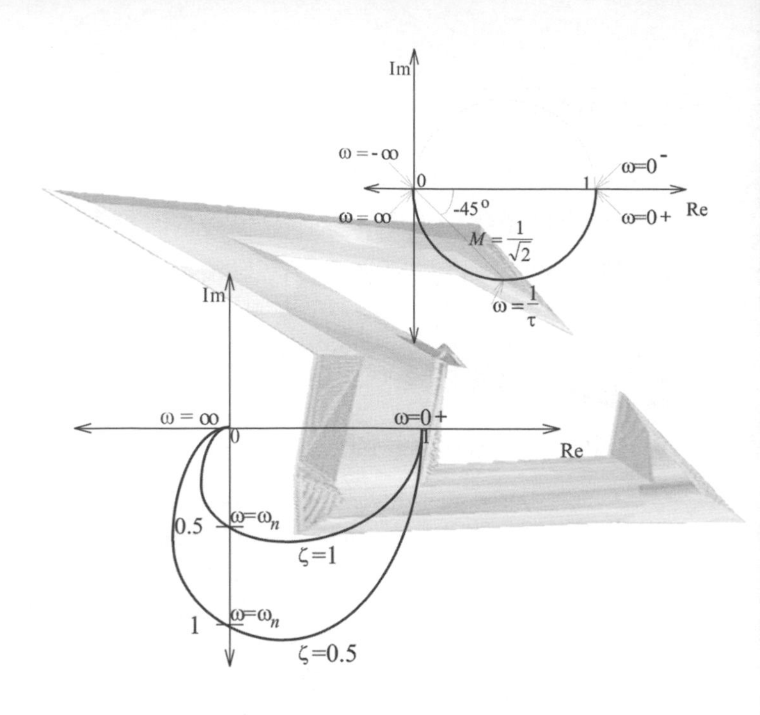

4 章

系統的圖形表示法

一物理系統亦可以圖形表示，以方便後續之特性行爲分析。本章將介紹兩種圖形表示法：(1)方塊圖，(2)訊號流程圖。

4-1 方塊圖(Block diagram)

1. 開環路系統(Open loop system)，其方塊圖如下所示：

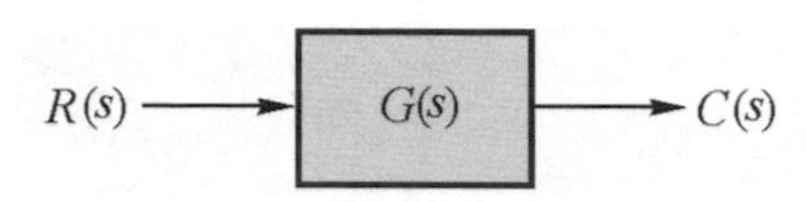

圖 4-1　開環路系統的方塊圖

由圖形可得參數間之關係爲：

$$C(s)=R(s)G(s)$$

2. 閉環路系統(Close loop system)，依其是否有回授增益又可分爲兩類。
   (1) 單位回授系統(Unity feedback system)，其方塊圖如下所示：

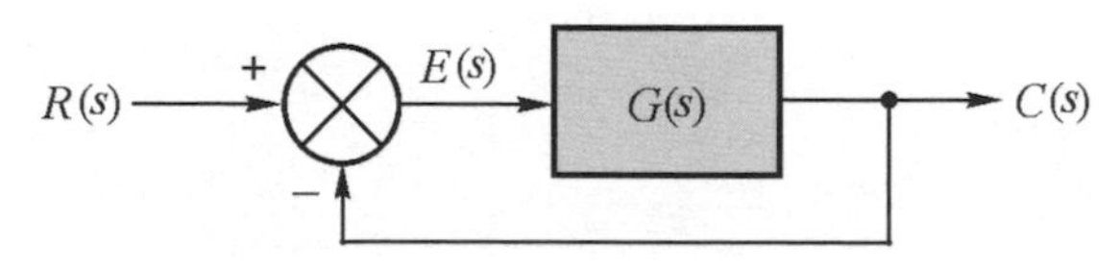

圖 4-2　單位回授系統的方塊圖

由圖形可得參數間之關係爲：

$$\begin{aligned}C(s)&=G(s)E(s)\\&=G(s)[R(s)-C(s)]\\&=G(s)R(s)-G(s)C(s)\end{aligned}$$

$$[1+G(s)]C(s)=G(s)R(s)$$

故可得單位回授系統之轉移函數：

$$\frac{C(s)}{R(s)}=\frac{G(s)}{1+G(s)}$$

例 4-1　一系統之方塊圖如圖 4-3 所示，求：該系統之 Transfer function。

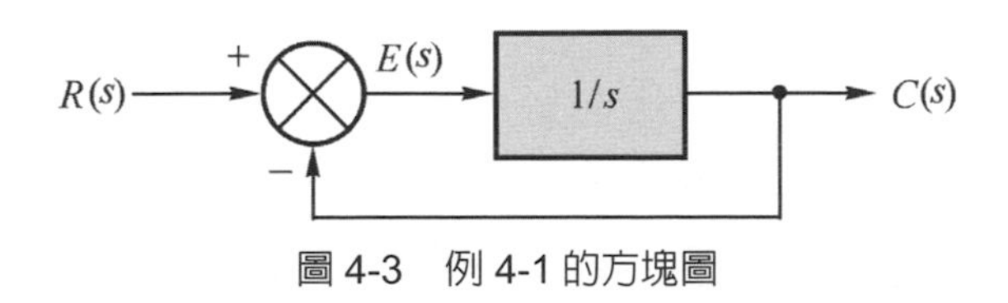

圖 4-3　例 4-1 的方塊圖

Sol

$$G(s) = \frac{1}{s}$$

轉移函數：$\dfrac{C(s)}{R(s)} = \dfrac{G(s)}{1+G(s)} = \dfrac{\frac{1}{s}}{1+\frac{1}{s}} = \dfrac{1}{s+1}$

(2) 增益回授系統(Gain feedback system)，其方塊圖如下所示：

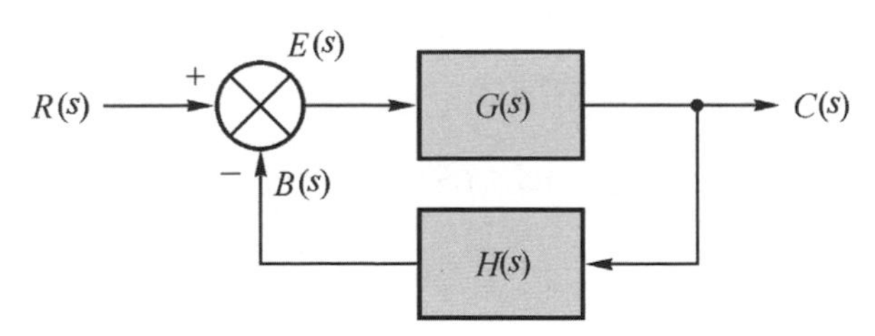

圖 4-4　增益回授系統的方塊圖

由圖形可得參數間之關係為：

誤差：$E(s) = R(s) - B(s)$

回授：$B(s) = C(s)H(s)$

$$\begin{aligned} C(s) &= G(s)E(s) \\ &= G(s)[R(s) - B(s)] \\ &= G(s)[R(s) - C(s)H(s)] \\ &= G(s)R(s) - G(s)C(s)H(s) \end{aligned}$$

故可得增益回授系統之轉移函數：

$$\frac{C(s)}{R(s)}=\frac{G(s)}{1+G(s)H(s)}$$

3. 轉移函數依指定不同的輸出輸入信號，可分爲下列數種：

(1) 前饋轉移函數(Feed-forward transfer function)

指輸出與誤差之拉式轉換比，也稱「前饋增益(Feed-forward gain)」。

$$\frac{C(s)}{E(s)}=G(s)$$

(2) 回饋轉移函數(Feedback transfer function)

指回授與輸出之拉式轉換比，也稱「回授增益(Feedback gain)」。

$$\frac{B(s)}{C(s)}=\frac{C(s)H(s)}{C(s)}=H(s)$$

(3) 開環路轉移函數(Open-loop transfer function)

指回授與誤差之拉式轉換比，也稱「開環路增益(Open-loop gain)」。

$$\frac{B(s)}{E(s)}=\frac{C(s)H(s)}{E(s)}=\frac{E(s)G(s)H(s)}{E(s)}=G(s)H(s)$$

(4) 閉環路轉移函數(Close-loop transfer function)

指輸出與輸入之拉式轉換比，也稱「閉環路增益(Close-loop gain)」。

$$\frac{C(s)}{R(s)}=\frac{G(s)}{1+G(s)H(s)}$$

令其分母爲零，i.e. $1+GH=0$ 即爲該系統之特性方程式(CE)。

例 4-2 一系統之方塊圖如圖 4-5 所示，求：該系統之

① Open-loop transfer function

② Close-loop transfer function

③　ω_n

④　ζ

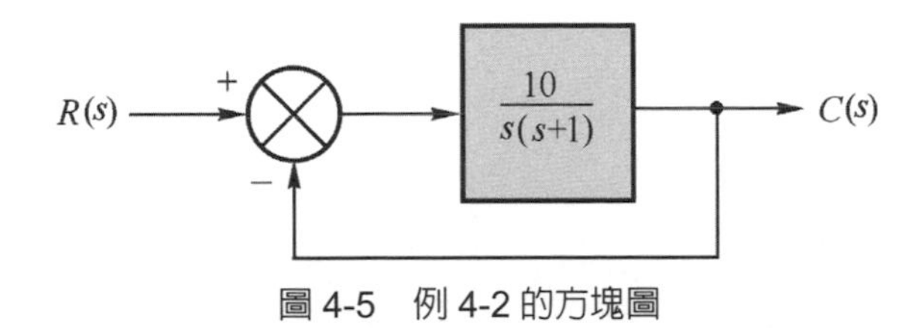

圖 4-5　例 4-2 的方塊圖

Sol

① Open-loop transfer function：

$$\frac{B}{E}=G(s)H(s)=\frac{10}{s(s+1)}$$

② Close-loop transfer function：

$$\frac{C}{R}=\frac{G}{1+GH}=\frac{\frac{10}{s(s+1)}}{1+\frac{10}{s(s+1)}}=\frac{10}{s^2+s+10}$$

③ $CE=s^2+s+10=0$，經與二階標準式：$s^2+2\zeta\omega_n s+\omega_n{}^2=0$

比較係數後可得：$\omega_n=\sqrt{10}\ \mathrm{rad}/\mathrm{s}$，$\zeta=\frac{\sqrt{10}}{20}$。

NOTE 一個二階系統 $G(s)=\frac{10}{s(s+1)}$，將其作單位回授後之閉環路方塊圖可表示如下：

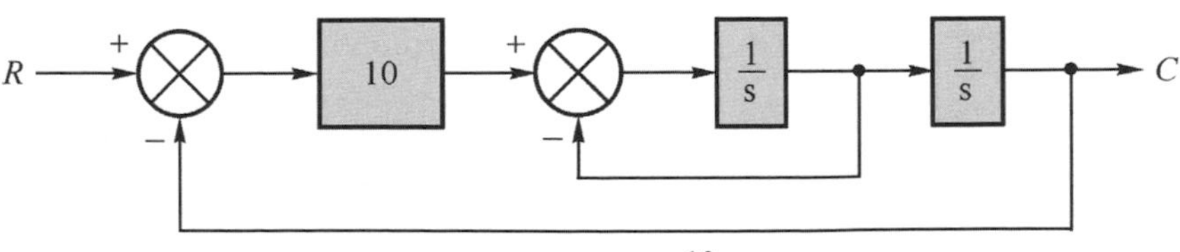

圖 4-6　二階系統 $G(s)=\frac{10}{s(s+1)}$ 的方塊圖

4-2 梅森增益公式(Mason's gain formula)

梅森增益公式係一依據系統方塊圖求該系統之閉環路轉移函數的方法，其公式為：

$$\frac{C}{R}=M=\frac{1}{\Delta}\sum_{i=1}^{N}P_i\Delta_i$$

其中

$$\Delta=1-\sum L+\sum L_1L_2-\sum L_1L_2L_3+\cdots$$

(L 指各自獨立之環路增益，L_1L_2 指兩兩互不相交之環路增益相乘積，$L_1L_2L_3$ 指三三互不相交之環路增益相乘積，其餘類推。)

$L=$ Loop gain(環路增益)

(環路之定義：於迴路中找個起始點，由此點繞一圈再回到此點而沒有路徑重複，算一個 loop。)

$P=$ Forward path gain(前饋路徑增益)

(前饋路徑係指：由 R 出發可通至 C 而過程中沒有任何一處折返的路徑。)

$$\Delta_i=1-\sum L+\sum LL-\sum LLL+\cdots$$

(L 指與第 i 個 Forward path 不相交之獨立環路增益，LL 指兩兩互不相交且與第 i 個 Forward path 不相交之環路增益相乘積，LLL 指三三互不相交且與第 i 個 Forward path 不相交之環路增益相乘積，其餘類推。)

NOTE 運用梅森增益公式正確找出一系統之閉環路轉移函數的前提是：要能不多不少、正確地找出該系統所有的前饋路徑增益與環路增益，並且正確地檢查其間相交的關係，多一個或少一個則全盤皆錯。

例 4-3 一系統之方塊圖如 4-7，求：該系統之閉環路轉移函數。

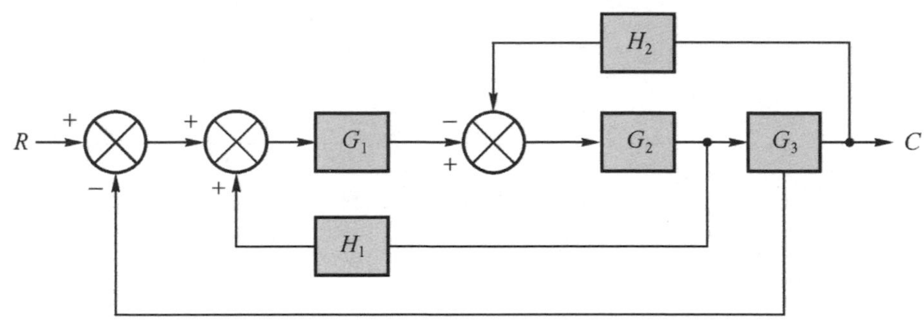

圖 4-7　例 4-3 的方塊圖

Sol

前饋路徑增益(本例中只有一個)：$P_1 = G_1G_2G_3$

環路增益(本例中有三個)：$\left.\begin{aligned} L_1 &= G_1G_2H_1 \\ L_2 &= -G_2G_3H_2 \\ L_3 &= -G_1G_2G_3 \end{aligned}\right\}$ 1.此三loop均互有相交　2.此三loop均與P_1相交

$\Delta = 1-(G_1G_2H_1 - G_2G_3H_2 - G_1G_2G_3)+0-0\cdots$

$\Delta_1 = 1-0+0=1$

根據梅森增益公式可得該系統之閉環路轉移函數：

$$\frac{C}{R} = \frac{1}{1-(G_1G_2H_1 - G_2G_3H_2 - G_1G_2G_3)}[G_1G_2G_3 \times 1]$$

例 4-4　一系統之方塊圖如 4-8，求：該系統之閉環路轉移函數 $\dfrac{C}{R}$ 。

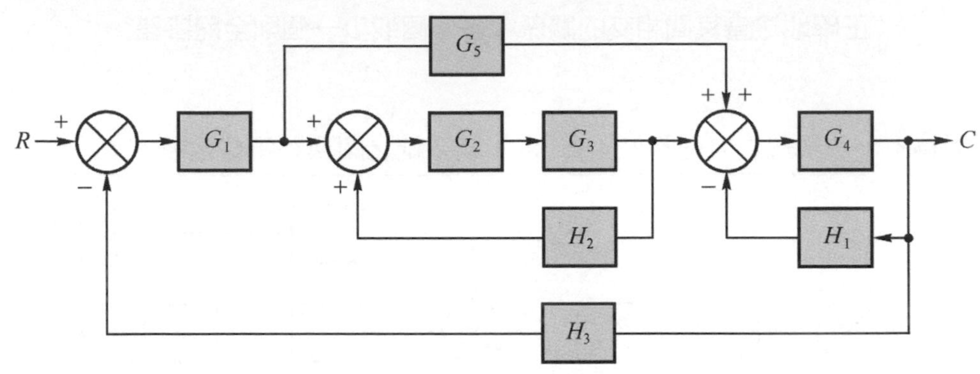

圖 4-8　例 4-4 的方塊圖

Sol

前饋路徑增益(本例中有二個)：$P_1 = G_1G_2G_3G_4$，$P_2 = G_1G_5G_4$

環路增益(本例中有四個)：

$$
\left.\begin{aligned}
L_1 &= -G_1G_2G_3G_4H_3 \\
L_2 &= -G_5G_4H_3G_1 \\
L_3 &= G_2G_3H_2 \\
L_4 &= -G_4H_1
\end{aligned}\right\}
$$

1.均與P_1相交
2.L_2和L_3不相交，L_4和L_3不相交
3.L_3和P_2不相交

$$\Delta = 1-(L_1+L_2+L_3+L_4)+(L_2L_3+L_4L_3)-0+0\cdots$$

$$\Delta_1 = 1-0 = 1$$

$$\Delta_2 = 1-(L_3)$$

根據梅森增益公式可得該系統之閉環路轉移函數：

$$\frac{C}{R} = \frac{1}{1-(L_1+L_2+L_3+L_4)+(L_2L_3+L_4L_3)}\left[P_1\times\Delta_1 + P_2\times\Delta_2\right]$$

$$= \frac{G_1G_2G_3G_4 + G_1G_4G_5(1-G_2G_3H_2)}{1+G_1G_2G_3G_4H_3+G_4G_5H_3G_1-G_2G_3H_2+G_4H_1-G_1G_2G_3G_4G_5H_2H_3-G_2G_3G_4H_1H_2}$$

例 4-5　一系統之方塊圖如圖 4-9 所示，求：(1)轉移函數 $\frac{C}{R}$，(2)轉移函數 $\frac{C}{N}$，(3)C 不受 N 干擾的條件。

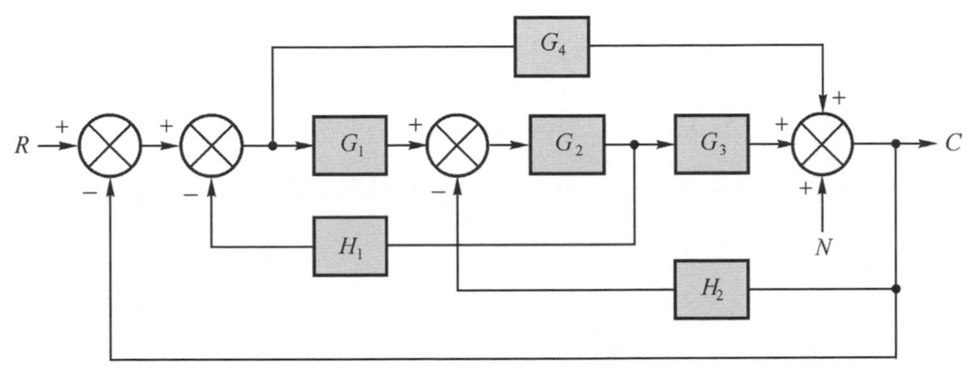

圖 4-9　例 4-5 的方塊圖

Sol

(1) 以 R 為 Input

前饋路徑增益(本例中有二個)：$P_1 = G_1G_2G_3$
$P_2 = G_4$

環路增益(本例中有五個)：
$L_1 = -G_2G_3H_2$
$L_2 = -G_1G_2H_1$
$L_3 = -G_1G_2G_3$
$L_4 = -G_4$
$L_5 = G_2H_1G_4H_2$

1.均互相交
2.均與P_1及P_2相交

$\Delta = 1 - (L_1 + L_2 + L_3 + L_4 + L_5) + 0$

$\Delta_1 = 1$

$\Delta_2 = 1$

根據梅森增益公式可得該轉移函數：

$$\frac{C}{R} = \frac{G_1G_2G_3 + G_4}{1 + G_2G_3H_2 + G_1G_2H_1 + G_1G_2G_3 + G_4 - G_2G_4H_1H_2}$$

(2) 以 N 爲 Input

前饋路徑增益(本例中只有一個)：$P_1 = 1$

環路增益 L 與前小題同。

$\Delta_1 = 1 - (-G_1G_2H_1)$ （L_2 與 P_1 不相交）

根據梅森增益公式可得該轉移函數：

$$\frac{C}{N} = \frac{1 \cdot (1 + G_1G_2H_1)}{1 + G_2G_3H_2 + G_1G_2H_1 + G_1G_2G_3 + G_4 - G_2G_4H_1H_2}$$

(3) 若要 C 不受 N 干擾，則須令 $\frac{C}{N} = 0$，可得條件爲：$1 + G_1G_2H_1 = 0$

4-3 訊號流程圖(Signal flow graph, SFG)

訊號流程圖的特性：

1. 是聯立方程式的圖解。
2. 由三種符號所組成：(1)節點；(2)線段；(3)箭頭。
3. 節點(Node)代表變數，又分成：(1)輸入節點；(2)混合節點；(3)輸出節點。線段代表增益。箭頭表示信號的流向。

例 4-6 一訊號流程圖如 4-10，請寫出其所表示的聯立方程式。

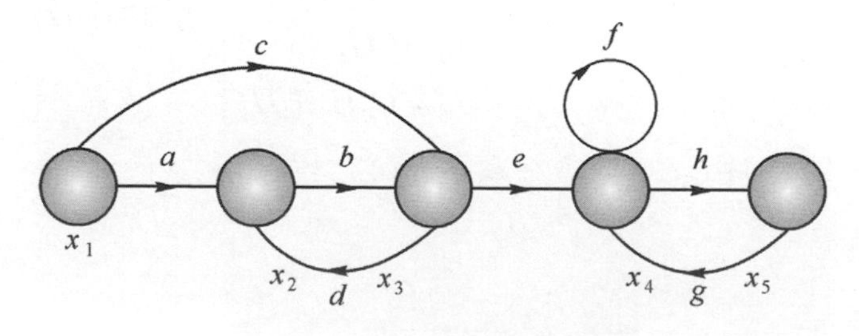

圖 4-10 例 4-6 的訊號流程圖

Sol

$$x_2 = ax_1 + dx_3$$

$$x_3 = bx_2 + cx_1$$

$$x_4 = ex_3 + fx_4 + gx_5$$

$$x_5 = hx_4$$

4. 串聯路徑之總增益等效於該路徑中各增益之乘積。

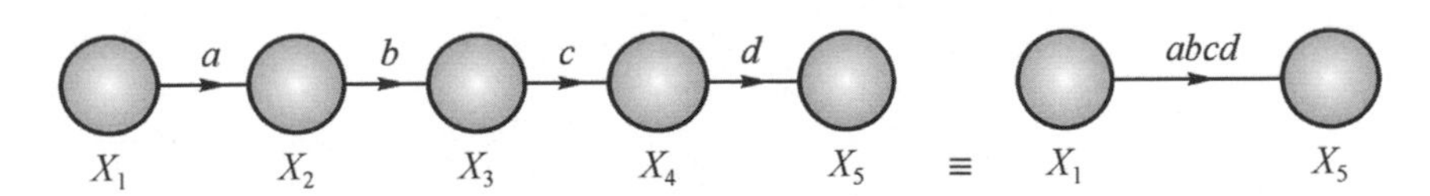

圖 4-11　串聯路徑之訊號流程圖

5. 並聯路徑之總增益等效於該路徑中各增益之和。

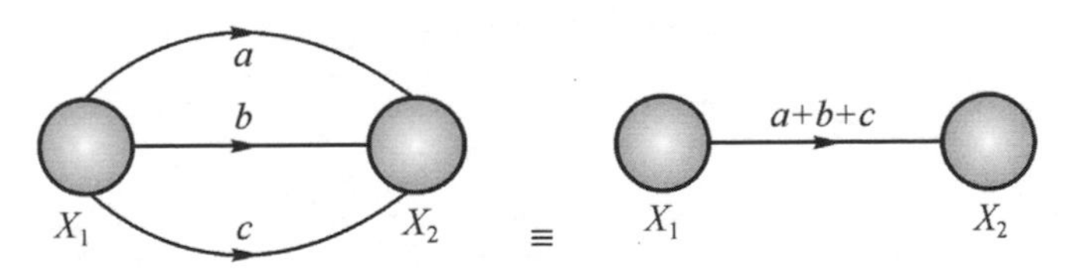

圖 4-12　並聯路徑之訊號流程圖

6. 回授路徑之總增益等效於其閉環路增益。

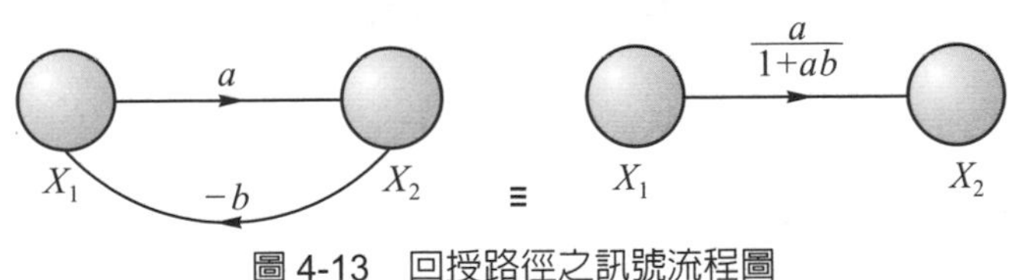

圖 4-13　回授路徑之訊號流程圖

7. 同一組聯立方程式所對應之訊號流程圖非唯一。

例 4-7 將下列聯立方程式以訊號流程圖表之。

$$\begin{cases} X+Y+Z=3 \\ 2X+Y=1 \\ Y+Z=2 \end{cases}$$

Sol

原聯立方程式可改寫為：

$$\begin{cases} X=3-Y-Z \\ Y=1-2X \\ Z=2-Y \end{cases}$$

設四個節點分別代表：1、X、Y、Z，再依聯立方程式所描述變數間之關係繪出訊號流程圖如圖 4-14：

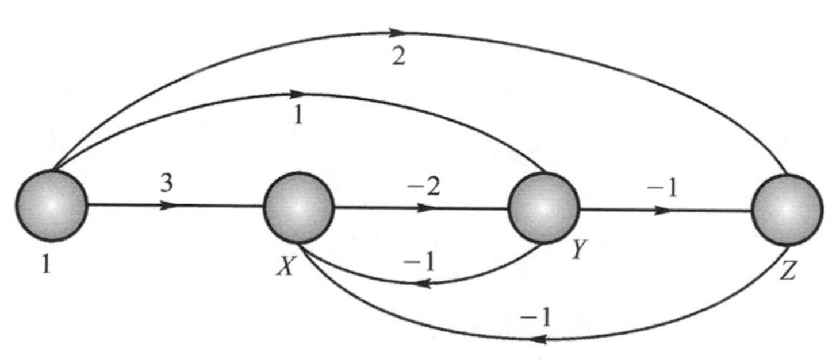

圖 4-14　例 4-7 的訊號流程圖

例 4-8 求圖 4-15 所表示系統之閉環路轉移函數。

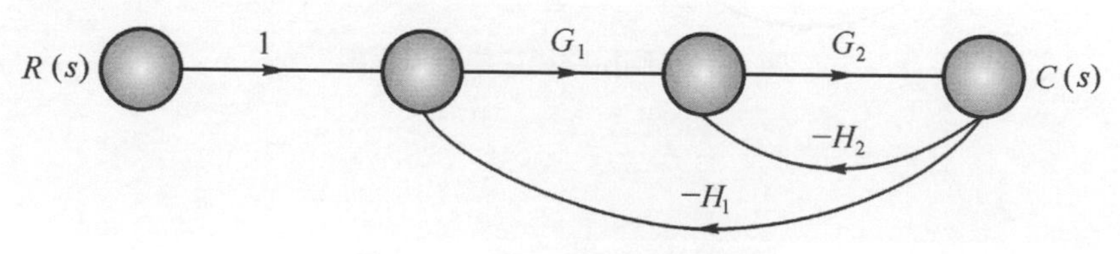

圖 4-15　例 4-8 的訊號流程圖

Sol

依據訊號流程圖之特性，原圖可依序簡化合併成下列圖形：

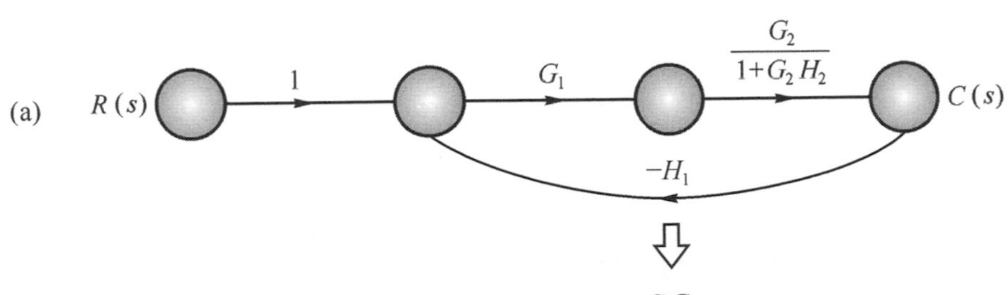

(b) $R(s)$ 1 $\dfrac{G_1G_2}{1+G_2H_2}$ $C(s)$ $-H_1$

(c) $R(s)$ 1 $\dfrac{G_1G_2}{1+G_2H_2+G_1G_2H_1}$ $C(s)$

NOTE (b)圖中之閉環路：$\dfrac{G}{1+GH}=\dfrac{\dfrac{G_1G_2}{1+G_2H_2}}{1+\left(\dfrac{G_1G_2}{1+G_2H_2}\right)H_1}=\dfrac{G_1G_2}{1+G_2H_2+G_1G_2H_1}$

(d) $R(s)$ $\dfrac{G_1G_2}{1+G_2H_2+G_1G_2H_1}$ $C(s)$

圖 4-16　例 4-8 訊號流程圖的合併

由(d)圖可知該系統之閉環路轉移函數爲：

$$\frac{C(s)}{R(s)}=\frac{G_1G_2}{1+G_2H_2+G_1G_2H_1}$$

8. 由系統的方塊圖可求得該系統之訊號流程圖。

例 4-9 一系統之方塊圖如圖 4-17，請將之換成訊號流程圖，並求其閉環路轉移函數。

NOTE 此類題目須在在方塊圖之 Summing point 與分歧點後設變數！

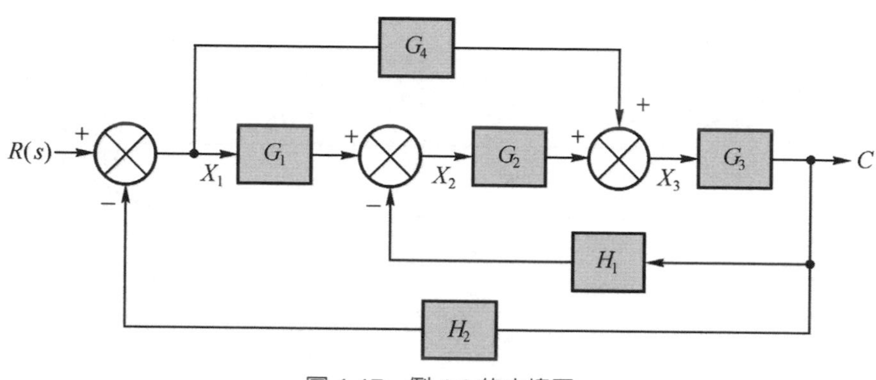

圖 4-17 例 4-9 的方塊圖

Sol

分別在方塊圖之三個相加點後設變數 X_1、X_2、X_3。

由方塊圖可寫出下列關係式：

$X_1 = R - CH_2$

$X_2 = X_1G_1 - CH_1$

$X_3 = X_2G_2 + X_1G_4$

$C = X_3G_3$

由上列關係式所描述變數間之關係繪出訊號流程圖如圖 4-18：

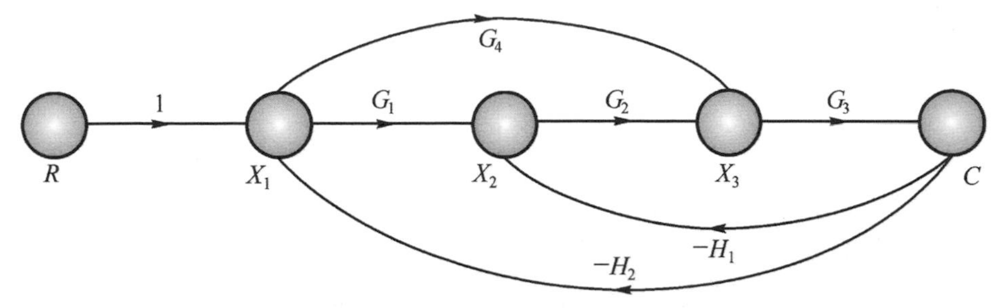

圖 4-18　例 4-9 的訊號流程圖

因圖 4-18 中之 G_2 段同屬於兩個迴路，無法分離，故無法以訊號流程圖之特性將該圖化簡合併，故必須採用梅森增益公式求轉移函數。

前饋路徑增益(本例中有二個)：
$$P_1 = G_1G_2G_3$$
$$P_2 = G_4G_3$$

環路增益(本例中有三個)：
$$\left.\begin{aligned} L_1 &= -G_2G_3H_1 \\ L_2 &= -G_1G_2G_3H_2 \\ L_3 &= -G_3G_4H_2 \end{aligned}\right\}$$
均彼此相交，均與 P_1P_2 相交

根據梅森增益公式可得該系統之閉環路轉移函數：
$$\frac{C}{R} = \frac{G_1G_2G_3 + G_4G_3}{1 + G_2G_3H_1 + G_1G_2G_3H_2 + G_3G_4H_2}$$

例 4-10 將圖 4-19 之方塊圖轉換成訊號流程圖，並求轉移函數 $\frac{C}{R}$。

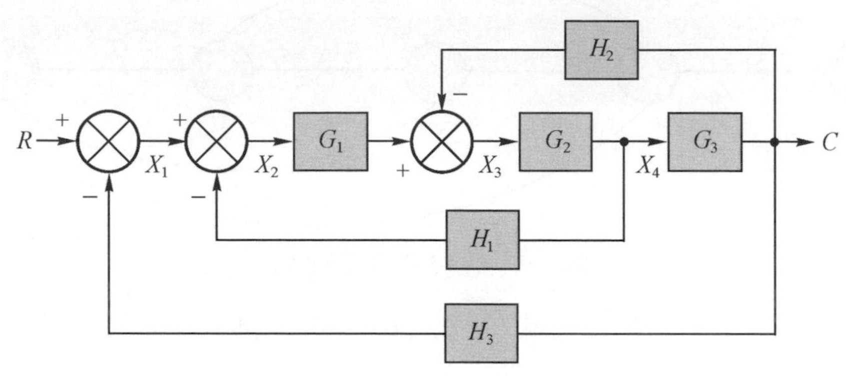

圖 4-19　例 4-10 的方塊圖

Sol

分別在方塊圖之三個相加點及分歧點後設變數 X_1、X_2、X_3、X_4。

由方塊圖可寫出下列關係式：

$X_1 = R(\mathrm{s}) - C(s)H_3$

$X_2 = X_1 - X_4H_1$

$X_3 = X_2G_1 - C(s)H_2$

$X_4 = X_3G_2$

$C(s) = X_4G_3$

由上列關係式所描述變數間之關係繪出訊號流程圖如圖 4-20：

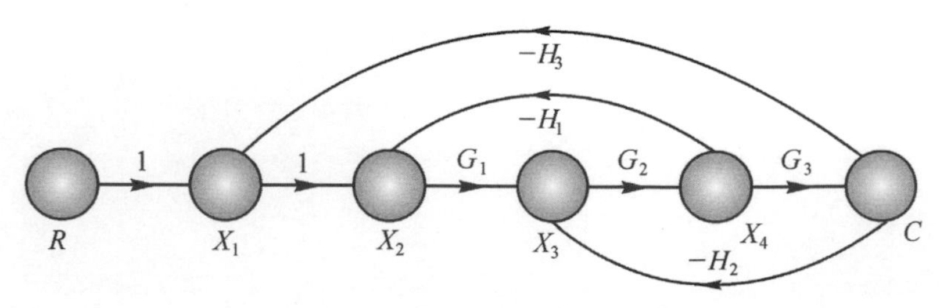

圖 4-20　例 4-10 的訊號流程圖

因無法以訊號流程圖之特性將該圖化簡合併，故必須採用梅森增益公式求轉移函數。

前饋路徑增益(本例中只有一個)：$P_1 = G_1G_2G_3$

環路增益(本例中有三個)：$\left.\begin{aligned} L_1 &= -G_1G_2H_1 \\ L_2 &= -G_1G_2G_3H_3 \\ L_3 &= -G_2G_3H_2 \end{aligned}\right\}$ 均彼此相交，均與 P_1 相交

$$\Delta = 1-(L_1+L_2+L_3)$$

$$\Delta_1 = 1$$

根據梅森增益公式可得該系統之閉環路轉移函數：

$$\frac{C}{R} = \frac{G_1G_2G_3}{1+G_1G_2H_1+G_1G_2G_3H_3+G_2G_3H_2}$$

NOTE 若僅設 X_1、X_2、X_3 而不設 X_4 會怎樣？

由圖 4-20 可寫出變數間關係式如下：

$$X_1 = R - CH_3$$

$$X_2 = X_1 - X_3G_2H_1$$

$$X_3 = X_2G_1 - CH_2$$

$$C = X_3G_2G_3$$

由上列關係式繪出訊號流程圖如圖 4-21：

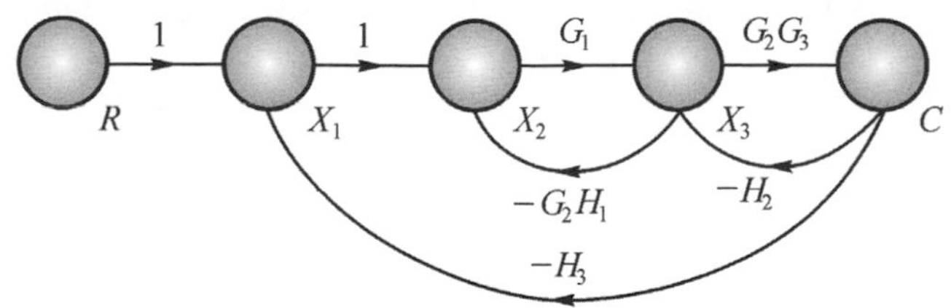

圖 4-21　例 4-10 中僅設 X_1、X_2、X_3 而不設 X_4 的訊號流程圖

依據訊號流程圖之特性，原圖可依序簡化合併成下列圖形：

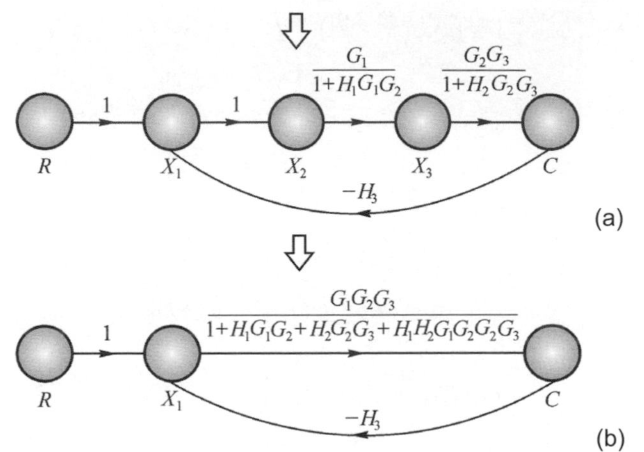

圖 4-22　例 4-10 中僅設 X_1、X_2、X_3 而不設 X_4 的訊號流程圖合併過程

由(b)圖可知該系統之閉環路轉移函數為：

$$\frac{C}{R}=\frac{G_1G_2G_3}{1+G_1G_2H_1+G_1G_2G_3H_3+G_2G_3H_2+H_1H_2G_1{G_2}^2G_3}$$

，但是這結果是錯的！因為 G_2 在 SFG 中重複了！但若用 Mason's Gain Formula 則不會有此問題。

例 4-11　場控直流馬達(Field-controlled DC Motor)之示意圖如圖 4-23，求轉移函數 $\frac{\theta(s)}{E_f(s)}$ 。

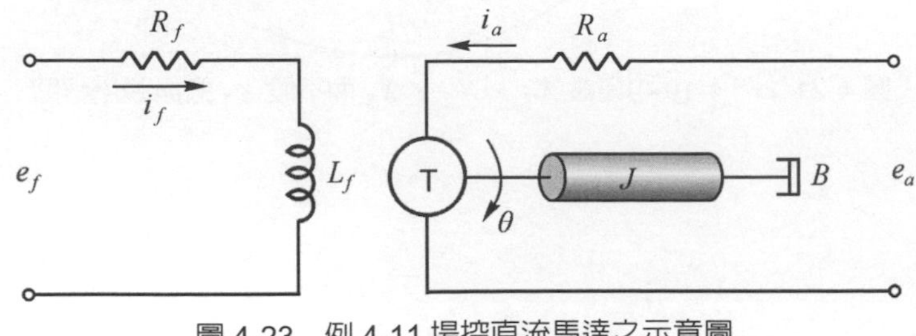

圖 4-23　例 4-11 場控直流馬達之示意圖

NOTE 場控直流馬達係指使用直流電源、電樞繞組之電流為定值、轉矩大小由場繞阻電流(磁場)決定的馬達。

Sol

場控直流馬達轉矩$T=\dfrac{ZP}{2\pi a}\times\phi\times i_a$，其中$\phi$爲場磁通量，而 Z(電樞導體數目)、P(極數)、a (並聯路徑數)、i_a (電樞電流)均爲常數，故轉矩可寫成：$T=K_1\times\phi\times i_a$ 。

因爲場磁通ϕ 與場電流i_f 成正比，故

$$T=K_1\times\varphi\times i_a=K_1\times(K_2\times i_f)\times i_a=K_1\times(K_2\times i_f)\times K_3=K\times i_f$$

由上式可寫出轉矩與場電流的關係式：

$$T=K\times i_f \quad \text{..........(1)}$$

根據克希荷夫電壓定律可寫出場繞組的電壓方程式：

$$e_f=i_fR_f+L_f\frac{di_f}{dt} \quad \text{..........(2)}$$

於電樞繞組，依牛頓定律，轉矩亦可寫成：

$$T=J\ddot{\theta}+B\dot{\theta} \quad \text{..........(3)}$$

將(1)、(2)、(3)式分別取拉氏轉換並且令所有初值爲零，得

$$\left.\begin{aligned}&T(s)=KI_f(s)\\&E_f(s)=(L_fs+R_f)I_f\\&T(s)=(Js^2+Bs)\theta(s)\end{aligned}\right\}$$

將$I_f(s)=\dfrac{T(s)}{K}$代入$E_f(s)$，得

$$E_f(s)=(L_fs+R_f)I_f=(L_fs+R_f)\frac{T(s)}{K}$$

由上述之關係式可得轉移函數：

$$\frac{\theta(s)}{E_f(s)}=\frac{\dfrac{T(s)}{Js^2+Bs}}{\left(L_f s+R_f\right)\dfrac{T(s)}{K}}=\frac{K}{s(Js+B)(L_f s+R_f)}$$

或是由上述參數間之關係繪出訊號流程圖：

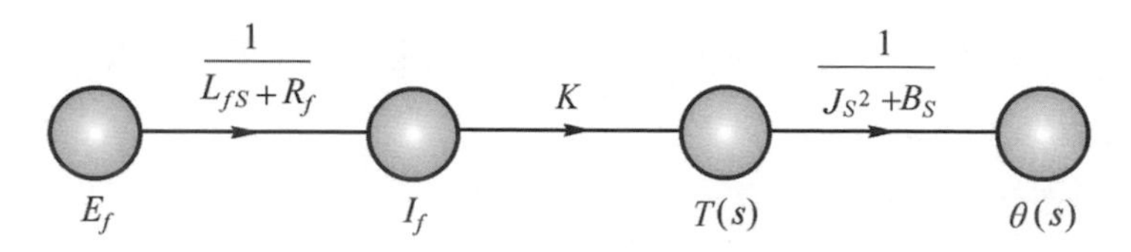

圖 4-24　例 4-11 場控直流馬達之訊號流程圖

由訊號流程圖可得下述關係：

$$E_f(s)\times\frac{1}{(L_f s+R_f)}\times K\times\frac{1}{(Js^2+Bs)}=\theta(s)$$

亦可得轉移函數

$$\frac{\theta(s)}{E_f(s)}=\frac{K}{s(Js+B)(L_f s+R_f)}\quad\text{..............................}(4)$$

馬達之轉移函數的標準式為：

$$\frac{\theta(s)}{E_f(s)}=\frac{K_m}{s(T_m s+1)(T_f s+1)}$$

其中 K_m 為馬達增益常數，T_m 為馬達時間常數，T_f 為磁場時間常數。

現欲將所得之轉移函數(4)化成標準式，令

$$\left.\begin{aligned}K_m&=\frac{K}{R_f B}(\text{馬達增益常數})\\T_m&=\frac{J}{B}(\text{馬達時間常數})\\T_f&=\frac{L_f}{R_f}(\text{磁場時間常數})\end{aligned}\right\}\text{即可得馬達之轉移函數的標準式。}$$

然因 L_f 通常很小，以致 T_f 很小，故馬達經常以二階型式表示：

$$\frac{\theta(s)}{E_f(s)}=\frac{K_m}{s(T_m s+1)}$$

9. 由系統的微分方程式可求得該系統之訊號流程圖。

例 4-12 已知系統之微分方程式如下，求該系統之訊號流程圖。

$$\frac{d^n y(t)}{dt^n}+a_n\frac{d^{n-1}y(t)}{dt^{n-1}}+\cdots+a_2\frac{dy(t)}{dt}+a_1 y(t)=r(t)$$

Sol

將原式取拉氏轉換並且令所有初值爲零，得：

$$s^nY(s)+a_ns^{n-1}Y(s)+\cdots+a_2sY(s)+a_1Y(s)=R(s)$$

$$\Rightarrow s^nY(s)=-a_ns^{n-1}Y(s)-\cdots-a_2sY(s)-a_1Y(s)+R(s)$$

根據上式可繪出訊號流程圖如圖 4-25：

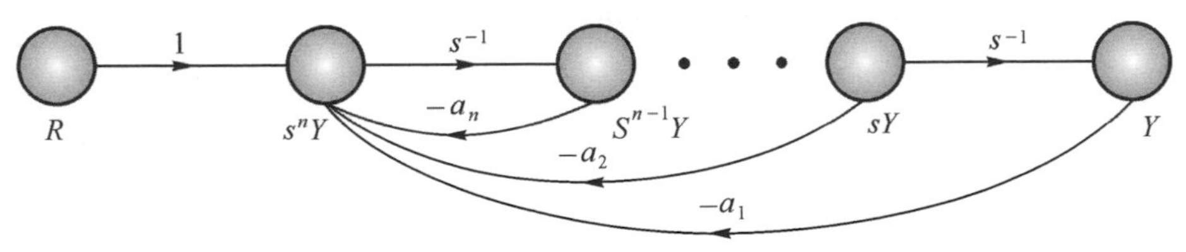

圖 4-25　例 4-12 的訊號流程圖

例 4-13 某系統之微分方程式爲 $\ddot{y}(t)+3\dot{y}(t)+2y(t)=r(t)$ ，求：該系統之(1)訊號流程圖，(2)轉移函數 $\frac{Y(s)}{R(s)}$ 。

Sol

原式可改寫成：

$$\ddot{y}(t)=-3\dot{y}(t)-2y(t)+r(t)$$

取拉式轉換並且令所有初值爲零，得

$$s^2Y=-3sY-2Y+R$$

根據上式可繪出訊號流程圖如圖 4-26：

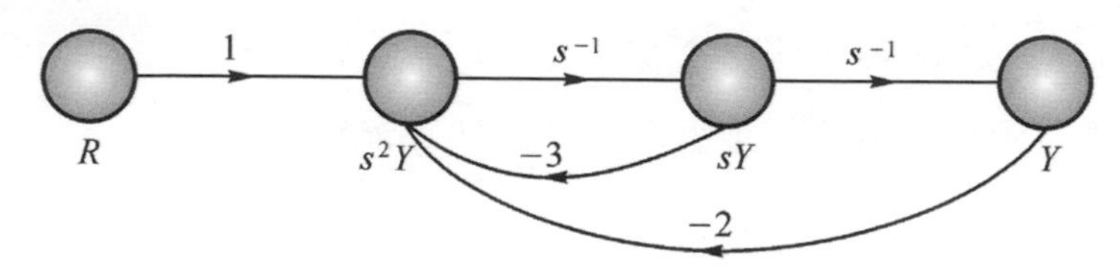

圖 4-26　例 4-13 的訊號流程圖

由訊號流程圖可得轉移函數：

$$\frac{Y(s)}{R(s)}=\frac{1}{s^2+3s+2}$$

10. 由 Signal flow graph 求 State equations

例 4-14 某系統之微分方程式為 $\ddot{y}(t)+3\dot{y}(t)+2(t)=r(t)$，求：該系統之 (1)Signal flow graph，(2)State equations。

Sol

(1) 原式可改寫成：

$$\ddot{y}(t)=-3\dot{y}(t)-2y(t)+r(t)$$

根據上式可直接繪出訊號流程圖如圖 4-27：

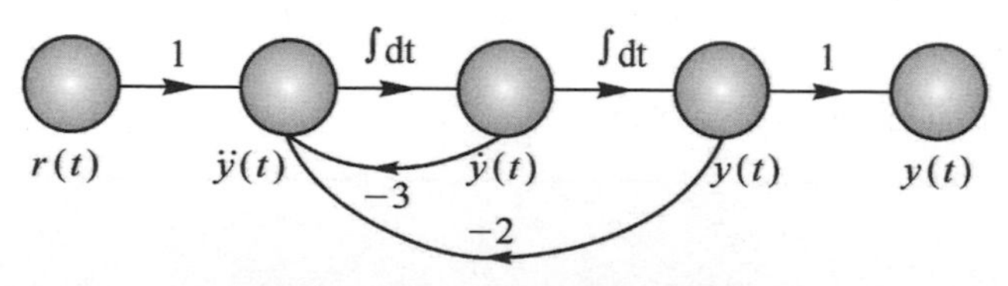

圖 4-27　例 4-14 的訊號流程圖(1)

或是設 $x_1=y$，$x_2=\dot{x}_1$，則原式可改寫成：

$$\dot{x}_2=-3x_2-2x_1+r$$

根據上式可繪出訊號流程圖如圖 4-28：

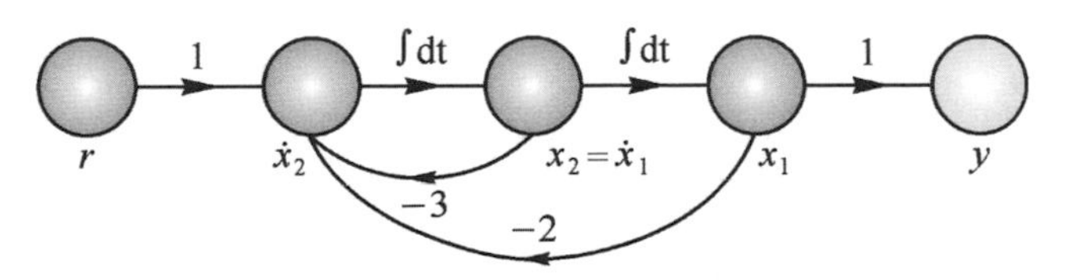

圖 4-28　例 4-14 的訊號流程圖(2)

(2) 依據第二個訊號流程圖(圖 4-28)可寫出變數間的關係：

$$\begin{cases} \dot{x}_1 = x_2 \\ \dot{x}_2 = -2x_1 - 3x_2 + r \\ y = x_1 \end{cases}$$

由上述變數間的關係可寫出狀態方程式：

$$\begin{bmatrix} \dot{x}_1 \\ \dot{x}_2 \end{bmatrix} = \begin{bmatrix} 0 & 1 \\ -2 & -3 \end{bmatrix} \begin{bmatrix} x_1 \\ x_2 \end{bmatrix} + \begin{bmatrix} 0 \\ 1 \end{bmatrix} r$$

$$y = \begin{bmatrix} 1 & 0 \end{bmatrix} \begin{bmatrix} x_1 \\ x_2 \end{bmatrix} + [0] r$$

習　題　EXERCISE

1. 一油壓伺服系統及其元件規格如圖 4-29 所示。工作台由油壓缸驅動，其行程由 SP(Set Potentiometer)設定，由 FP(feedback Potentiometer)回授。請：(1)繪出該系統之方塊圖，(2)自訂符號後求該系統之轉移函數。

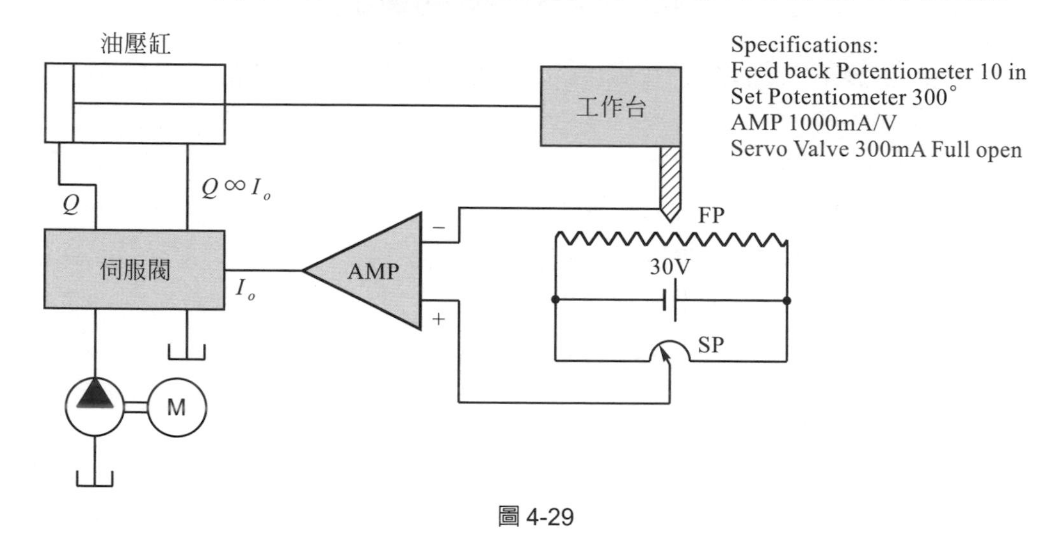

圖 4-29

2. 系統方塊圖如圖 4-30。求該系統之：(1)open loop gain，(2)close loop gain，(3)feed forward gain，(4)feed back gain，(5) ω_n，(6)ζ。

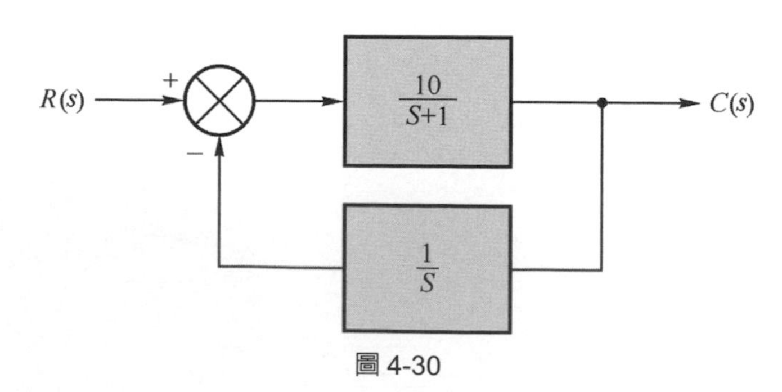

圖 4-30

3. 系統方塊圖如圖 4-31。求該系統之：(1)Signal flow graph，(2)Transfer function。

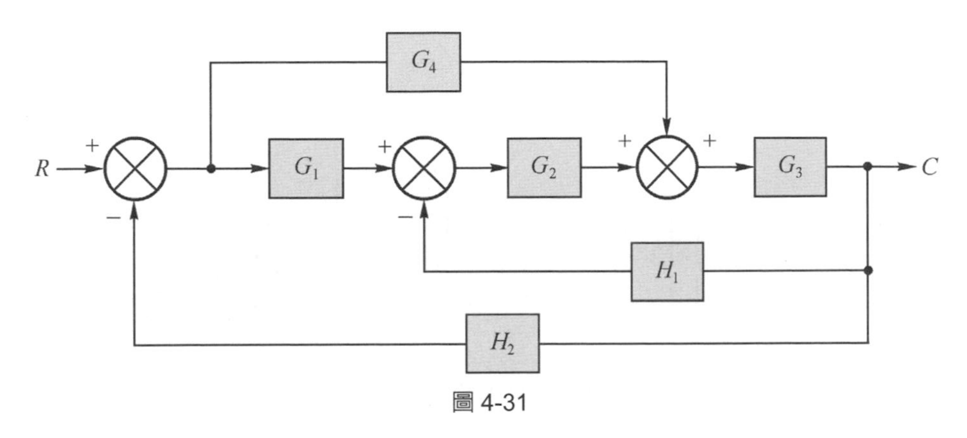

圖 4-31

4. 場控直流馬達(Field-Controlled DC Motor)之示意圖如下，請：(1)推導其轉移函數 $\dfrac{\theta(s)}{E_f(s)}$，(2)分別求出馬達增益常數 K_m，馬達時間常數 T_m，磁場時間常數 T_f，(3)繪出該系統之方塊圖，(4)繪出該系統之訊號流程圖。

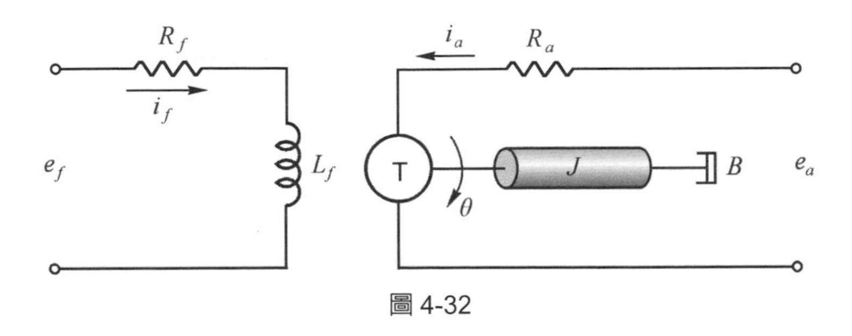

圖 4-32

5. 水位系統示意圖如圖 4-33，以 q_i 爲輸入，以 q_o 爲輸出。求：(1)訊號流程圖，(2)方塊圖。

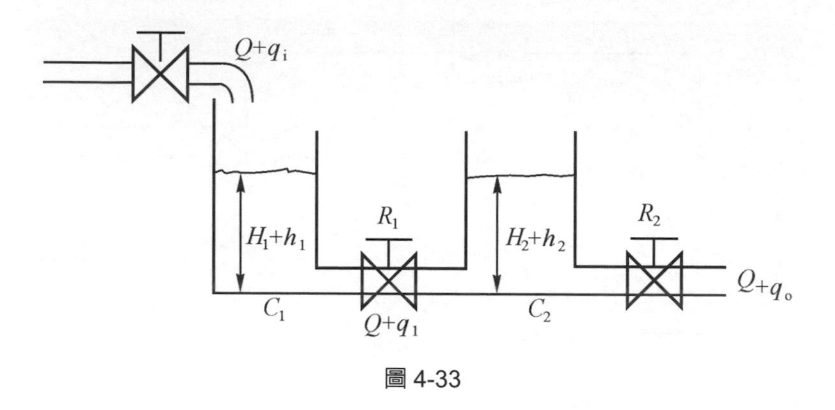

圖 4-33

6. 一電路如圖 4-34，設 v_1 爲輸入，v_3 爲輸出。請繪出該電路的訊號流程圖。

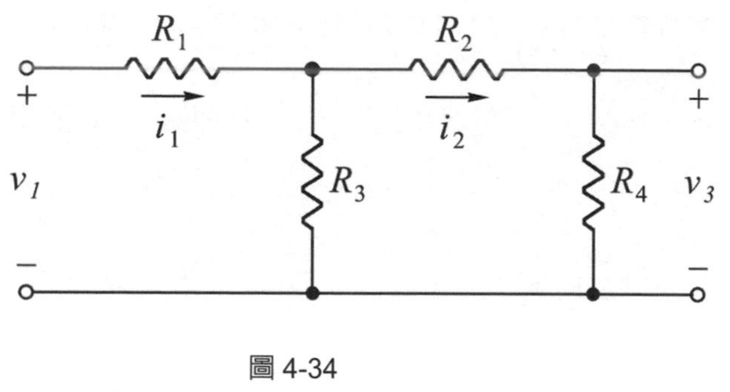

圖 4-34

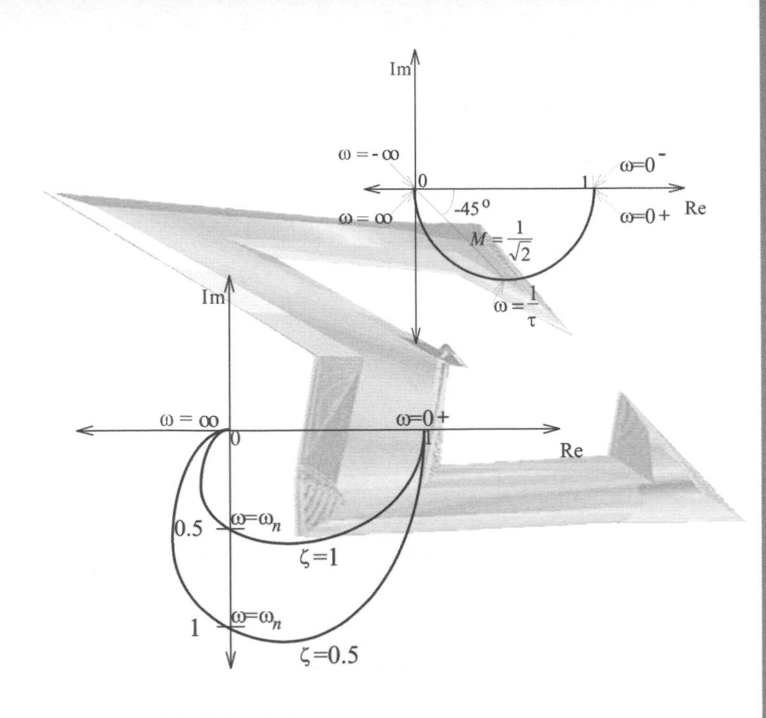
Im
ω = -∞
ω=0⁻
0
1
Re
-45°
ω = ∞
ω=0+
$M=\frac{1}{\sqrt{2}}$
$\omega=\frac{1}{\tau}$
Im
ω = ∞
ω=0+
0
1
Re
0.5
$\omega=\omega_n$
ζ=1
1
$\omega=\omega_n$
ζ=0.5

5 章

時域分析

5-1 時域分析(Time domain analysis)

1. 觀察控制系統隨時間增加其輸出(又稱 Response)變化的情形，並對此輸出加以分析稱之爲時域分析。
2. 時間響應(Time response)：對系統輸入一信號，該系統在此輸入作用下隨時間變化的輸出稱之爲時間響應。

NOTE 「響應(Response)」一詞係在對控制系統進行分析時所使用的專有名詞，指一系統對輸入信號的回應，與一般場合所說的「輸出(Output)」意思接近。

3. 一系統之時間響應 $c(t)$ 可寫成：

$$c(t) = c_t(t) + c_{ss}(t)$$

其中

$c_t(t)$ 稱爲「暫態響應(Transient response)」，意指系統達到穩態前之響應，$\lim_{t\to\infty} c_t(t) = 0$ 。

$c_{ss}(t)$ 稱爲「穩態響應(Steady state response)」，意指系統達到穩態後之響應，$\lim_{t\to\infty} c(t) = c_{ss}(t)$ 。

4. 對一控制系統的行爲(Performance)通常有下列要求：
   (1) 穩定(Stable)：系統之響應安定且不發散。
   (2) 快速(Quick)：暫態響應行爲良好。
   (3) 準確(Accurate)：穩態響應與目標值間之誤差很小。

然而何謂很小？何謂良好？須訂規格描述之。評估一控制系統行爲優劣的規格分爲暫態及穩態兩部份，將於下述章節說明之。

5-2 測試信號(Test signals)

欲觀察一系統之時間響應，則必須對該系統輸入一信號。對系統進行時域分析時常用的標準測試信號有下列數種。

1. 步級函數(Step function)

(1) 其數學式爲：$r_c(t)=\begin{cases}A, t>c\\0, t<c\end{cases}$，其圖形爲：

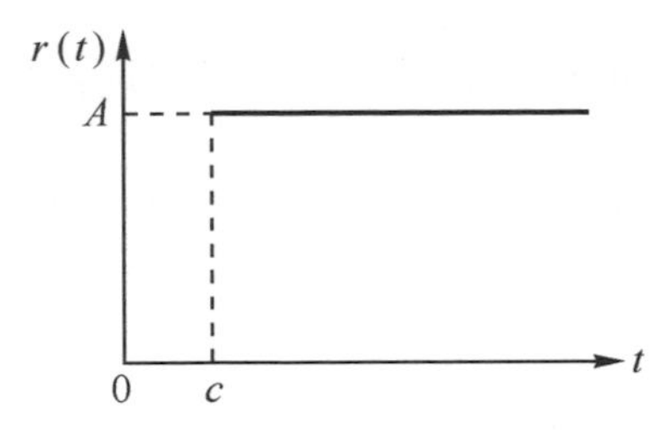

圖 5-1　步級函數

(2) 若 $A=1$ 則稱爲「單位步級函數(Unit step function)」，其數學式爲：

$$u_c(t)=\begin{cases}1, t>c\\0, t<c\end{cases}$$

(3) 拉式轉換：

$$\mathcal{L}\left[r(t)\right]=R(s)=\frac{Ae^{-cs}}{s}$$，若 $c=0$，則 $R(s)=\dfrac{A}{S}$

2. 斜坡函數(Ramp function)

(1) 其數學式爲：$r(t)=\begin{cases}At, t>0\\0, t<0\end{cases}$，其圖形爲：

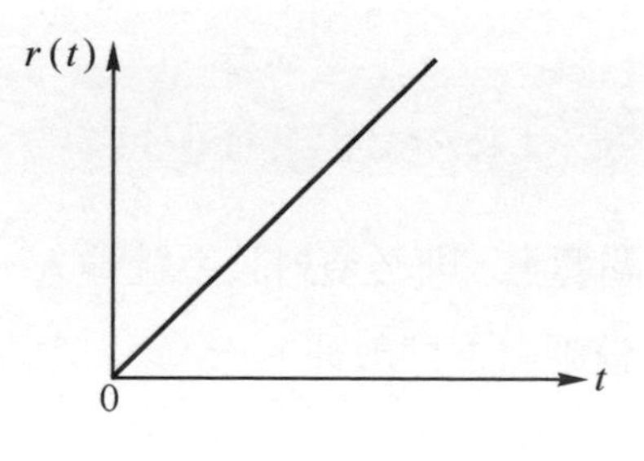

圖 5-2　斜坡函數

(2) 拉式轉換：$\mathcal{L}[r(t)] = R(s) = \frac{A}{s^2}$

3. 抛物線函數(Parabolic function)，或稱加速度函數(Acceleration function)

(1) 其數學式為：$r(t) = \begin{cases} \frac{1}{2}At^2, t > 0 \\ 0, t < 0 \end{cases}$，其圖形為：

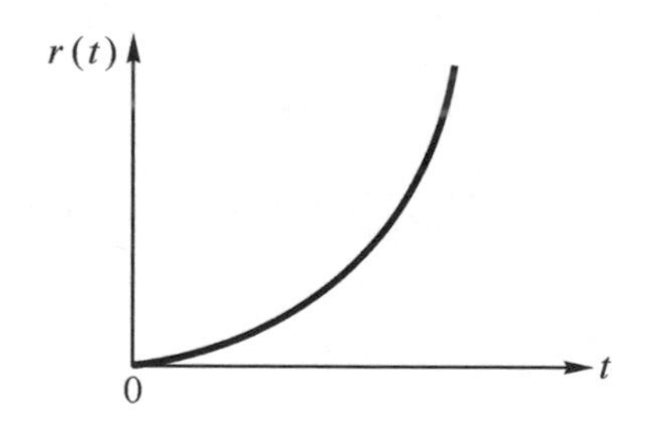

圖 5-3　抛物線函數

(2) 拉式轉換：$\mathcal{L}[r(t)] = R(s) = \frac{A}{s^3}$

4. 脈衝函數(Impulse function)

(1) 擬脈衝函數(Psudo-impulse function，或稱衝擊函數)

① 其數學式為：$\delta_a(t) = \begin{cases} \frac{1}{\varepsilon}, a \le t \le a+\varepsilon \\ 0, t < a \quad t > a+\varepsilon \end{cases}$，其圖形為：

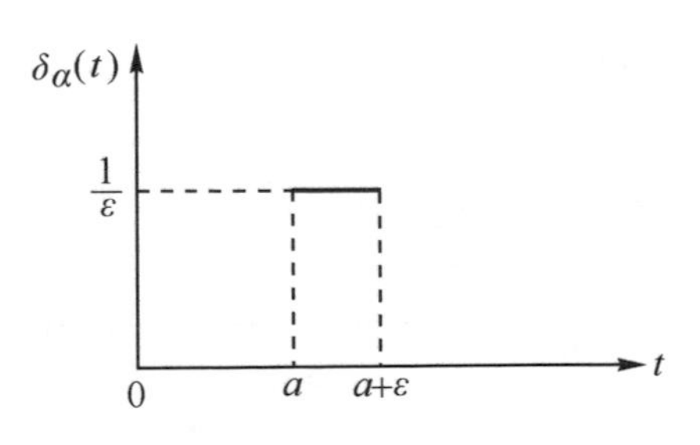

圖 5-4　擬脈衝函數

② 其數學式可利用單位步級函數改寫爲：

$$\delta_a(t)=\frac{1}{\varepsilon}[u_a(t)-u_{a+\varepsilon}(t)]$$

③ 拉式轉換：

$$\mathcal{L}[\delta_a(t)]=\frac{1}{\varepsilon}\left[\frac{e^{-as}}{s}-\frac{e^{-(a+\varepsilon)s}}{s}\right]$$

(2) 脈衝函數 $\delta(t-a)$

① 其數學式爲：

$$\delta(t-a)=\lim_{\varepsilon\to 0}\delta_a(t)\Rightarrow\delta(t-a)=\begin{cases}0,\ t\neq a\\ \infty,\ t=a\end{cases}$$

② 拉式轉換：

$$\mathcal{L}[\delta(t-a)]=\lim_{\varepsilon\to 0}\left[\frac{1}{\varepsilon}\left(\frac{e^{-as}}{s}-\frac{e^{-(a+\varepsilon)s}}{s}\right)\right]=e^{-as}$$

③ 若 $a=0$，則 $\mathcal{L}\big[\delta(t-a)\big]=\mathcal{L}\big[\delta(t)\big]=1$，

$\therefore R(s)=1$ 稱爲「單位脈衝函數(Unit impulse function)」。

5.　正弦函數

(1) 其數學式爲：$r(t)=\begin{cases}A\sin\omega t,\ t>0\\ 0,\ t<0\end{cases}$，其圖形爲：

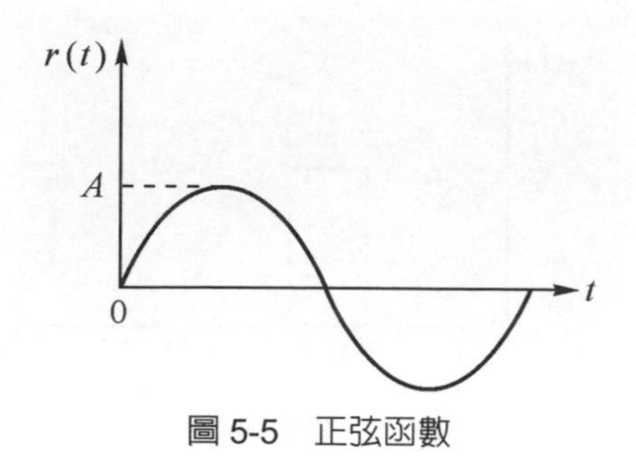

圖 5-5　正弦函數

(2) 拉式轉換：$\mathcal{L}[r(t)]=R(s)=\dfrac{A\omega}{s^2+\omega^2}$

5-3 暫態響應(Transient response)

1. 時間常數(Time constant，τ)：一反應 $(f(t)=x)$ 由初值 $(x=I)$ 反應到初值與終值 $(x=F)$ 間差距 $(|F-I|)$ 之 0.632(亦即 $1-e^{-1}$)所需的時間。以數學式表示：

$$\tau=f^{-1}(|F-I|\times 0.632)-f^{-1}(I)$$

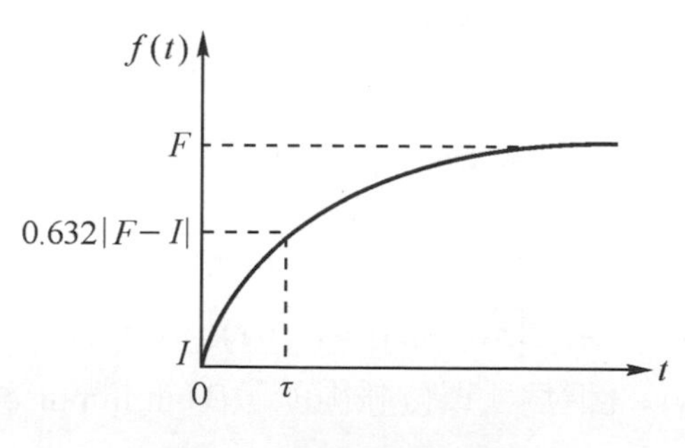

圖 5-6　時間常數的定義

NOTE 時間常數常被用來表示一反應的快慢，時間常數大表示反應慢，反之則快。描述一反應的快慢為何不直接說出反應從開始至結束所需要的總時間(總時間長表示反應慢，反之則快)，而要引用時間常數？

2.　一階系統

一個一階系統的動態微分方程式之通式為：

$$\dot{x}(t)+ax(t)=y(t)$$

拉式轉換並令所有初值為零後得：

$$sX(s)+aX(s)=Y(s)$$

轉移函數：

$$\frac{X(s)}{Y(s)}=\frac{1}{s+a}=\frac{\frac{1}{a}}{\frac{1}{a}s+1}\xrightarrow{\text{令}\frac{1}{a}=T}=\frac{T}{Ts+1}=T\times\frac{1}{Ts+1}$$

所以通常以 $\frac{C}{R}=\frac{1}{Ts+1}$ 之轉移函數來描述一階系統，i.e.一階系統特性方程式之標準式為：$Ts+1=0$。

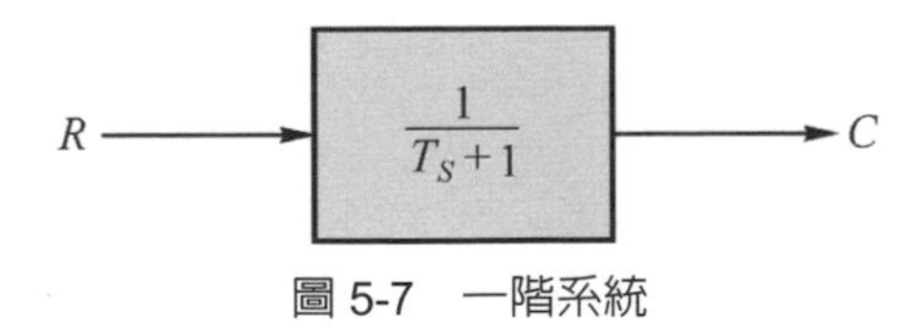

圖 5-7　一階系統

(1)　輸入測試信號 $R(s)=1$ (Unit impulse function)的時間響應

時間響應 $c(t)=\mathcal{L}^{-1}[C(s)]=\mathcal{L}^{-1}\left[1\times\frac{1}{Ts+1}\right]=\frac{1}{T}e^{-\frac{t}{T}}$

初值：$I=f(t=0)=\frac{1}{T}$

終值：$F=f(t=\infty)=0$

差距 $=\frac{1}{T}$

當 $t=T$ 時，$c(t=T)=\frac{1}{T}e^{-1}=0.368\frac{1}{T}$

(由此可知 T 即為系統的時間常數 τ)

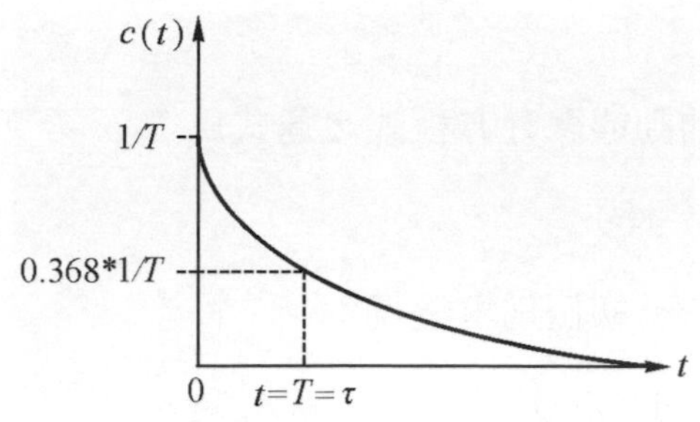

圖 5-8　一階系統輸入 $R(s)=1$ 的時間響應

(2)　輸入測試信號 $r(t)=u_0(t)$ (Unit step function)的時間響應

$$R(s)=\mathcal{L}[r(t)]=\frac{1}{s}$$

$$C(s)=R(s)\times\frac{1}{\tau s+1}=\frac{1}{s}\times\frac{1}{\tau s+1}$$

時間響應 $c(t)=\mathcal{L}^{-1}[C(s)]=\mathcal{L}^{-1}\left[\frac{1}{s}\times\frac{1}{\tau s+1}\right]$

$$=\mathcal{L}^{-1}\left[\frac{1}{s}-\frac{\tau}{\tau s+1}\right]=1-e^{-\frac{t}{\tau}}$$

NOTE 此情況下系統的誤差為： $e(t)=r(t)-c(t)=1-\left[1-e^{-\frac{t}{\tau}}\right]=e^{-\frac{t}{\tau}}$ ，反應甚長時間後(時間趨近於無窮大)的誤差為： $\lim_{t\to\infty}e(t)=0$

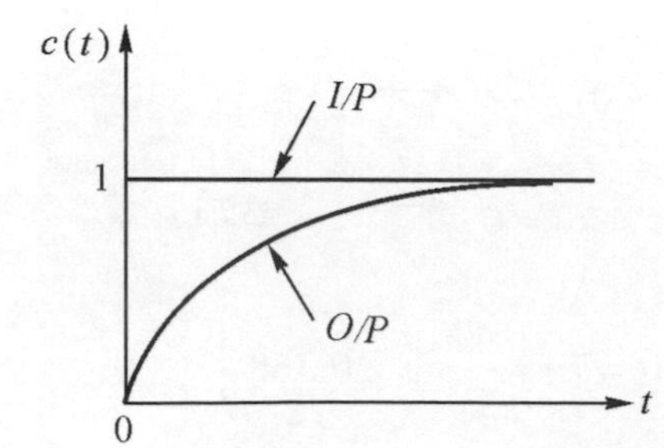

圖 5-9　一階系統輸入 $r(t)=u_0(t)$ 的時間響應

反應零時間時(初始狀態)的輸出爲：

$c(0)=1-1=0$ ，誤差： $\varepsilon=1=100\%$

反應時間爲一個時間常數時($t=\tau$)的輸出爲：

$c(\tau)=0.632=63.2\%C(\infty)$

反應時間爲三個時間常數時($t=3\tau$)的輸出爲：

$c(3\tau)=0.95=95\%C(\infty)$ ，誤差： $\varepsilon=5\%$

反應時間爲四個時間常數時($t=4\tau$)的輸出爲：

$c(4\tau)=0.98=98\%C(\infty)$ ，誤差： $\varepsilon=2\%$

反應時間爲五個時間常數時($t=5\tau$)的輸出爲：

$c(5\tau)=0.99=99\%C(\infty)$ ，誤差： $\varepsilon=1\%$

反應甚長時間後(時間趨近於無窮大)的輸出爲：

$c(\infty)=1-0=1$ ，誤差： $\varepsilon=0=0\%$

(3) 輸入測試信號 $r(t)=t$ (Unit ramp function) 的時間響應

$$R(s)=\mathcal{L}[r(t)]=\frac{1}{s^2}$$

$$C(s)=\frac{1}{s^2}\times\left(\frac{1}{\tau s+1}\right)=\frac{1}{s^2}-\frac{\tau}{s}+\frac{\tau^2}{\tau s+1}$$

時間響應

$$c(t)=\mathcal{L}^{-1}[C(s)]=\mathcal{L}^{-1}\left[\frac{1}{s^2}-\frac{\tau}{s}+\frac{\tau^2}{\tau s+1}\right]=t-\tau\left(1-e^{-\frac{t}{\tau}}\right)$$

NOTE 此情況下系統的誤差為：

$$e(t)=r(t)-c(t)=t-\left[t-\tau\left(1-e^{-\frac{t}{\tau}}\right)\right]=\tau\left(1-e^{-\frac{t}{\tau}}\right)$$

反應甚長時間後(時間趨近於無窮大)的誤差為： $\lim_{t\to\infty}e(t)=\tau$ 。所以，

縮短時間常數可減少誤差。

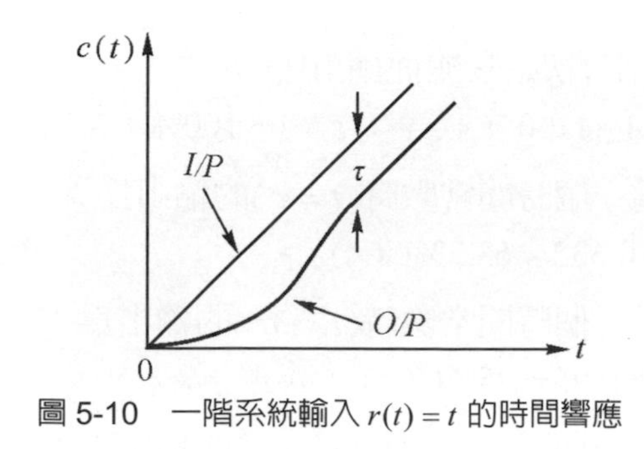

圖 5-10　一階系統輸入 $r(t)=t$ 的時間響應

NOTE 由上述幾例可知：Input 微分則 Response 也會跟著微分。

例 5-1　一電路系統如圖，求：該系統之(1)TF，(2)τ，(3)反應至 $\varepsilon=2\%$ 所需的時間。

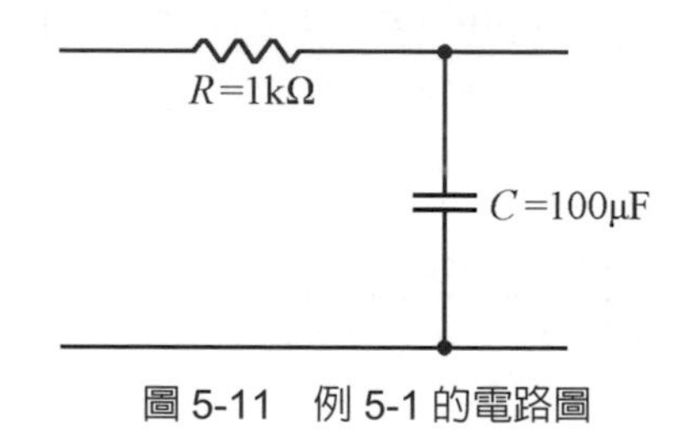

圖 5-11　例 5-1 的電路圖

Sol

(1) $TF=\dfrac{E_o(s)}{E_i(s)}=\dfrac{\dfrac{1}{Cs}}{\left(R+\dfrac{1}{Cs}\right)}\dfrac{I(s)}{I(s)}=\dfrac{1}{RCs+1}$

(2) $\tau=RC=1\text{k}\times100\mu=0.1(\text{sec})$

NOTE 電容器之充放電時間常數為 $\tau=RC$

$$RC=\frac{v}{i}\times\frac{Q}{v}=\frac{Q}{i}=\frac{Q}{\dfrac{Q}{t}}=\frac{tQ}{Q}=t$$

(3) 反應至 $\varepsilon = 2\%$ 所需時間為四倍之時間常數
所以 $T = 4\tau = 4 \times 0.1 = 0.4(\text{sec})$

3. 二階系統

(1) 符號說明

① ω_n ：無阻尼自然頻率(Undamped natural frequency)。

② ω_d ：有阻尼自然頻率(Damped natural frequency)，

$\omega_d = \omega_n\sqrt{1-\zeta^2}$ 。

NOTE $\zeta = 0 \Rightarrow \omega_d = \omega_n$

③ σ：阻尼因數(Damping factor)，$\sigma = \zeta\omega_n$ 。

④ ζ：阻尼比(Damping ratio)。

(2) 推導轉移函數的標準式

以彈簧質量系統之動態微分方程式為二階系統的通式：

$$m\ddot{x} + B\dot{x} + kx = f(t)$$

則轉移函數：

$$\frac{C}{R} = \frac{X(s)}{F(s)} = \frac{1}{ms^2 + Bs + k} = \frac{\frac{1}{m}}{s^2 + \frac{B}{m}s + \frac{k}{m}}$$

$$= \frac{1}{k}\left\{\frac{\frac{k}{m}}{\left[s + \frac{B}{2m} + \sqrt{\left(\frac{B}{2m}\right)^2 - \frac{k}{m}}\right]\left[s + \frac{B}{2m} - \sqrt{\left(\frac{B}{2m}\right)^2 - \frac{k}{m}}\right]}\right\} \quad ..(1)$$

若 $\sqrt{\left(\frac{B}{2m}\right)^2 - \frac{k}{m}} = 0$，可解得：$B = 2\sqrt{km}$。

令此 B 為臨界阻尼(Critical damping，B_C)。

設① $\zeta = \frac{B}{B_C} = \frac{\text{實際阻尼(Actual Damping)}}{\text{臨界阻尼(Critical Damping)}} = \frac{B}{2\sqrt{km}}$

② $\omega_n^{\ 2} = \frac{k}{m}$

NOTE 電路系統的設法：$\omega_n = \sqrt{\frac{1}{LC}}$，$\zeta = \frac{R}{2}\sqrt{\frac{C}{L}}$

代入(1)式，則轉移函數可改寫成：

$$\frac{C}{R} = \frac{1}{k}\left\{\frac{\omega_n^{\ 2}}{\left[s + \omega_n\zeta + \sqrt{(\zeta\omega_n)^2 - \omega_n^{\ 2}}\right]\left[s + \omega_n\zeta - \sqrt{(\zeta\omega_n)^2 - \omega_n^{\ 2}}\right]}\right\}$$

$$= \frac{1}{k} \times \frac{\omega_n^{\ 2}}{s^2 + 2\zeta\omega_n s + \omega_n^{\ 2}}$$

故通常以 $\frac{\omega_n^{\ 2}}{s^2 + 2\zeta\omega_n s + \omega_n^{\ 2}}$ 為二階轉移函數的標準式。

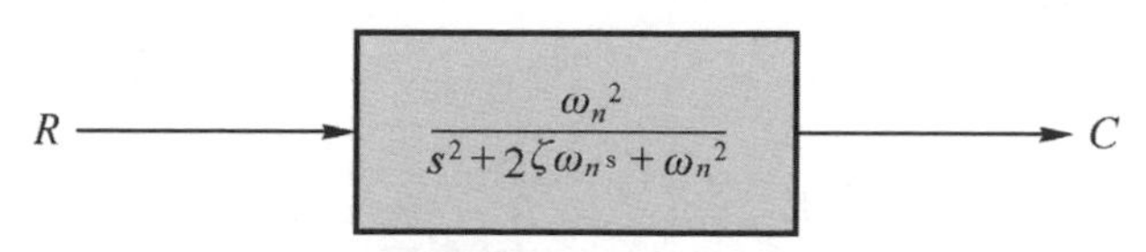

圖 5-12 二階系統

選擇不同的參數，二階轉移函數的標準式亦可寫成：

$$\frac{C}{R} = \frac{\omega_n^{\ 2}}{s^2 + 2\zeta\omega_n s + \omega_n^{\ 2}} = \frac{\omega_n^{\ 2}}{(s+\sigma)^2 + \omega_d^{\ 2}}$$

二階系統特性方程式之標準式為：$s^2 + 2\zeta\omega_n s + \omega_n^{\ 2} = 0$。

解特性方程式可得二根為：

$$s=-\zeta\omega_n \pm \omega_n\sqrt{\zeta^2-1}=-\sigma \pm \omega_d j \text{ .... } (2)$$

(3) Damping ratio 的三種情況(將(2)式之 $\sqrt{\ }$ 內之值分爲 >0、$=0$、<0 三種情況討論)

① $0<\zeta<1$(由ζ之定義可知意即 $B<B_C$)：

此時特性方程式之根 s 爲共軛複數，此狀態稱爲「欠阻尼(Under damping)」。

設輸入 $R(s)=\dfrac{1}{s}$

$$\Rightarrow C(s)=\frac{1}{s}\times\frac{\omega_n^{\ 2}}{s^2+2\zeta\omega_n s+\omega_n^{\ 2}}$$

$$=\frac{1}{s}-\frac{s+\sigma}{(s+\sigma)^2+\omega_d^{\ 2}}-\frac{\sigma}{(s+\sigma)^2+\omega_d^{\ 2}}$$

取反拉式轉換，得：

$$c(t)=1-e^{-\sigma t}\left(\cos\omega_d t+\frac{\sigma}{\omega_d}\sin\omega_d t\right)$$

$$=1-e^{-\zeta\omega_n t}\left(\cos\omega_d t+\frac{\zeta}{\sqrt{1-\zeta^2}}\sin\omega_d t\right)$$

$c(t)$ 係由 sine 及 cosine 函數所構成，故其響應波形爲振盪波形(見圖 5-13)。

② $\zeta=1$(由ζ之定義可知意即 $B=B_C$)：

此時特性方程式之根 s 爲二相等實數，此狀態稱爲「臨界阻尼(Critical damping)」。

設輸入 $R(s)=\dfrac{1}{s}$

$$\Rightarrow C(s)=\frac{1}{s}\times\frac{\omega_n^{\ 2}}{s^2+2\zeta\omega_n s+\omega_n^{\ 2}}=\frac{\omega_n^{\ 2}}{(s+\omega_n)^2}=\frac{1}{s}-\frac{1}{s+\omega_n}-\frac{\omega_n}{(s+\omega_n)^2}$$

取反拉式轉換，得：

$$c(t)=1-e^{-\omega_n t}+\omega_n L^{-1}\left[\frac{-1}{(s+\omega_n)^2}\right]=1-e^{-\omega_n t}+\omega_n L^{-1}\left[\left(\frac{1}{s+\omega_n}\right)'\right]$$

$$=1-e^{-\omega_n t}-\omega_n\times t\times e^{-\omega_n t}=1-e^{-\omega_n t}(1+\omega_n t)$$

NOTE 依拉式轉換的公式 $F'(s)=-\mathcal{L}[tf(t)]\Rightarrow\mathcal{L}^{-1}[F'(s)]=-tf(t)$，此處之 $f(t)=e^{-\omega_n t}$

$c(t)$ 中無 sine 及 cosine 函數，故其響應波形不會振盪(見圖 5-13)。

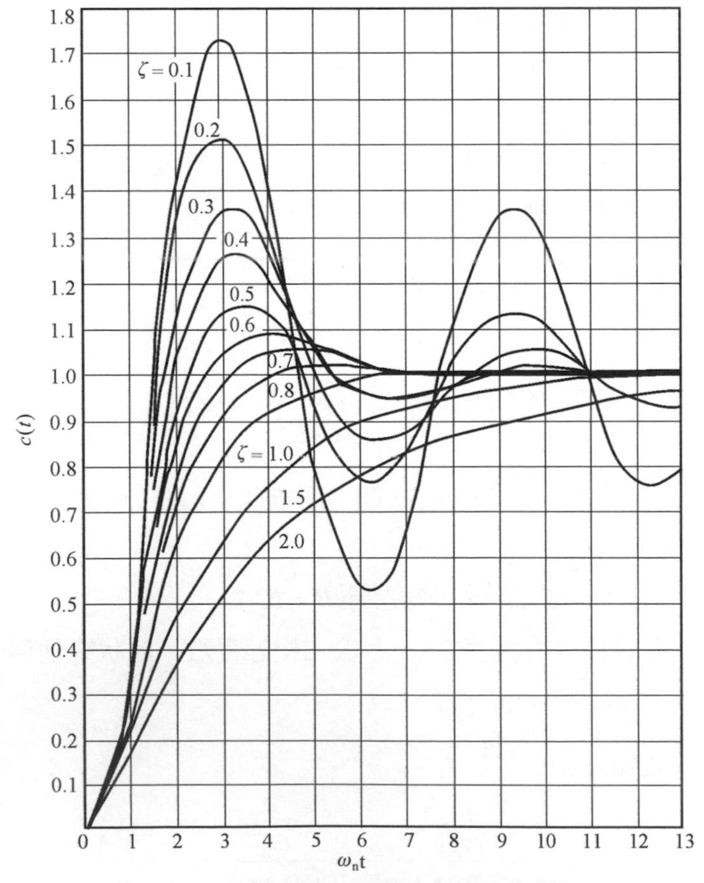

圖 5-13　二階系統於不同阻尼比時之時間響應

③　$\zeta > 1$(由ζ之定義可知意即$B > B_C$)：

此時特性方程式之根 s 爲二相異實數，此狀態稱爲「過阻尼(Over damping)」。

設輸入 $R(s)=\dfrac{1}{s}$

$$\Rightarrow C(s)=\frac{1}{s}\times\frac{\omega_n^{\,2}}{s^2+2\zeta\omega_n s+\omega_n^{\,2}}=\frac{1}{s}\times\frac{\omega_n^{\,2}}{s\left(s+\zeta\omega_n\pm\omega_n\sqrt{\zeta^2-1}\right)}$$

取反拉式轉換，得：

$$c(t)=1+\frac{\omega_n}{2\sqrt{\zeta^2-1}}\left(\frac{e^{-K_1 t}}{K_1}-\frac{e^{-K_2 t}}{K_2}\right)$$

其中 $K_1=\omega_n(\zeta+\sqrt{\zeta^2-1})$

$$K_2=\omega_n(\zeta-\sqrt{\zeta^2-1})$$

$c(t)$ 中無 sine 及 cosine 函數，故其響應波形不會振盪，但反應較慢(見圖 5-13)。

4.　二階系統的暫態響應規格(Specifications of the transient response for a second order system)暫態響應規格係用來描述系統暫態的特性，並據以評估暫態行爲的優劣。常用規格有下列數端：

(1)　上升時間 t_r (Rising time)：

①　欠阻尼系統：$c(t)$ 由 0%第一次反應至 100%所需時間。

②　過阻尼系統：$c(t)$ 由 10%反應至 90%所需時間。

NOTE 臨界阻尼及過阻尼系統之 $c(t)$ 由 0%反應至 100%所需時間均為無窮大。

(2) 峰值時間 t_p (Peak time)：

$c(t)$ 由初值[$c(0)$]反應至最大值[$c_{\max}$]所需時間。i.e.

$$c_{\max} = c(t_p)$$

NOTE 臨界阻尼及過阻尼系統之 $c(t)$ 由初值[$c(0)$]反應至最大值[$c_{\max}$]所需時間均為無窮大，故本項規格僅欠阻尼系統才有。

(3) 延遲時間 t_d (Delay time)：

$c(t)$ 由初值[$c(0)$]反應至終值的一半 $\left[\frac{1}{2}c(\infty)\right]$ 所需時間。i.e.

$$c(t_d) = \frac{1}{2}c(\infty)$$

(4) 安定時間 t_s (Settling time)：

$c(t)$ 的誤差第一次達到小於 $\pm 5\%$ (or $\pm 2\%$)所需的時間。i.e.

$$\frac{|c(\infty) - c(t_s)|}{|c(\infty)|} \times 100\% < \pm 5\% \text{ (or} \pm 2\% \text{)}$$

NOTE 安定時間的意義為何？因為一個二階系統對輸入為步級信號的暫態響應所需時間為無窮大，而人類是無法等待無窮久時間以觀察其結果的。故依不同反應類別，訂定可接受之誤差範圍(例如機械系統通常訂在 $\pm 5\%$ ，電路系統通常訂在 $\pm 2\%$)，只要反應誤差進入可接受範圍內，即視作暫態響應結束。

(5) 最大超越量 M_p (Maximum overshoot)：

峰值 $c_{\max}$ 與終值 $c(\infty)$ 間的距離。i.e.

$M_p = c_{\max} - c(\infty) = c(t_p) - c(\infty)$ ，或以百分比表示：

$$M_p\% = \frac{M_p}{c(\infty)} \times 100\% = \frac{c(t_p) - c(\infty)}{c(\infty)} \times 100\%$$

5.　二階欠阻尼系統之暫態響應規格計算

對二階欠阻尼系統輸入一單位步級函數：$r(t) = 1 \Rightarrow R(s) = \frac{1}{s}$，其時間響應為：

$$c(t) = 1 - e^{-\sigma t}\left(\cos\omega_d t + \frac{\sigma}{\omega_d}\sin\omega_d t\right)$$

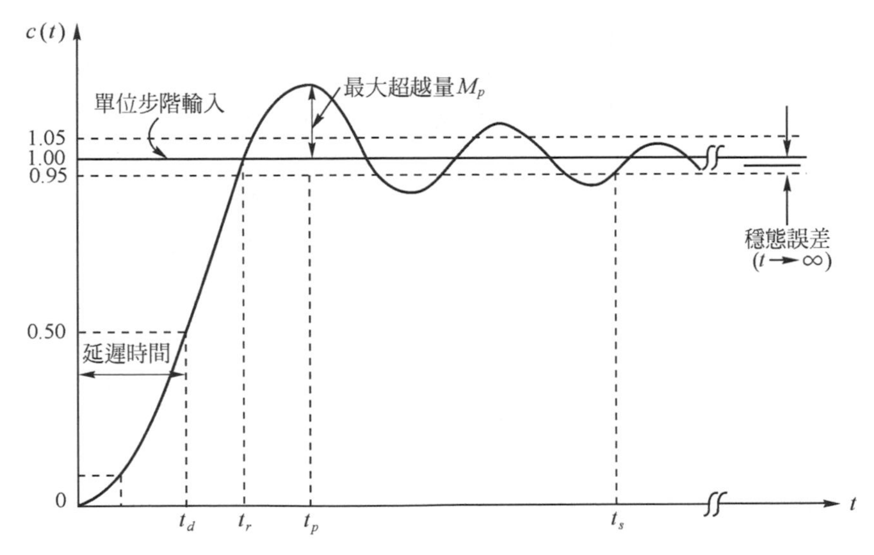

圖 5-14　二階系統的暫態響應規格

(1)　求上升時間 t_r (Rising time)

根據上升時間的定義：

$$c(t_r) = 1 - e^{-\sigma t_r}\left(\cos\omega_d t_r + \frac{\sigma}{\omega_d}\sin\omega_d t_r\right) = 1$$

$$\Rightarrow \cos\omega_d t_r + \frac{\sigma}{\omega_d}\sin\omega_d t_r = 0$$

$$\Rightarrow \tan\omega_d t_r = -\frac{\omega_d}{\sigma} \Rightarrow \omega_d t_r = \tan^{-1}\left(-\frac{\omega_d}{\sigma}\right)$$

$$\Rightarrow t_r = \frac{1}{\omega_d}\tan^{-1}\left(-\frac{\omega_d}{\sigma}\right) = \frac{\pi-\theta}{\omega_d}$$

NOTE 因為特性方程式的根 $s = -\zeta\omega_n \pm \omega_n\sqrt{\zeta^2-1} = -\sigma \pm \omega_d j$，所以描述 s 分布的平面以$\sigma$為實軸、以 ω_d 為虛軸如下：

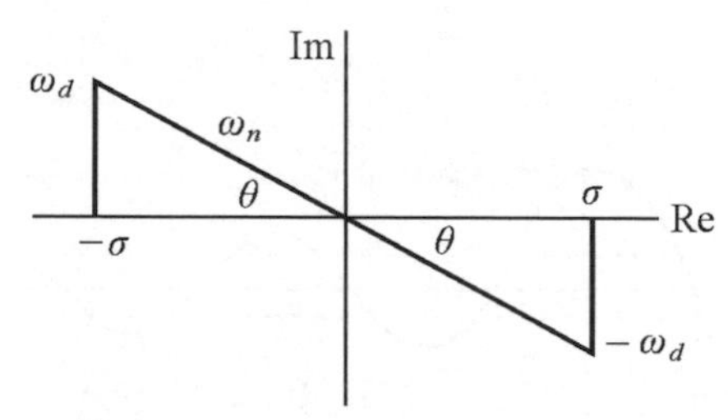

圖 5-15　描述 s 分布的平面以σ為實軸、以 ω_d 為虛軸

所以$\theta = \tan^{-1}\dfrac{\omega_d}{\sigma} = \tan^{-1}\dfrac{\sqrt{1-\zeta^2}}{\zeta}$，且

$$\sqrt{{\omega_d}^2+\sigma^2} = \sqrt{{\omega_n}^2\left(1-\zeta^2\right)+\zeta^2{\omega_n}^2} = \omega_n$$

由幾何圖形

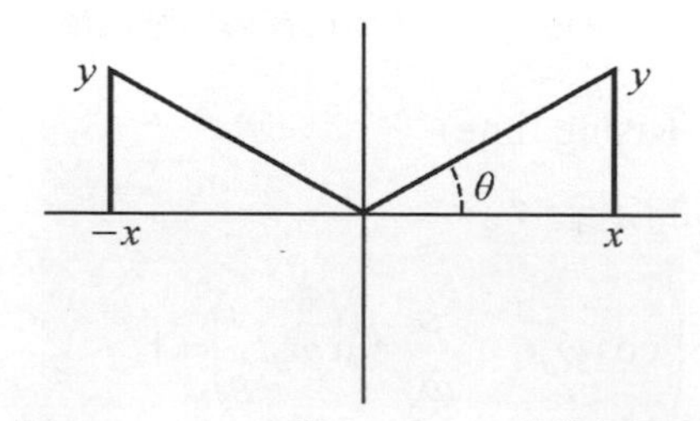

圖 5-16　$\tan\theta$ 與 $\tan(\pi-\theta)$ 的幾何圖形

可得下列關係：$\begin{cases} \tan\theta = \dfrac{y}{x} \\ \tan(\pi-\theta) = -\dfrac{y}{x} \end{cases}$

故 $\tan^{-1}\left(-\dfrac{\omega_d}{\sigma}\right)$ 有兩個情形：

① $\tan^{-1}\left(\dfrac{\omega_d}{-\sigma}\right) = \pi - \theta$

② $\tan^{-1}\left(\dfrac{-\omega_d}{\sigma}\right) = 2\pi - \theta$，因 t_r 爲第一次 $c(t)=1$，故應取 $\pi-\theta$。

(2) 求峰值時間 t_p (Peak time)

因爲峰值所在位置之切線斜率爲零，故：

$$\left.\frac{dc(t)}{dt}\right|_{t=t_p} = 0$$

$$\Rightarrow \frac{d}{dt}\left[1 - e^{-\sigma t}\left(\cos\omega_d t + \frac{\sigma}{\omega_d}\sin\omega_d t\right)\right]$$

$$= \left[\sigma e^{-\sigma t}\left(\cos\omega_d t + \frac{\sigma}{\omega_d}\sin\omega_d t\right)\right] - e^{\sigma t}(-\omega_d \sin\omega_d t + \sigma\cos\omega_d t) = 0$$

$$\Rightarrow \left(\sigma\cos\omega_d t + \frac{\sigma^2}{\omega_d}\sin\omega_d t + \omega_d \sin\omega_d t - \sigma\cos\omega_d t\right)$$

$$= \left(\frac{\sigma^2}{\omega_d} + \omega_d\right)\sin\omega_d t\Big|_{t=t_p} = 0$$

NOTE 若欲上式成立，則須 $\left(\dfrac{\sigma^2}{\omega_d} + \omega_d\right) = 0$ 或 $\sin\omega_d t\big|_{t=t_p} = 0$。但 $\left(\dfrac{\sigma^2}{\omega_d} + \omega_d\right)$ 不可能為零，故勢必 $\sin\omega_d t\big|_{t=t_p} = 0$

$$\sin\omega_d t\Big|_{t=t_p} = 0 \Rightarrow \sin\omega_d t_p = 0 = \sin n\pi (n = 0,\ 1,\ 2,\ 3,\cdots)$$

因峰值是 $c(t)$ 的第一個最大值，故 n 取 1 代入上式，得：

$$\sin\omega_d t_p = \sin\pi \Rightarrow t_p = \frac{\pi}{\omega_d}$$

NOTE 為何 n 不取 0？n 取 0 所得之值意義為何？

(3) 求最大超越量 M_p (Maximum overshoot)

根據最大超越量的定義：

$$M_p = c(t_p) - c(\infty) = c(t_p) - 1$$

$$\Rightarrow M_p = \left[1 - e^{-\sigma t}(\cos\omega_d t + \frac{\sigma}{\omega_d}\sin\omega_d t)\Big|_{t=t_p=\frac{\pi}{\omega_d}}\right] - 1 = e^{-\frac{\sigma}{\omega_d}\pi}$$

NOTE 將 $t = t_p = \dfrac{\pi}{\omega_d}$ 代入上式，其中 $\cos\pi = -1$ 且 $\sin\pi = 0$

(4) 求安定時間 t_s (Settling time)

因爲 $c(t)$ 爲 $e^{-\sigma t}$ 的函數，故其 $\tau = \dfrac{1}{\sigma} = \dfrac{1}{\zeta\omega_n}$ (例： $c(t) = e^{-\frac{t}{\tau}}$)

根據 5-3 節中之討論，$c(t) = e^{-\frac{t}{\tau}}$ 反應至 $\varepsilon = 5\%$ 所需時間爲三倍時間常數，所以誤差 5%的安定時間爲：$t_s(5\%) = \dfrac{3}{\sigma} = 3\tau$ 。(或是由 $c(t_s) = 1 \pm 0.05$ 解得)

同理，$c(t) = e^{-\frac{t}{\tau}}$ 反應至 $\varepsilon = 2\%$ 所需時間爲四倍時間常數，所以誤差 2%的安定時間爲：

$t_s(2\%) = \dfrac{4}{\sigma} = 4\tau$ 。(或是由 $c(t_s) = 1 \pm 0.02$ 解得)

(5) 求延遲時間 t_d (Delay time)

根據延遲時間的定義： $c(t_d)=1-e^{-\sigma t_d}\left(\cos\omega_d t_d+\dfrac{\sigma}{\omega_d}\sin\omega_d t_d\right)=0.5$ ，

解之可得 t_d 。

NOTE 須注意，在大多數的時候 $t_d \neq \dfrac{1}{2}t_r$ 。

例 5-2 一個二階系統之 $\omega_n = 10$ rad/s、$\zeta = 0.35$。求輸入爲單位步級函數時，該系統之下列暫態響應規格：(1) t_r，(2) t_p，(3) t_s，(4) $M_p\%$。

Sol

(1) $\theta=\tan^{-1}\dfrac{\omega_d}{\sigma}=\tan^{-1}\dfrac{\sqrt{1-\zeta^2}}{\zeta}=\tan^{-1}\dfrac{\sqrt{1-0.35^2}}{0.35}=1.213\ \text{(rad)}$

$\omega_d=\omega_n\sqrt{1-\zeta^2}=10\sqrt{1-0.35^2}=9.37\ \text{(rad/s)}$

$\Rightarrow t_r=\dfrac{\pi-\theta}{\omega_d}=\dfrac{\pi-1.213}{9.37}=0.206\ \text{(sec)}$

(2) $t_p=\dfrac{\pi}{\omega_d}=\dfrac{\pi}{9.37}=0.335\ \text{(sec)}$

(3) $t_s=\dfrac{3}{\zeta\omega_n}=\dfrac{3}{0.35\times 10}=0.86\ \text{(sec)}\cdots\cdots\varepsilon=5\%$

$t_s=\dfrac{4}{\zeta\omega_n}=\dfrac{4}{0.35\times 10}=1.14\ \text{(sec)}\cdots\cdots\varepsilon=2\%$

(4) $M_p=e^{-\frac{\sigma}{\omega_d}\pi}=e^{-\frac{3.5}{9.37}\pi}=30.9\%$

NOTE ζ 小則 t_r、t_p 小，M_p 大，t_s 大⇒不穩定；ζ 大則 t_r、t_p 大，M_p 小，t_s 小⇒穩定

例 5-3 對二階系統輸入一單位步級函數，其響應之規格值為：$M_p = 9.5\%$，$t_p = 0.56\,\text{sec}$。求：(1) ω_n，(2) ζ，(3) $t_s(5\%)$。

Sol

$$(1)\ M_p = e^{-\frac{\zeta}{\sqrt{1-\zeta^2}}\pi} \Rightarrow 0.095 = e^{-\frac{\zeta}{\sqrt{1-\zeta^2}}\pi}$$

$$\Rightarrow \ln(0.095) = -\frac{\zeta}{\sqrt{1-\zeta^2}}\pi \Rightarrow -2.354 = -\frac{\zeta}{\sqrt{1-\zeta^2}}\pi \Rightarrow \zeta = 0.6$$

$$(2)\ t_p = \frac{\pi}{\omega_d} \Rightarrow 0.56 = \frac{\pi}{\omega_n\sqrt{1-0.6^2}} \Rightarrow \omega_n = 7\text{ rad/s}$$

$$(3)\ t_s = \frac{3}{\zeta\omega_n} = \frac{3}{0.6\times 7} = 0.71\ \text{(sec)}$$

例 5-4 二階系統的方塊圖如圖 5-17，對之輸入 $R = \frac{1}{s}$，其響應之規格值為：$M_p = 25.4\%$，$t_p = 0.69\,\text{sec}$。求：(1) ω_n，(2) ζ，(3)K，(4)α。

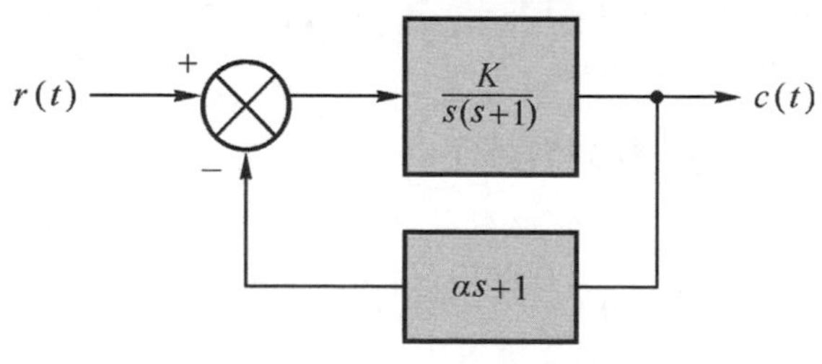

圖 5-17　例 5-4 的方塊圖

Sol

$$(1)\ \ln(0.254) = -\frac{\zeta}{\sqrt{1-\zeta^2}}\pi \Rightarrow \varsigma = 0.4 \quad (0.3995)$$

$$(2)\ 0.69 = \frac{\pi}{\omega_n\sqrt{1-0.4^2}} \Rightarrow \omega_n = 5\text{rad/s} \quad (4.967)$$

(3) $\frac{C}{R}=\frac{G}{1+GH}=\frac{K}{s^2+(K\alpha+1)s+K}\equiv\frac{{\omega_n}^2}{s^2+2\zeta\omega_n s+{\omega_n}^2}$

$\Rightarrow K={\omega_n}^2=5^2=25$

$\Rightarrow K\alpha+1=2\zeta\omega_n=2\times 0.4\times 5\Rightarrow \alpha=0.12$

5-4 穩態誤差(Steady state error)

1. 誤差(Error)：

$$e(t)=r(t)-c(t)H=r(t)GH\Rightarrow e(t)=\frac{r(t)}{1+GH}\Rightarrow E(s)=\frac{R(s)}{1+GH}$$

2. 穩態誤差(Steady state error，e_{ss})：

$$e_{ss}=\lim_{t\to\infty}e(t)=\lim_{s\to 0}sE(s)=\lim_{s\to 0}\frac{sR(s)}{1+GH}$$

故可知 e_{ss} 與輸入 $R(s)$ 及開環路增益 GH 有關。

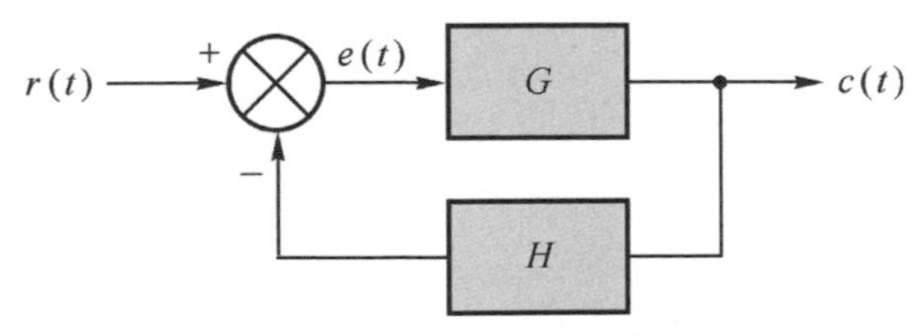

圖 5-18　控制系統的方塊圖

3. 控制系統之型態數(Type number)

$$\text{Open loop gain}=GH=\frac{K(s-Z_1)(s-Z_2)....}{s^n(s-P_1)(s-P_2)....}$$

其中 n 即爲該系統的型態數。

例如 $n=0$ 則稱爲 Type0 系統

4. 輸入各種 Test Signal 對不同 Type 系統所得之穩態誤差

(1) 步級輸入(Step input)

$$r(t) = A \Rightarrow R(s) = \frac{A}{s}$$

$$e_{ss} = \lim_{s\to 0}\frac{sR(s)}{1+GH} = \lim_{s\to 0}\frac{s\times\frac{A}{s}}{1+GH}$$

$$= \lim_{s\to 0}\frac{A}{1+GH} = \frac{A}{1+\lim\limits_{s\to 0}GH} = \frac{A}{1+K_p}$$

其中 $K_p = \lim\limits_{s\to 0}GH$ ，稱作位置靜態誤差係數(Position static error coefficient)。

① type 0 的系統：

$$K_p = \lim_{s\to 0}GH = \frac{K(0-Z_1)(0-Z_2)....}{s^0(0-P_1)(0-P_2)....}$$

$$= C \Rightarrow e_{ss} = \frac{A}{1+K_p} = \frac{A}{1+C} = \text{常數}。$$

② type 1 以上的系統：

$$K_p = \infty \Rightarrow e_{ss} = \frac{1}{1+\infty} = 0$$

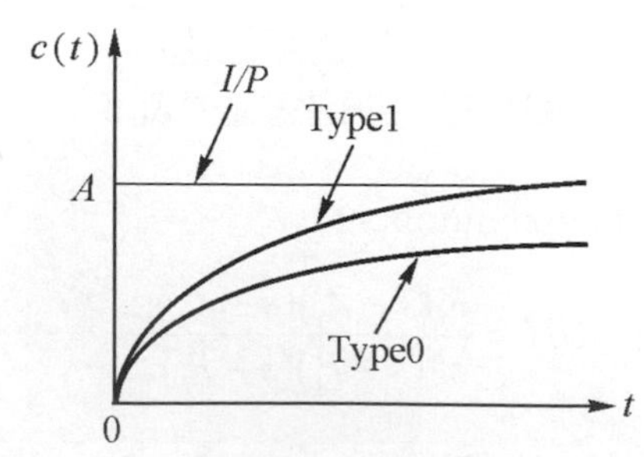

圖 5-19　不同型態數系統在步級輸入時的輸出

(2) 斜坡輸入(Ramp input)

$$r(t) = At \Rightarrow R(s) = \frac{A}{s^2}$$

$$e_{ss} = \lim_{s\to 0}\frac{sR(s)}{1+GH} = \lim_{s\to 0}\frac{s\times\frac{A}{s^2}}{1+GH} = \lim_{s\to 0}\frac{A}{s+sGH} = \frac{A}{\lim_{s\to 0} sGH} = \frac{A}{K_v}$$

其中 $K_v = \lim_{s\to 0} sGH$，稱作速度靜態誤差係數(Velocity Static Error Coefficient)。

① type 0 的系統：$K_v = 0$，$e_{ss} = \infty$

② type 1 的系統：$K_v = \text{constant}$，$e_{ss} =$ 常數

③ type 2 以上的系統：$K_v = \infty$，$e_{ss} = 0$

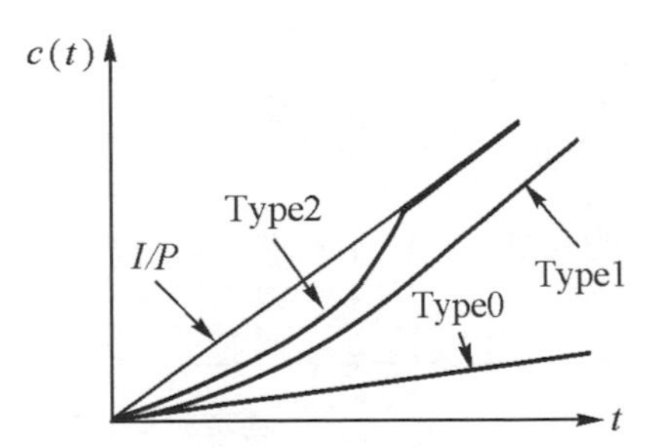

圖 5-20　不同型態數系統在斜坡輸入時的輸出

(3) 拋物線輸入(Parabolic input)

$$r(t) = At^2 \Rightarrow R(s) = \frac{A}{s^3}$$

$$e_{ss} = \lim_{s\to 0}\frac{sR(s)}{1+GH} = \lim_{s\to 0}\frac{s\times\frac{A}{s^3}}{1+GH} = \lim_{s\to 0}\frac{A}{s^2+s^2GH} = \frac{A}{\lim_{s\to 0} s^2GH} = \frac{A}{K_a}$$

其中 $K_a = \lim_{s\to 0} s^2GH$，稱作加速度靜態誤差係數(Acceleration static error coefficient)。

① type 0 的系統：$K_a = 0$，$e_{ss} = \infty$

② type 1 的系統：$K_a = 0$，$e_{ss} = \infty$

③ type 2 的系統：$K_a = \text{constant}$，$e_{ss} =$ 常數

④ type 3 以上的系統：$K_a = \infty$，$e_{ss} = 0$

例 5-5 一控制系統之前饋增益為：$G(s) = \dfrac{K(s+3)}{s(s+1)(s+2)}$，回授增益為：$H(s) = 1$。求該系統之 K_p、K_v、K_a。

Sol

$$K_p = \lim_{s\to 0} GH = \lim_{s\to 0} \frac{K(s+3)}{s(s+1)(s+2)} = \infty$$

$$K_v = \lim_{s\to 0} sGH = \lim_{s\to 0} \frac{K(s+3)}{(s+1)(s+2)} = \frac{3}{2}K$$

$$K_a = \lim_{s\to 0} s^2 GH = \lim_{s\to 0} \frac{sK(s+3)}{(s+1)(s+2)} = 0$$

例 5-6 一系統之方塊圖如圖 5-21，求：(1) $r(t) = Au_0(t)$，(2) $r(t) = t$ 時該系統之 e_{ss}？

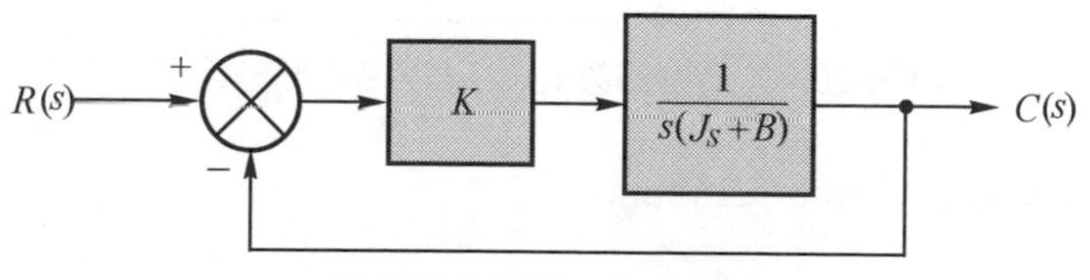

圖 5-21　例 5-6 的方塊圖

Sol

(1) $r(t) = Au_0(t) \Rightarrow R(s) = \dfrac{A}{s}$

$$e_{ss} = \lim_{s\to 0} \frac{sR}{1+GH} = \lim_{s\to 0} \frac{A}{1+GH} = \frac{A}{1+K_p}$$

$$K_p = \lim_{s\to 0} GH = \lim_{s\to 0} \frac{K}{s(Js+B)} = \infty \Rightarrow e_{ss} = 0$$

(2) $r(t)=t \Rightarrow R(s)=\dfrac{1}{s^2}$

$$e_{ss}=\frac{1}{K_v}\text{，}K_v=\lim_{s\to 0} sGH=\lim_{s\to 0}\frac{K}{(Js+B)}=\frac{K}{B}$$

$$\therefore e_{ss}=\frac{B}{K}$$

例 5-7　一控制系統之開環路增益爲：$GH=\dfrac{1}{\tau s}$，該系統應爲 Type 1 或 Type 0 之系統？

Sol

(1) 若 $R(s)=\dfrac{A}{s}$，則 $e_{ss}=\lim\limits_{s\to 0} s\dfrac{R}{1+GH}=\lim\limits_{s\to 0} s\dfrac{\frac{A}{s}}{1+\frac{1}{\tau s}}=0$

(2) 若 $R(s)=\dfrac{A}{s^2}$，則

$$e_{ss}=\lim_{s\to 0} s\frac{\frac{A}{s^2}}{1+\frac{1}{\tau s}}=\lim_{s\to 0}\frac{\frac{A}{s}}{\frac{\tau s+1}{\tau s}}=\lim_{s\to 0}\frac{A\tau s}{s(\tau s+1)}=\lim_{s\to 0}\frac{A\tau}{(\tau s+1)}=A\tau$$

故 $GH=\dfrac{1}{\tau s}$ 應爲 Type 1 之系統。

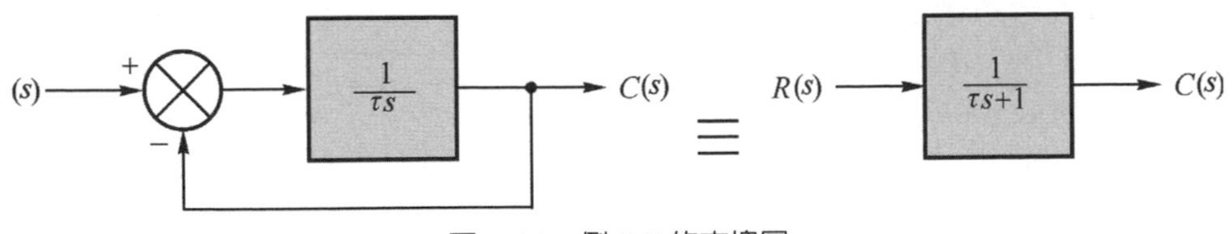

圖 5-22　例 5-7 的方塊圖

NOTE 為回頭去 check 於 5-3 節中所討論一階系統於不同輸入下所得之穩態誤差。

5-5 控制系統的穩定性 (Stability of a control system)

1. 穩定(Stable)

系統之穩定性是一複雜的問題，於學術上有許多不同之定義。本書僅討論下述兩種穩定性：

(1) 有界穩定(Bounded input，bounded output stable，BIBO stable)

(2) 漸進穩定(Asymptotic stable)

控制系統為上述二種穩定中之一種 ⇔ 系統特性方程式沒有正根(or 沒有落在複數平面右半面之根，i.e.根都位在左半面或虛軸上。)

例 5-8

Sol

(1) 若一系統之閉環路轉移函數為：

$\frac{C}{R}=\frac{A}{s+P}$，其中 $P>0$，則 $CE=(s+P)=0$，

解得 $s=-P$ (位於複數平面之左半面)。

反拉式轉換得其時間響應為：

$\mathcal{L}^{-1}\left[\frac{A}{s+P}\right]=Ae^{-Pt}$，其隨時間收斂(Converge)。

(2) 若一系統之閉環路轉移函數為：

$\frac{C}{R}=\frac{A}{s-P}$，其中 $P>0$，則 $CE=(s-P)=0$，

解得 $s=P$ (位於複數平面之右半面)。

反拉式轉換得其時間響應為：

$\mathcal{L}^{-1}\left[\frac{A}{s-P}\right]=Ae^{Pt}$，其隨時間發散(Diverge)。

2. 判別穩定性的方法

於不同領域中有不同的判別方法：

(1) s-domain

① 魯斯-賀維茲準則(Routh-Hurwitz criterion)

② 根軌跡法(Root-locus method)

(2) Frequency domain

① 奈奎士準則(Nyquist criterion)

② 波德圖法(Bode diagram method)

③ 尼可圖法(Nichol's chart method)

④ 李亞普諾夫準則(Lyapunov criterion)

5-6 魯斯-賀維茲準則 (Routh-Hurwitz criterion)

1. 原爲一數值分析方法，此方法可判斷多項式是否有位在複數平面右半面之根(實部爲正數)。
2. 以此法審查控制系統之特性方程式，可知該方程式是否有位在複數平面右半面之根，據此可判斷該系統是否穩定。
3. 簡稱爲魯斯穩定準則(Routh stability criterion)
4. 步驟如下：

(1) 求系統之特性方程式：

$$CE = a_0 s^n + a_1 s^{n-1} + \cdots + a_{n-1} s + a_n = 0$$

(2) 檢查系統穩定之必要條件：

若系統穩定⇒①特性方程式所有係數同號，且

②特性方程式沒有缺項

NOTE 因上述①、②條件僅為系統穩定的必要條件，故即使上述①、②條件成立，並不表示該系統一定穩定。又由邏輯關係 $p \to q \equiv \bar{q} \to \bar{p}$ ，可知上述①、②條件之一不成立，則系統不穩定。

(3) 建立魯斯陣列(Routh array or Routh tabulation)
　① 依 CE 建立最高次冪及次高次冪，即 s^n 及 s^{n-1} 二列陣列。
　② 依魯斯法則完成第三高次冪開始之魯斯陣列至 s^0 爲止。

(4) 魯斯陣列之第一行各值同號，若且唯若(⇔)系統穩定。

(5) 魯斯陣列之第一行各值間變號的次數即爲特性方程式之根位於複數平面右半面之個數。

例 5-9 設一系統之特性方程式爲：$\Delta(s) = a_1 s^6 + a_2 s^5 + a_3 s^4 + a_4 s^3 + a_5 s^2 + a_6 s + a_7 = 0$ ，其魯斯陣列建立如下：

Sol

s^6	a_1	a_3	a_5	a_7
s^5	a_2	a_4	a_6	0
s^4	$A = \dfrac{a_2 a_3 - a_1 a_4}{a_2}$	$B = \dfrac{a_2 a_5 - a_1 a_6}{a_2}$	$\dfrac{a_2 a_7 - a_1 0}{a_2} = a_7$	0
s^3	$C = \dfrac{A a_4 - a_2 B}{A}$	$D = \dfrac{A a_6 - a_2 a_7}{A}$	0	
s^2	$E = \dfrac{CB - AD}{C}$	$\dfrac{C a_7 - 0}{C} = a_7$	0	
s^1	$\dfrac{ED - C a_7}{E}$	0		
s^0	a_7			
	⇑			

check　第一行各值之正負符號

例 5-10 一系統之特性方程式為：$\Delta(s)=s^4+2s^3+3s^2+4s+5=0$，請依魯斯法則判斷其穩定性。

Sol

(1) 特性方程式之係數均同號且無缺項，故無法依此判定穩定或不穩定。

(2) 建立魯斯陣列：

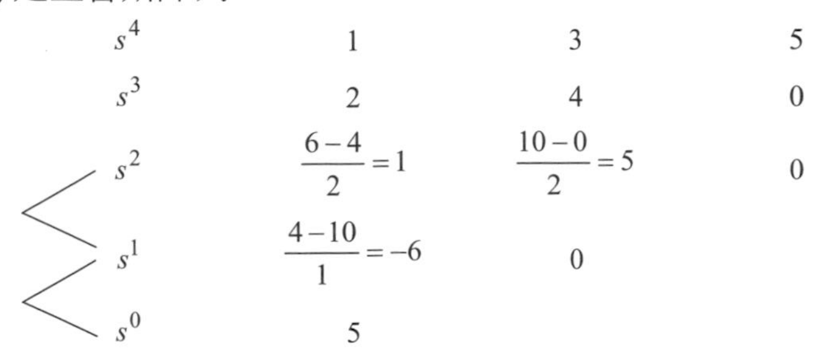

$$
\begin{array}{cccc}
s^4 & 1 & 3 & 5 \\
s^3 & 2 & 4 & 0 \\
s^2 & \frac{6-4}{2}=1 & \frac{10-0}{2}=5 & 0 \\
s^1 & \frac{4-10}{1}=-6 & 0 & \\
s^0 & 5 & &
\end{array}
$$

第一行各值間變號兩次，故有二正根，⇒系統 Unstable！

例 5-11 一系統之特性方程式為：$\Delta(s)=s^3+9s^2+11s+6=0$，請依魯斯法則判斷其穩定性。

Sol

(1) 特性方程式之係數均同號且無缺項，故無法依此判定穩定或不穩定。

(2) 建立魯斯陣列：

$$
\begin{array}{ccc}
s^3 & 1 & 11 \\
s^2 & 9 & 6 \\
s^1 & \frac{99-6}{9} & 0 \\
s^0 & 6 &
\end{array}
$$

第一行各值間無變號，故無正根，⇒系統 Stable！

例 5-12 一系統之特性方程式為：$\Delta(s)=s^3-4s^2+s+6=0$，請依魯斯法則(1)判斷其穩定性，(2)若為不穩定，求其正根之個數。

Sol

(1) 特性方程式之係數無缺項但不均同號，故可知其不穩定。

(2) 建立魯斯陣列以求其正根數目：

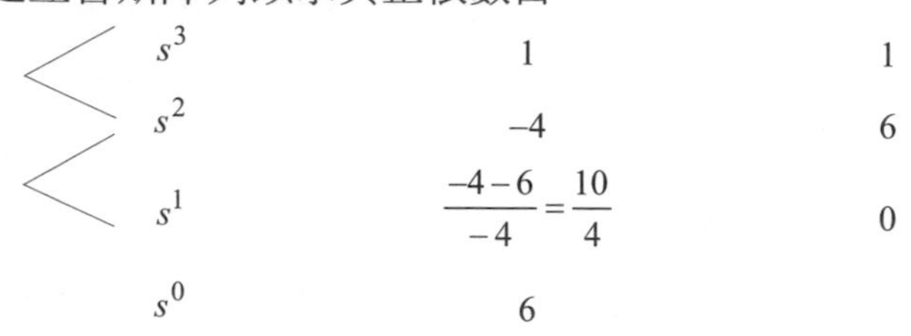

s^3	1	1
s^2	-4	6
s^1	$\frac{-4-6}{-4}=\frac{10}{4}$	0
s^0	6	

第一行各值間變號兩次，故有二正根。

NOTE 該系統之特性方程式可分解因式：

$\Delta(s)=s^3-4s^2+s+6=(s-2)(s+1)(s-3)=0$，故可知有二正根為：$s=2$，$s=3$

5. 特殊情形(Special cases)

建立魯斯陣列時可能會碰到下列兩種特殊情形：

Case 1：第一行任一值為零(缺項)

Case 2：某一列全部為零

則須用特殊方法解決。

NOTE Case 1 所遭遇的是，零值的下一列各值的分母為零，以致無法繼續往下計算；Case 2 所遭遇的是，零列的下一列各值均為零分之零，係一未定值，故無法繼續往下計算。

Case 1 的解決方法有下列三者供選擇：

(1) $\Delta(s)$ 乘上 $(s+a)$，a 為任意正數。

(2) 令ε取代 0，ε爲任意小之正數。

(3) 令$\frac{1}{x}$取代 s。

例 5-13 一系統之特性方程式爲：$\Delta(s)=s^3-3s+2=0$，請依魯斯法則(1)判斷其穩定性，(2)若爲不穩定，求其正根之個數。

Sol

(1) 因特性方程式之係數缺項且不均同號，故可知其不穩定。

(2) 建立魯斯陣列以求其正根數目：

s^3	1	−3
s^2	0	2
s^1	$\frac{-2}{0}$?	
s^0		

因第一行有零值，故無法完整建立魯斯陣列。可依上述三種方法解決之。

方法①：$\Delta(s)$ 乘上 $(s+a)$

設 $a=3\Rightarrow\Delta(s)=(s^3-3s+2)(s+3)=s^4+3s^3-3s^2-7s+6=0$

建立魯斯陣列：

s^4	1	−3	6
s^3	3	−7	
s^2	$-\frac{2}{3}$	6	
s^1	$\dfrac{\frac{14}{3}-18}{-\frac{2}{3}}$	0	
s^0	6		

第一行各值間變號兩次，故有二正根。

方法②：令ε取代 0，ε爲任意小之正數。

建立魯斯陣列：

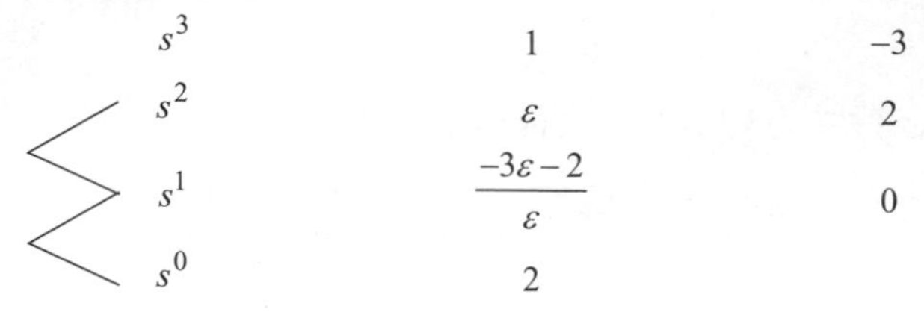

s^3	1	−3
s^2	ε	2
s^1	$\dfrac{-3\varepsilon-2}{\varepsilon}$	0
s^0	2	

第一行各值間變號兩次，故有二正根。

方法③：令$\dfrac{1}{x}$取代 s

則特性方程式可改寫爲：

$$\Delta(s)=\left(\frac{1}{x}\right)^3-3\left(\frac{1}{x}\right)+2=0 \Rightarrow 2x^3-3x^2+1=0$$

建立魯斯陣列：

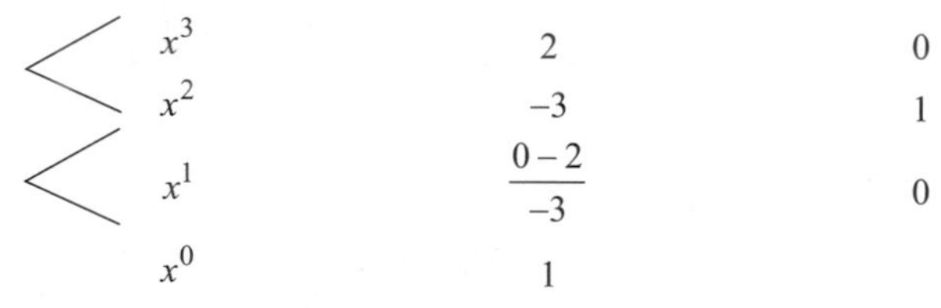

x^3	2	0
x^2	−3	1
x^1	$\dfrac{0-2}{-3}$	0
x^0	1	

第一行各值間變號兩次，故有二正根。

Case 2 的解決方法：以輔助方程式(零列之上一列的方程式)之微分式取代零列。

例 5-14 一系統之特性方程式爲：$\Delta(s)=s^5+s^4+3s^3+3s^2+4s+4=0$，請依魯斯法則(1)判斷其穩定性，(2)若爲不穩定，求其正根之個數。

Sol

(1) 特性方程式之係數均同號且無缺項，故無法依此判定穩定或不穩定。

(2) 建立魯斯陣列：

s^5	1	3	4	
s^4	1	3	4	⇒ 輔助方程式：$s^4+3s^2+4=0$，微分
s^3	0　(4)	0　(6)	0	⇐ 取代零列 ⇐ $4s^3+6s+0=0$
s^2	$\frac{12-6}{4}=\frac{3}{2}$	$\frac{16}{4}=4$		
s^1	$\frac{9-16}{\frac{3}{2}}$			
s^0	4			

第一行各值間變號兩次，故有二正根，⇒系統 Unstable！

6.　若第一行出現 0 表示：

(1)　有根在虛軸上。

(2)　爲邊界穩定(Marginal stable)。

(3)　虛軸上之根即爲輔助方程式之根。

例 5-15　一系統之特性方程式爲：$\Delta(s)=s^5+6s^4+12s^3+12s^2+11s+6=0$，請依魯斯法則(1)判斷其穩定性，(2)若有位於虛軸上之根，求其值。

Sol

(1) 特性方程式之係數均同號且無缺項，故無法依此判定穩定或不穩定。

(2) 建立魯斯陣列：

s^5	1	12	11	
s^4	6	12	6	
s^3	10	10	0	
s^2	6	6		⇒ 輔助方程式：$6s^2+6=0$，微分
s^1	0 (12)			⇐ 取代零列 ⇐ $12s+0=0$
s^0	6			

因第一行各值間無變號，故可知其系統 Stable。且因第一行有 0，故

可知有根在虛軸上，為邊界穩定(Marginal stable)。

解輔助方程式可得此根有二，為：

$6s^2+6=0 \Rightarrow s=\pm j$

例 5-16 一系統之方塊圖如下：求使該系統穩定之 K 值範圍。

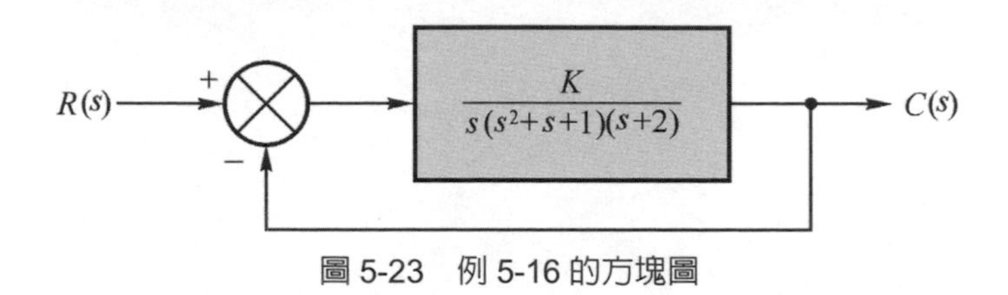

圖 5-23　例 5-16 的方塊圖

Sol

閉環路轉移函數：

$$\frac{C}{R}=\frac{\dfrac{K}{s(s^2+s+1)(s+2)}}{1+\dfrac{K}{s(s^2+s+1)(s+2)}}=\frac{K}{s(s^2+s+1)(s+2)+K}$$

特性方程式：

$$\Delta(s)=s^4+3s^3+3s^2+2s+K=0$$

魯斯陣列：

s^4	1	3	K
s^3	3	2	0
s^2	$\frac{9-2}{3}=\frac{7}{3}$	K	
s^1	$\dfrac{\frac{14}{3}-3K}{\frac{7}{3}}$	0	
s^0	K		

欲使第一行均爲正，則須同時滿足：

$$\begin{cases} (1)\dfrac{14}{3}-3K>0 \\ (2)K>0 \end{cases}$$

故可得 K 值範圍：$\dfrac{14}{9}>K>0$。

習　題　EXERCISE

1. 繪出二階欠阻尼系統之暫態響應圖，並(1)將各規格標注於圖形上，(2)說明各規格之定義。

2. 請以控制系統方塊圖說明：(1)何謂誤差？(2)何謂穩態誤差？(3)穩態誤差與何有關？

3. 系統之開環路增益爲 $\dfrac{K}{s(s+P)}$，且已知 $M_P\%=5\%$，$\pm 2\%$ 之 $T_S=4\,\text{sec}$，求：(1)K，(2)P，(3) T_P，(4) T_r。

4. 系統方塊圖如圖 5-24，且已知 $r(t)=1$，$M_P\%=25.4\%$，$T_P=0.69\,\text{sec}$，求：(1)K，(2) ω_n，(3)ζ，(4)α。

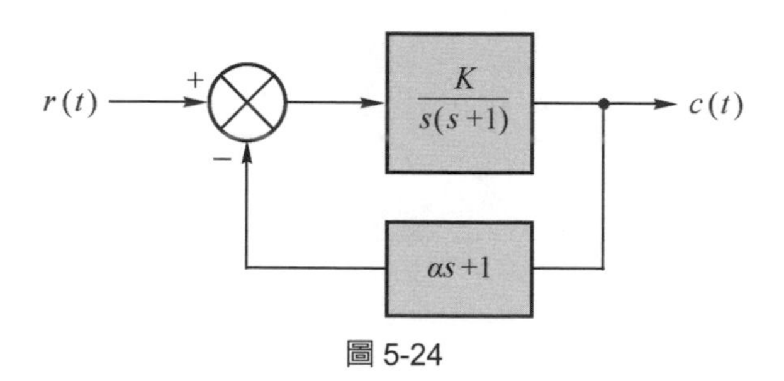

圖 5-24

5. 系統方塊圖如圖 5-25，且已知 $r(t)=2u_0(t)$，$M_P\%=25.4\%$，$T_P=0.69\,\text{sec}$，求：(1)K，(2) ω_n，(3)ζ，(4)α。

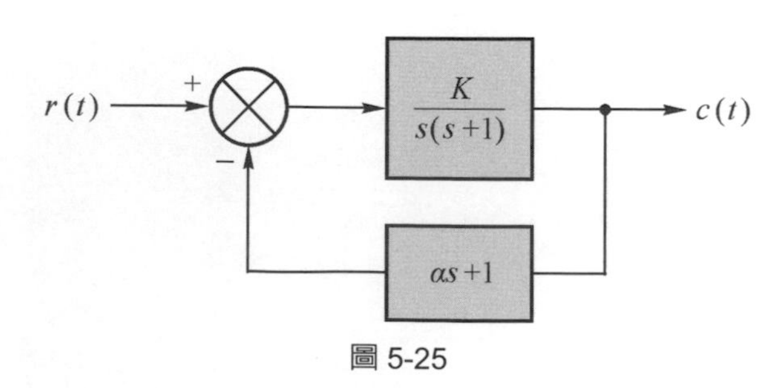

圖 5-25

6. 系統方塊圖如圖 5-26，且已知 $r(t)=2u_0(t)$，$M_P=0.254$，$T_P=0.69\,\text{sec}$，求：(1)K，(2)ω_n，(3)ζ，(4)α。

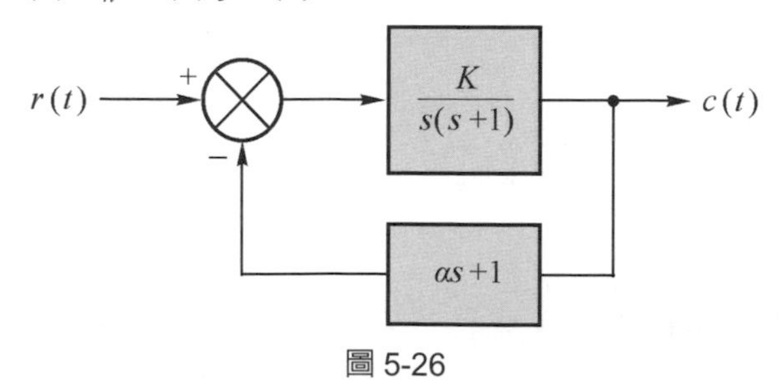

圖 5-26

7. 一個二階系統之 $\omega_n=10\,\text{rad/s}$，$\zeta=0.4$，若輸入一單位步級函數，求(1)該系統第二次響應值為 1 所需要的時間，(2) $t=1\text{sec}$ 時該系統之響應值？

8. 系統方塊圖如圖 5-27。求：(1)Position static error coefficient，(2)Velocity static error coefficient，(3)Acceleration static error coefficient，(4) $R(s)$ 為 Unit step function 時之 e_{ss}，(5) $R(s)$ 為 Unit ramp function 時之 e_{ss}，(6) $R(s)$ 為 Unit parabolic function 時之 e_{ss}。

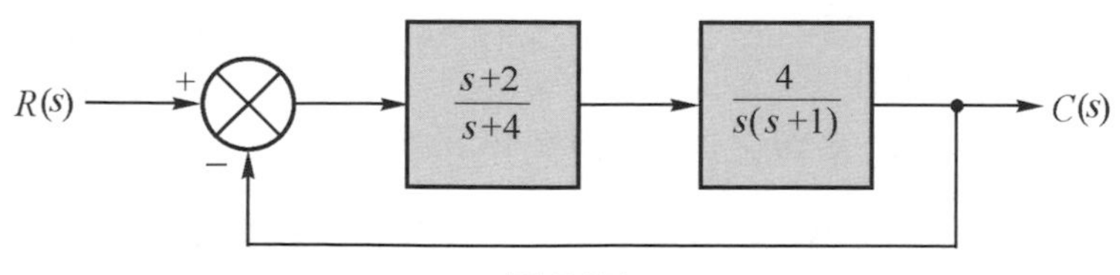

圖 5-27

9. 系統方塊圖如圖 5-28。若 $R(s)=\dfrac{2}{s^2}$ 求：(1) e_{ss}，(2)如何改善 e_{ss}？

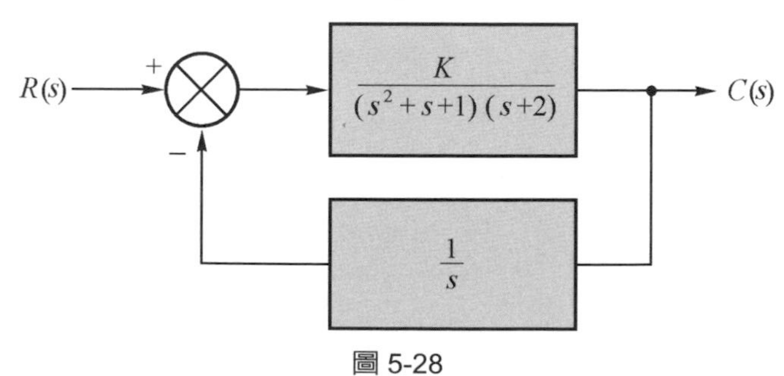

圖 5-28

10. 如圖 5-29 求 e_{ss}，若(1) $R(s)=\frac{5}{s^2}$，(2) $R(s)=\frac{1}{s}$

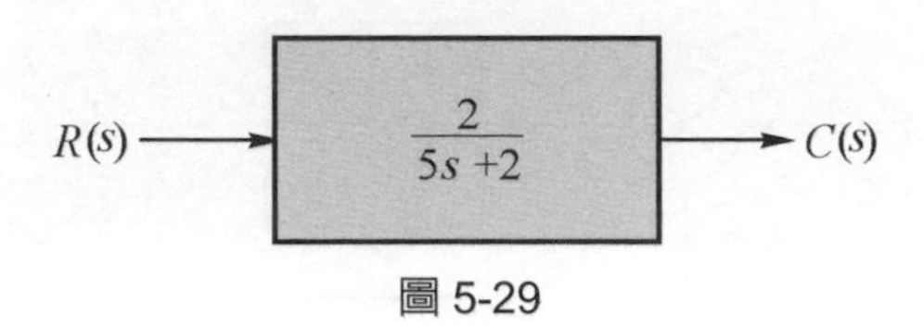

圖 5-29

11. 某系統方塊圖如圖 5-30，求使該系統穩定的 K 值範圍？

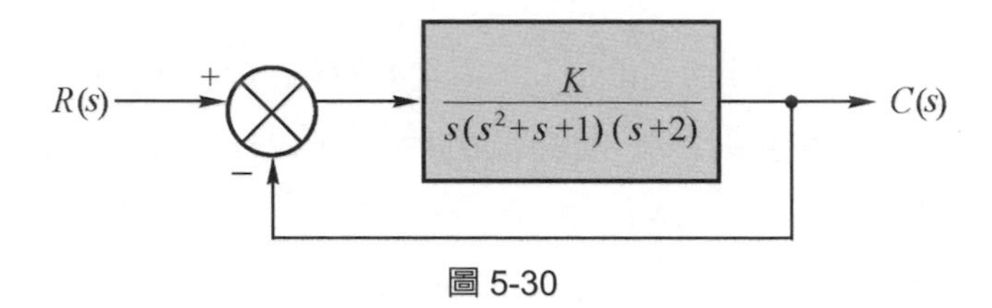

圖 5-30

12. $\Delta(S)=s^5+6s^4+12s^3+12s^2+11s+6$，求：(1)該系統穩定的情形，(2)正根的個數，(3)於虛軸上之根的值。

13. 設 $GH=\frac{K(1+K_U s)}{s(2s+1)}$ 且要求(1) $M_P=16.3\%$，(2) $(2\%)t_s\le 2$，(3) $K_V=72$，(4) $0\le K_U\le 1$。則 K 與 K_U 之值應設為多少？

14. $\Delta(S)=s^4+3s^3+12s-16=0$，求：(1)判別該系統穩定的情形，(2)正根的個數，(3)於虛軸上之根的值，(4)正根的值。

15. 設 $GH=\frac{K(1+K_U s)}{s(2s+1)}$ 且要求(1) $\zeta=0.5$，(2) $(2\%)t_s\le 2$，(3) $K_V\ge 50$，(4) $0\le K_U\le 1$。則 K 與 K_U 之值應設為多少？

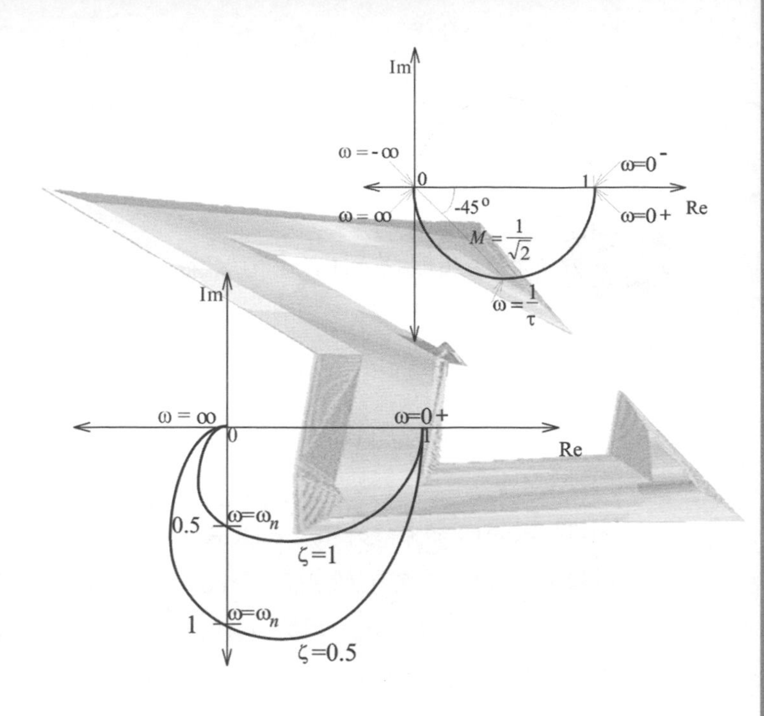

6 章

根軌跡法

6-1 根軌跡(Root locus)

1. 根軌跡指在系統增益為變數時($K=0\sim\infty$)，將特性方程式所有的根連線描繪所得之軌跡。
2. 根軌跡法是求多項式之根的圖解法，於 1948 年由 W. R. Evans 提出。
3. 零點(Zero)：使轉移函數之值為零的點(即使分子為零的點)。
   極點(Pole)：使轉移函數之值為∞的點(即使分母為零的點)。
4. 因特性方程式之根於複數平面上的位置不同則系統的特性行為即不同，故由 Root locus 可知系統的穩定性及其特性行為，亦可知如何藉增益調整來改變其根的位置(即其特性)。
5. 因 $\dfrac{C}{R}=\dfrac{KG}{1+KGH}$，$CE=1+KGH=0$，故特性方程式之根即為閉環路轉移函數之極點。

例 6-1 一系統之方塊圖如下，求繪 $K\geq 0$ 之根軌跡。

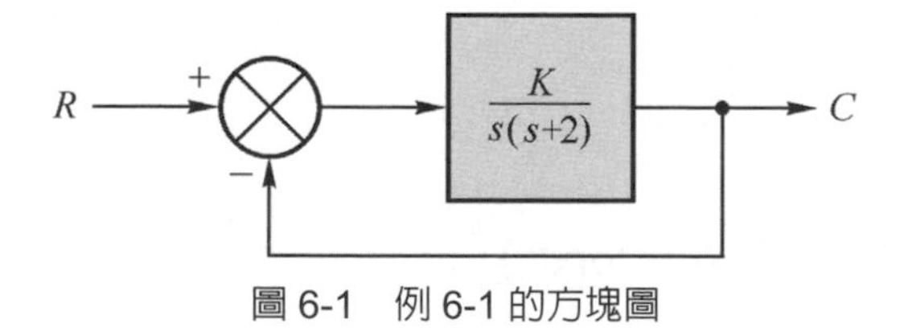

圖 6-1 例 6-1 的方塊圖

Sol

閉環路轉移函數：$\dfrac{C}{R}=\dfrac{K}{s^2+2s+K}$

特性方程式：$CE=s^2+2s+K=0$

解特性方程式$\Rightarrow$其二根為：$s=-1\pm\sqrt{1-K}$

繪出 K 由 0 增加至∞所有 s 的點，即成根軌跡圖。

s 的值隨 K 值的不同可分為下列三個情形討論：

(1) $0 \le K < 1$：s 爲二相異實根

(2) $K = 1$：s 爲二相等實根

(3) $K > 1$：s 爲共軛虛根

設 $K = 0 \Rightarrow s = 0$，-2

$K = 1/2 \Rightarrow s = -0.3$，$-1.7$

$K = 1 \Rightarrow s = -1$，-1(重根)

$K = 2 \Rightarrow s = -1 \pm j$

$K = 3 \Rightarrow s = -1 \pm \sqrt{2}j$

繪出 K 由 0 增加至∞所有 s 的點，即成根軌跡圖如下：

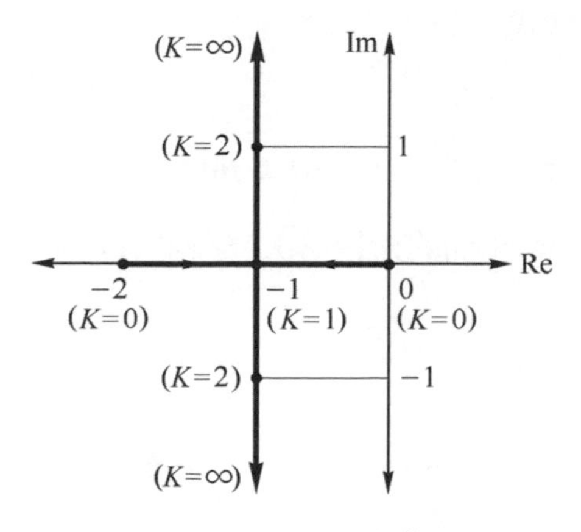

圖 6-2　例 6-1 的根軌跡

可見無論 K 值如何變化($K = 0$～∞)，根軌跡均不會越過虛軸而至右半面(i.e.不會有正根)。

比較：

(1)　由 Routh 法亦可得系統穩定條件爲：$K > 0$

s^2	1	K
s^1	2	
s^0	K	

(2) 特性方程式與二階標準式比較係數可得：

$$\omega_n = \sqrt{K} \text{ ，} \zeta = \frac{1}{\sqrt{K}}$$

① 當 $K < 1$ 則 $\zeta > 1$，系統為 Over damping(根軌跡在實軸上，根不為虛數，故時間響應無振盪)。

② 當 $K = 1$ 則 $\zeta = 1$，系統為 Critical damping(根軌跡仍在實軸上，時間響應無振盪)。

③ 當 $K > 1$ 則 $\zeta < 1$，系統為 Under damping(根軌跡不在實軸，時間響應會震盪)。

(3) 特性方程式通式：

$$s^2 + 2\zeta\omega_n s + \omega_n^{\ 2} = 0$$

$$\Rightarrow s = -\zeta\omega_n \pm \omega_n\sqrt{\zeta^2 - 1} = -\sigma \pm j\omega_d$$

故 s 所在之複數平面的橫軸為 σ，縱軸為 ω_d 。

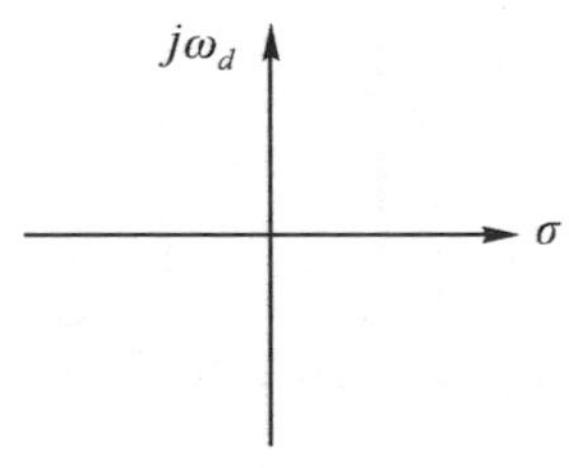

圖 6-3　s 所在之複數平面

6.　$CE = 1 + KGH = 0 \Rightarrow KGH = -1$

凡是特性方程式的根必滿足下列二條件：

(1) 大小條件(Magnitude condition)：

$$|KG(s)H(s)| = 1$$

(2) 角度條件(Angle Condition)：

$$\angle KG(s)H(s) = \pm(2n+1)\pi \text{ ，} n = 0, 1, \cdots$$

NOTE 因為 -1 位在負實軸上，負實軸的角度為 $\pm(2n+1)\pi$ ， $n=0,1,\cdots$

符合上述兩個條件的 $s \Leftrightarrow$ (若且唯若)CE 之根。

7. 繪出 $K=-\infty \sim 0$ 所有 s 的點所得之圖形稱爲「互補根軌跡」。

6-2 根軌跡的作圖法

1. 求 Open loop gain－GH，並將 GH 化成

$$GH=\frac{K(s-Z_1)(s-Z_2)\cdots(s-Z_m)}{(s-P_1)(s-P_2)\cdots(s-P_n)}$$

的形式。則

$$CE=1+GH=\frac{(s-P_1)(s-P_2)\cdots(s-P_n)+K(s-Z_1)(s-Z_2)\cdots(s-Z_m)}{(s-P_1)(s-P_2)\cdots(s-P_n)}=0$$

2. 求根軌跡之起點及終點

(1) 起點：$K=0 \Rightarrow (s-P_1)(s-P_2)\cdots(s-P_n)=0$，$CE$ 之根爲 $P_1, P_2 \cdots P_n$。

故軌跡之起點爲 GH 之 Pole 點。

或由 $|GH|=\dfrac{1}{|K|}$ ，若 $K=0$ 則 $GH=\infty$ ；表示 $K=0$ 時之 s 爲使 GH 爲 ∞ 之點，即 GH 之 poles。

(2) 終點：$K=\infty \Rightarrow (s-Z_1)(s-Z_2)\cdots(s-Z_m)=0$，$CE$ 之根爲 $Z_1, Z_2 \cdots Z_m$ 。

故軌跡之終點爲 GH 之 Zero 點。

或由 $|GH|=\dfrac{1}{|K|}$ ，若 $K=\infty$ 則 $GH=0$ ；表示 $K=\infty$ 時之 s 爲使 GH 爲 0 之點，即 GH 之 zeros。

(3) 結論：CE 之根軌跡可由 Open loop gain－GH 來討論，且由 GH 之 Pole 點起始，至 GH 之 Zero 點終止。

3. 設 $m = GH$ 之零點的個數(以○表示 Zero)

   $n = GH$ 之極點的個數(以×表示 Pole)

   (若 $n-m \geq 3$ 則必會有軌跡在右半面)

4. 軌跡數 $= \max(n, m)$

5. 漸近線數 $= n-m$

6. 漸近線交點座標 $\sigma_c = \dfrac{\sum P - \sum Z}{n-m}$

7. 漸近線與實軸之夾角 $\theta_c = \dfrac{\pm 180^\circ (2u+1)}{n-m}$，$u = 0, 1, 2, \cdots$ (與 x 軸之夾角)

NOTE 若 $n-m=1$，則 $\theta_c = \pm 180^\circ$，漸近線即為負實軸；若 $n-m=2$，則 $\theta_c = \pm 90^\circ$，漸近線即與正、負虛軸平行；若 $n-m=3$，則 $\theta_c = \pm 180^\circ$ 與 $\pm 60^\circ$；若 $n-m=4$，則 $\theta_c = \pm 45^\circ$ 與 $\pm 135^\circ$ ...餘類推。可見($n-m$)越大則漸近線夾角越小，故當 $n-m \geq 3$ 時，只要 K 值夠大則必會有軌跡跑到右半面去，而使系統變成不穩定。

8. 分離點(Break Point)：令 $\dfrac{dK}{ds} = 0$，解該方程式所得之 s 即爲分離點(爲必要條件，須再驗算)。

9. 與虛軸之交點：令 $s = j\omega$ (即 $\sigma + j\omega$ 之實部爲零)代入 $CE = 0$

   即：$1 + GH|_{s=j\omega} = 0 \Rightarrow$ 解聯立方程式 $\begin{cases} R_e = 0 \\ I_m = 0 \end{cases}$ 可得與虛軸交點之 K 及 ω 值。

10. 分離角(ϕ)：根軌跡離開極點(離開角 Departure angle)或抵達零點(抵達角 Arrival angle)時與實軸之夾角。令：

    $\angle Z$：與軌跡分離之極(零)點與其他 zero 之連線，與實軸間之夾角。

    $\angle P$：與軌跡分離之極(零)點與其他 pole 之連線，與實軸間之夾角。

    則分離角 $\phi = 180^\circ - \angle P_2 - \angle P_3 - \cdots - \angle P_n + \angle Z_1 + \angle Z_2 + \cdots + \angle Z_n$

NOTE 分離角(ϕ)：根軌跡離開極點時與實軸之夾角(離開角 Departure angle)或根軌跡抵達零點時與實軸之夾角(抵達角 Arrival angle)。

(1) 角度條件: $\angle GH = \pm 180^\circ$ (幅角公式)

$$\angle\left[\frac{K(s-Z_1)(s-Z_2)\cdots(s-Z_m)}{(s-P_1)(s-P_2)\cdots(s-P_n)}\right] = \pm 180^\circ$$

$$\Rightarrow \angle K + \angle(s-Z_1) + \angle(s-Z_2) + \cdots + \angle(s-Z_m)$$
$$- \angle(s-P_1) - \angle(s-P_2) - \cdots - \angle(s-P_n) = \pm 180^\circ$$

(2) 現假設軌跡將離開 P_1，欲求 P_1 之離開角(ϕ)

(3) 取在軌跡上剛離開 P_1 之點 s_1，(s_1 與 P_1 連線)與實軸間的夾角 $(\angle\overline{s_1P_1}, R_e)$ 即為 P_1 點之離開角(設定為ϕ)。

(4) 將 s_1 點代入幅角公式：

$$\angle K + \angle(s_1-Z_1) + \angle(s_1-Z_2) + \cdots + \angle(s_1-Z_m)$$
$$- \angle(s_1-P_1) - \angle(s_1-P_2) - \cdots - \angle(s_1-P_n) = \pm 180^\circ$$

又 $\angle(s-P) =$ (s 與 P 連線)與實軸之夾角 $= \angle\overline{sp}, R_e$

(pf：設 $s = a+bj$， $P = c+dj$ ，a，b，c，d 均為任意實數，則

$$\angle(s-P) = \angle(a+bj-c-dj) = \angle[(a-c)+(b-d)j] = \tan^{-1}\frac{b-d}{a-c}$$

$$\angle\overline{sP}, \text{Re} = \tan^{-1}\frac{(s\text{之}y\text{座標})-(P\text{之}y\text{座標})}{(s\text{之}x\text{座標})-(P\text{之}x\text{座標})} = \tan^{-1}\frac{b-d}{a-c})$$

所以 $\angle K + \angle\overline{s_1Z_1}, \text{Re} + \cdots + \angle\overline{s_1Z_m}, \text{Re} - \angle\overline{s_1P_1}, \text{Re} - \cdots - \angle\overline{s_1P_n}, \text{Re}$

$= \pm 180^\circ$

而 $\angle\overline{s_1P_1}, \text{Re} = \phi$， $\angle K = 0^\circ$

$$\Rightarrow \phi = 180^\circ + \angle\overline{s_1Z_1}, \text{Re} + \cdots + \angle\overline{s_1Z_m}, \text{Re}$$
$$- \angle\overline{s_1P_1}, \cdots \text{Re} - \cdots - \angle\overline{s_1P_n}, \text{Re}$$

(5) 僅討論 Zero 或 Pole 之分離角，於其他部分之根軌跡的分離處不合上述。

11. 於實軸上由最右邊算起第奇數個 pole 或 zero 的左邊必有根軌跡通過。
12. $\lim_{s\to\pm\infty} GH = M$，若 $M=0$ 表示在 $\pm\infty$ 處有 zero 點，
    若 $M=\infty$ 表示在 $\pm\infty$ 處有 pole 點。
13. 重疊之 pole 算法亦符合上述，且本身必定為 break point。
14. 根軌跡上下對稱於實軸。

例 6-2 一系統之方塊圖如圖 6-4，求繪 $K\geq 0$ 之根軌跡。

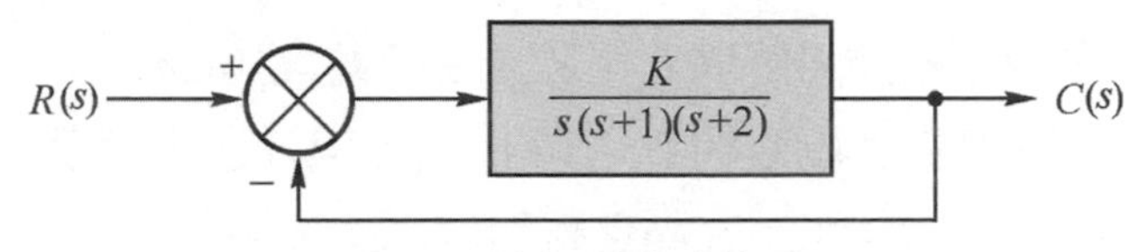

圖 6-4 例 6-2 的方塊圖

Sol

(1) $GH=\dfrac{K}{s(s+1)(s+2)}$

(2) pole：0，-1，-2；$n=3$
zero：無；$m=0$ ($\lim_{s\to\pm\infty} GH=0$，表示 zero 在 $\pm\infty$ 處)

(3) 軌跡數 $=\max(3,0)=3$

(4) 漸近線數 $=n-m=3$

(5) 漸近線交點座標 $\sigma_c=\dfrac{\sum P-\sum Z}{n-m}=\dfrac{-3-0}{3-0}=-1$

(6) 漸近線與實軸之夾角 $\theta_c=\dfrac{\pm 180^\circ(2u+1)}{n-m}=\pm 60^\circ,\pm 180^\circ$ ($u=0$, 1)

NOTE $+180^\circ$ 與 -180° 為同一條線，與負實軸重合。

(7) 分離點(Break Point)：
$CE=s(s+1)(s+2)+K=0$
$\Rightarrow K=-(s^3+3s^2+2s)$

$$\frac{dK}{ds}=-(3s^2+6s+2)=0$$

$$s=-1\pm\frac{\sqrt{3}}{3}=-1\pm0.577\begin{cases}-0.423\\-1.577\quad\text{無軌跡通過}\end{cases}$$

(8) 求與虛軸之交點：

令 $s=j\omega$ 代入 CE，

$$j\omega(j\omega+1)(j\omega+2)+K=0$$

$$\Rightarrow(3\omega^2-K)+(\omega^3-2\omega)j=0$$

虛部：$I_m=\omega^3-2\omega=0\Rightarrow\omega^2=2\Rightarrow\omega=\pm\sqrt{2}$ rad/sec

實部：$R_e=3\omega^2-K=0\Rightarrow K=6$

(9) 分離點之 K 值：$K=-(s^3+3s^2+2s)\big|_{S=-0.423}=0.385$

(10)根軌跡：

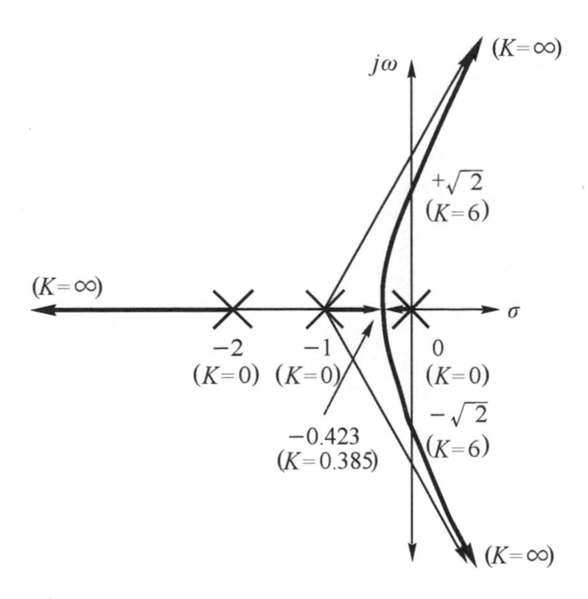

圖 6-5　例 6-2 的根軌跡

(11)Routh 法驗證：$CE = s^3 + 3s^2 + 2s + K = 0$

s^3	1	2
s^2	3	K
s^1	$\frac{6-K}{3}$	
s^0	K	

第一行各值間無變號的條件爲：$6 > K > 0$，可知其 Critical$K$ 爲 6。

例 6-3 一系統之方塊圖如圖 6-6，求繪 $K \geq 0$ 之根軌跡。

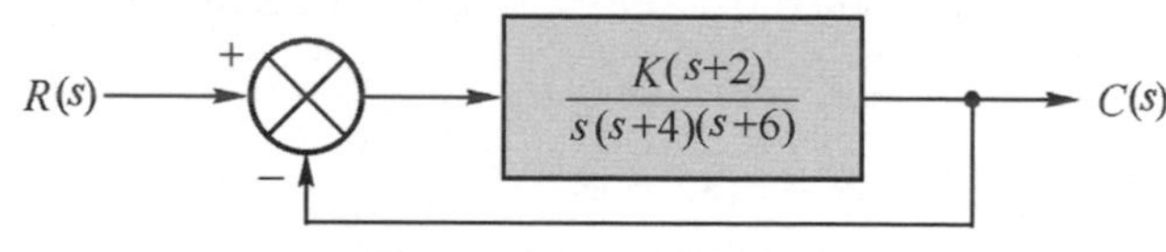

圖 6-6　例 6-3 的方塊圖

Sol

(1) $GH = \dfrac{K(s+2)}{s(s+4)(s+6)}$

(2) pole：0，-4，-6；$n = 3$

zero：-2；$m = 1$($\lim\limits_{s \to \pm\infty} GH = 0$，表示另有 zero 在$\pm\infty$處)

(3) 軌跡數$= \max(3,1) = 3$

(4) 漸近線數$= n - m = 2$

(5) 漸近線交點座標 $\sigma_c = \dfrac{\sum P - \sum Z}{n-m} = \dfrac{-10+2}{3-1} = -4$

(6) 漸近線與實軸之夾角 $\theta_c = \dfrac{\pm 180°(2u+1)}{n-m} = \dfrac{\pm 180°(2u+1)}{3-1}$

$= \pm 90°$ (此處 $u = 0$)

(7) 分離點(Break Point)：

$CE = s(s+4)(s+6) + K(s+2) = s^3 + 10s^2 + (24+K)s + 2K = 0$

$\Rightarrow K = \dfrac{-(s^3 + 10s^2 + 24s)}{s+2}$

$$\frac{dK}{ds}=0 \Rightarrow s^3+8s^2+20s+24=0$$

解得 $s=-4.93, -1.54 \pm 1.46j$

NOTE 一元三次方程式之解法有二：

① By trail and error

因由觀察可知分離點位於實軸上且介於(-4)與(-6)之間，然(-4)的右邊有一零點，故分離點不會在(-4)與(-6)之正中間的(-5)處，而是在(-5)點的右邊。所以由(-4.9)開始 try。

② 公式法

a. 設 $x^3+a_1x^2+a_2x+a_3=0$，其中 a_1, a_2, a_3 均為常數。

令 $Q=\dfrac{3a_2-a_1^2}{9}$，$R=\dfrac{9a_1a_2-27a_3-2a_1^3}{54}$

$S=\sqrt[3]{R+\sqrt{Q^3+R^2}}$，$T=\sqrt[3]{R-\sqrt{Q^3+R^2}}$

則 $x_1=S+T-\dfrac{1}{3}a_1$

$$x_2=-\frac{1}{2}(S+T)-\frac{1}{3}a_1+\frac{1}{2}i\sqrt{3}(S-T)$$

$$x_3=-\frac{1}{2}(S+T)-\frac{1}{3}a_1-\frac{1}{2}i\sqrt{3}(S-T)$$

b. 或是解聯立方程式 $\begin{cases} x_1+x_2+x_3=-a_1 \\ x_1x_2+x_2x_3+x_3x_1=a_2 \\ x_1x_2x_3=-a_3 \end{cases}$

NOTE 一元二次方程式 $ax^2+bx+c=0$ 的解

① 公式：$x=\dfrac{-b\pm\sqrt{b^2-4ac}}{2a}$，

② 或是解聯立方程式：$\begin{cases} x_1+x_2=-\dfrac{b}{a} \\ x_1x_2=\dfrac{c}{a} \end{cases}$

將解得之三點分別代入 CE 驗算，僅(-4.93)滿足 CE 爲眞正之分離點。

(8) 分離點之 K 值： $K=\left.\dfrac{-(s^3+10s^2+24s)}{s+2}\right|_{S=-4.93}=1.67$

(9) Routh 法驗證： $CE=s^3+10s^2+(24+K)s+2K=0$

s^3	1	$24+K$
s^2	10	$2K$
s^1	$\dfrac{10(24+K)-2K}{10}$	
s^0	$2K$	

第一行各値間無變號的條件爲： $K>0$ ，可知其 Critical K 爲 0。

(10)根軌跡：

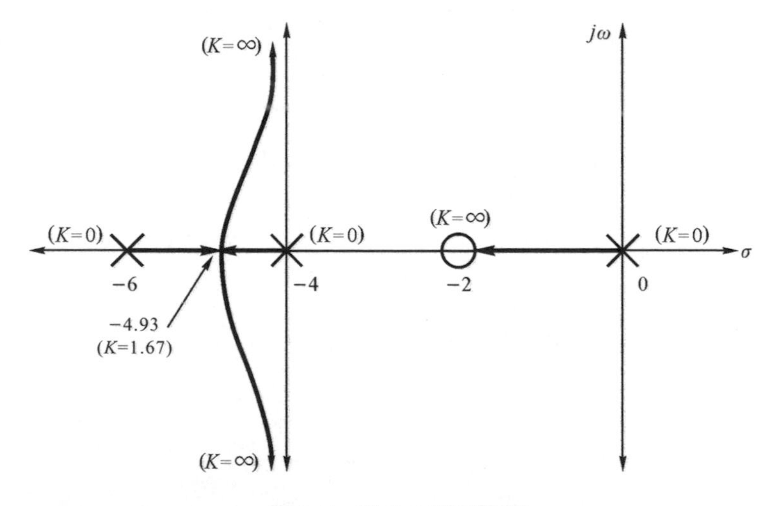

圖 6-7　例 6-3 的根軌跡

例 6-4　一系統之方塊圖如圖 6-8，求：①繪 $K \geq 0$ 之根軌跡，②系統在臨界阻尼時之自然頻率。

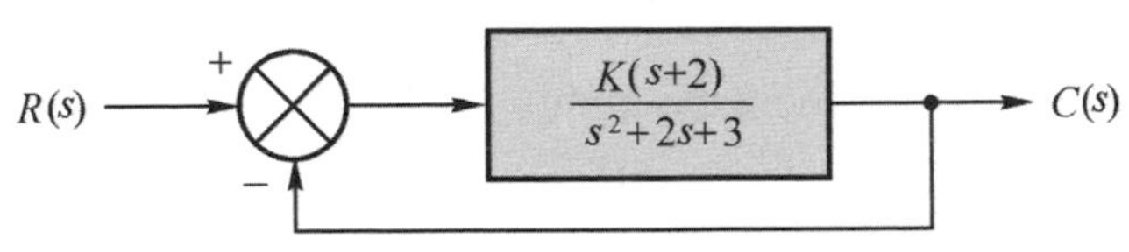

圖 6-8　例 6-4 的方塊圖

Sol

(1) $GH = \dfrac{K(s+2)}{s^2+2s+3}$

(2) pole：$-1 \pm \sqrt{2}j$ ；$n = 2$

zero：-2 ；$m = 1$ ($\lim\limits_{s\to-\infty} GH = 0$，可知另一 zero 在 $-\infty$ 處)

(3) 軌跡數 $= \max(2, 1) = 2$

(4) 漸近線數 $= n - m = 1$

(5) 漸近線與實軸之夾角 $\theta_c = \dfrac{\pm 180°(2u+1)}{n-m} = \pm 180°$ ($+180°$ 與 $-180°$ 為同一條線，與負實軸重合) $(u = 0)$

(6) 分離點(Break Point)：

$CE = s^2 + 2s + 3 + K(s+2) = 0$

$\Rightarrow K = \dfrac{-(s^2+2s+3)}{(s+2)}$

$\dfrac{dK}{ds} = 0 \Rightarrow s^2 + 4s + 1 = 0$

$\Rightarrow s = -2 \pm \sqrt{3} = \begin{cases} -3.732 \\ -0.268 \quad (\text{無軌跡通過}) \end{cases}$

NOTE 此部份之軌跡可看成是以 -2 為圓心，以 $\sqrt{3}$ 為半徑之圓。

(7) 分離角：$\phi = 180^\circ - \angle P_2 - \angle P_3 - \cdots - \angle P_n + \angle Z_1 + \angle Z_2 + \cdots + \angle Z_n$

$$\phi = 180^\circ - \theta_2 + \theta_1 = 180^\circ - 90^\circ + \tan^{-1}\sqrt{2} = 145^\circ$$

(8) 分離點之 K 值：$K = \left.\dfrac{-(s^2+2s+3)}{(s+2)}\right|_{S=-3.732} = 5.464$

(9) $K = 0 \sim 5.464$ ：Under damping

$K = 5.464$ ：Critical damping

$K = 5.464 \sim \infty$ ：Over damping

位於實軸之分離點的根代表系統的響應為臨界阻尼($\zeta = 1$)，而根的通式為$s = -\sigma + \omega_d j$，現位於實軸之分離點為$s = -\sigma + 0j = -3.732 = \zeta\omega_n$，故可解得系統在臨界阻尼時之自然頻率

$\omega_n = 3.732\text{rad/s}$ 。

NOTE 另由二階標準式與特性方程式比較係數，可得聯立方程式

$$\begin{cases} \sqrt{2K+3} = \omega_n \\ K+2 = 2\zeta\omega_n \end{cases}$$

將 $K = 5.464$ 代入 $\sqrt{2K+3} = \sqrt{2\times 5.464+3} = 3.732(\text{rad/s}) = \omega_n$ ，

或將 $K = 5.464$ 代入 $K+2 = 2\zeta\omega_n \Rightarrow 5.464+2 = 2\times 1\times\omega_n \Rightarrow \omega_n = 3.732\text{rad/s}$

(10)根軌跡：如圖 6-9。

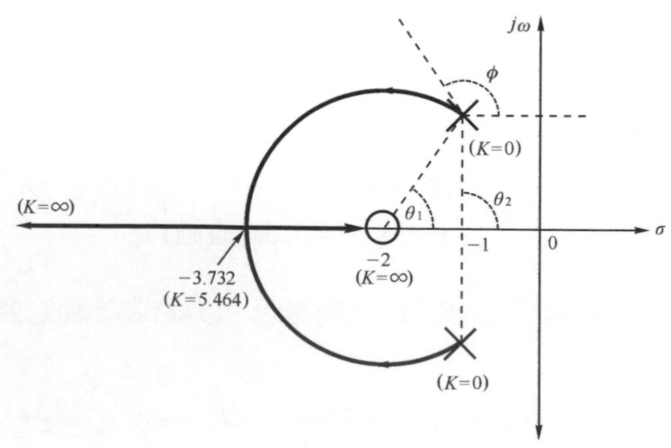

圖 6-9　例 6-4 的根軌跡

例 6-5　一系統之特性方程式爲：$s(s+2)+K(s+4)=0$，求：(1)繪 $K \geq 0$ 之根軌跡，(2)使系統爲欠阻尼之 K 值範圍。

Sol

(1) $GH=\dfrac{K(s+4)}{s(s+2)}$

(2) pole：0，-2；$n=2$

zero：-4；$m=1$($\lim\limits_{s\to\pm\infty} GH=0$，表示另有 zero 在 $\pm\infty$ 處)

(3) 軌跡數 $=\max(2,1)=2$

(4) 漸近線數 $=n-m=1$

(5) 漸近線交點座標 $\sigma_c=\dfrac{\sum P-\sum Z}{n-m}=\dfrac{-2+4}{2-1}=2$

(6) 漸近線與實軸之夾角

$$\theta_c=\frac{\pm 180^\circ(2u+1)}{n-m}=\frac{\pm 180^\circ(2u+1)}{2-1}=\pm 180^\circ\ (\text{與負實軸重合})\ (u=0)$$

(7) 分離點(Break Point)：

$$CE=s(s+2)+K(s+4)=s^2+(2+K)s+4K=0$$

$$\Rightarrow K=\frac{-(s^2+2s)}{s+4}$$

$$\frac{dK}{ds}=0\Rightarrow s^2+8s+8=0$$

解得 $s=-4\pm 2\sqrt{2}=\begin{cases}-6.83\\-1.17\end{cases}$

NOTE 此部份之軌跡可看成是以 -4 為圓心，以 $2\sqrt{2}$ 為半徑之圓。

(8) 分離點之 K 值：$K_1=\left.\dfrac{-(s^2+2s)}{s+4}\right|_{S=-6.83}=11.657$

$$K_2=\left.\frac{-(s^2+2s)}{s+4}\right|_{S=-1.17}=0.343$$

(9) $K=(0\sim0.343)\,\&\,(11.657\sim\infty)$ ：Over damping

$K=0.343\,\&\,11.657$ ：Critical damping

$K=0.343\sim11.657$ ：Under damping

NOTE 另由二階標準式與特性方程式比較係數，可得聯立方程式

$$\begin{cases} 2\sqrt{K}=\omega_n \\ 2+K=2\zeta\omega_n \end{cases}$$

(10)根軌跡：如圖 6-10。

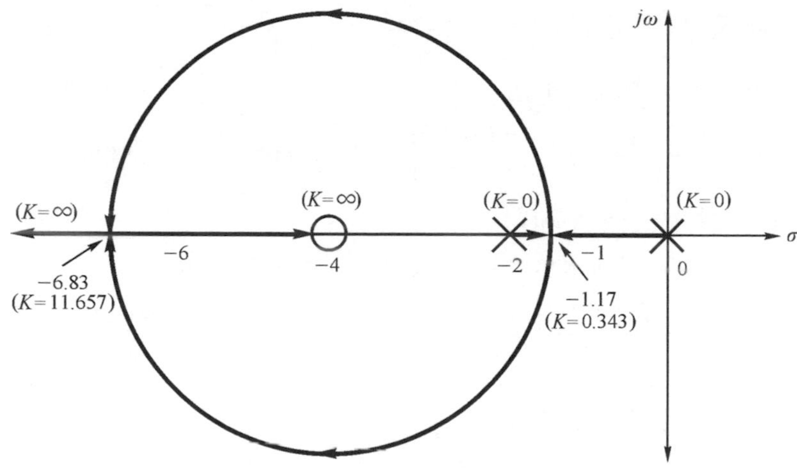

圖 6-10　例 6-5 的根軌跡

例 6-6　一系統之 $GH=\dfrac{K}{(s+1)(s^2+4s+5)}$ ，求：(1)繪 $K\geq0$ 之根軌跡，(2)系統之阻尼比為 0.7 時之 K 值。

Sol

(1) pole： -1 ， $-2\pm j$ ； $n=3$

zero：無； $m=0$ ($\lim\limits_{s\to\pm\infty}GH=0$ ，表示 zero 在 $\pm\infty$ 處)

(2) 軌跡數 $=\max(3,0)=3$

(3) 漸近線數 $= n - m = 3$

(4) 漸近線交點座標 $\sigma_c = \dfrac{\sum P - \sum Z}{n-m} = \dfrac{-5}{3}$

(5) 漸近線與實軸之夾角

$\theta_c = \dfrac{\pm 180°(2u+1)}{n-m} = \pm 60°$，$180°$($+180°$ 與 $-180°$ 爲同一條線)($u = 0$, 1)

(6) 分離角：$\phi = 180^\circ - \angle P_2 - \angle P_3 - \cdots - \angle P_n + \angle Z_1 + \angle Z_2 + \cdots + \angle Z_n$

$$\varphi = 180^\circ - \theta_1 - \theta_2 = 180^\circ - (180^\circ - \tan^{-1} 1) - 90^\circ$$

$$= 180^\circ - 135^\circ - 90^\circ = -45^\circ$$

(7) $\theta = \tan^{-1} \dfrac{\omega_d}{\sigma} \Rightarrow \theta = \cos^{-1} \dfrac{\zeta \omega_n}{\omega_n} = \cos^{-1} \zeta$

$\therefore \cos^{-1} 0.7 = 45.6^\circ$

以作圖法求得 $45.6°$ 之線與根軌跡之交點爲 $s = -1.18 + 1.21j$ (以 Angle Condition check 之)，

將 $s = -1.18 + 1.21j$ 亦必須滿足 Magnitude Condition

$|GH|_{s=-1.18+1.21j} = 1$

$\therefore K = (s+1)(s+2-j)(s+2+j)\Big|_{s=-1.18+1.21j} = 2.44$

(8) 求與虛軸之交點：令 $s = j\omega$ 代入 CE

$\Rightarrow (j\omega+1)(j\omega+2-j)(j\omega+2+j) + K = 0$

虛部：$I_m = 9\omega - \omega^3 = 0 \Rightarrow \omega^2 = 9 \Rightarrow \omega = \pm 3$ rad/s 代入實部

實部：$R_e = 5 + K - 5\omega^2 = 0 \Rightarrow K = 40$

(9) Routh 法驗證：$CE = s^3 + 5s^2 + 9s + 5 + K = 0$

s^3	1	9
s^2	5	$5K$
s^1	$\dfrac{45-5-K}{5}$	
s^0	$5+K$	

第一行各值間無變號的條件爲：

$40 > K > -5$ ，可知其 Critical K 爲 40。

(10)根軌跡：如圖 6-11。

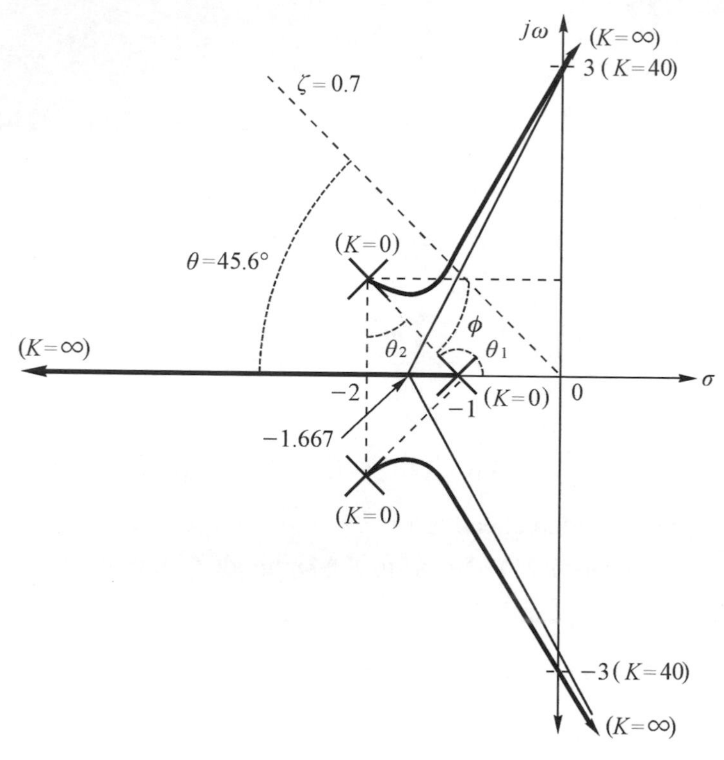

圖 6-11　例 6-6 的根軌跡

例 6-7　一系統之特性方程式為 $s(s+4)(s^2+4s+20)+K=0$，求繪 $K \geq 0$ 之根軌跡。

Sol

(1) $GH = \dfrac{K}{s(s+4)(s^2+4s+20)}$

(2) pole：0，-4，$-2 \pm 4j$；$n=4$

zero：無；$m=0$ ($\lim\limits_{s \to \pm\infty} GH = 0$，表示 zero 在 $\pm\infty$ 處)

(3) 軌跡數 $= \max(4, 0) = 4$

(4) 漸近線數 $= n - m = 4$

(5) 漸近線交點座標 $\sigma_c = \dfrac{\sum P - \sum Z}{n-m} = \dfrac{-8}{4} = -2$

(6) 漸近線與實軸之夾角

$$\theta_c = \frac{\pm 180^\circ(2u+1)}{n-m} = \frac{\pm 180^\circ(2u+1)}{4-0} = \pm 45^\circ \text{，} \pm 135^\circ \text{ (此處 } u = 0 \text{ , } 1)$$

(7) 分離點(Break Point)：

$$CE = s(s+4)(s^2+4s+20) + K = 0$$

$$\Rightarrow K = -s(s+4)(s^2+4s+20)$$

$$\frac{dK}{ds} = 0 \Rightarrow 4s^3 + 24s^2 + 72s + 80 = 0$$

因已知一分離點在(-2)處，故可將上式分解因式爲

$$(s+2)(s^2+4s+10) = 0$$

$$\Rightarrow (s+2)(s+2+2.45j)(s+2-2,45j) = 0$$

解得 $s = -2, (-2-2.45j), (-2+2.45j)$

(8) 分離點之 K 值：

$$K_1 = -s(s+4)(s^2+4s+20)\Big|_{S=-2} = 64$$

$$K_{2,3} = -s(s+4)(s^2+4s+20)\Big|_{S=-2\pm 2.45j} = 100$$

(9) 求與虛軸之交點：

令 $s = j\omega$ 代入 CE

$$\Rightarrow j\omega(j\omega+4)(-\omega^2+4j\omega+20) + K = 0$$

虛部：$I_m = 80\omega - 8\omega^3 = 0 \Rightarrow \omega^2 = 10 \Rightarrow \omega = \pm 3.16$ rad/s 代入實部，

實部：$R_e = \omega^4 - 36\omega^2 + K = 0 \Rightarrow K = 260$

(10)根軌跡：如圖 6-12

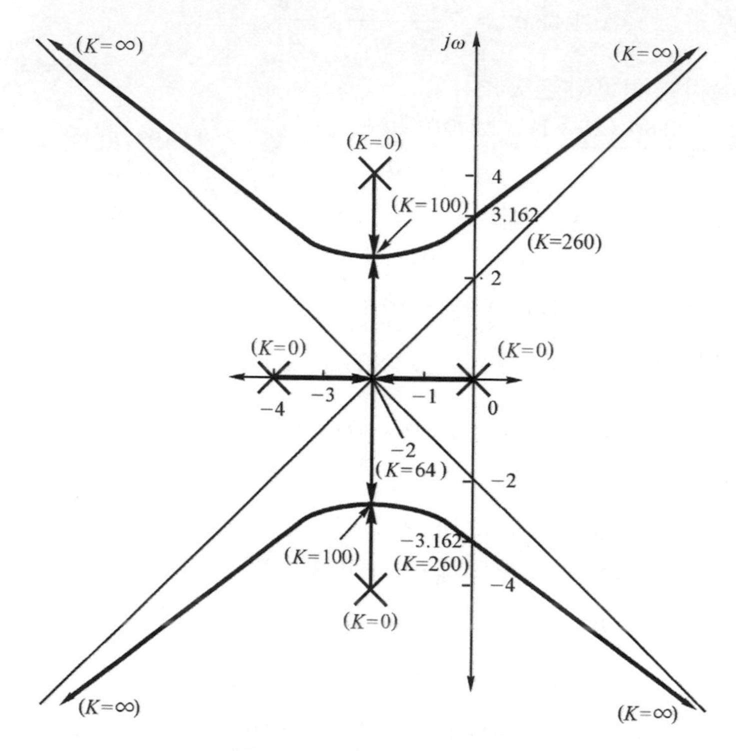

圖 6-12　例 6-7 的根軌跡

例 6-8　一系統之 $GH=\dfrac{K}{s(s^2+2s+1)}$，求繪 $K\geq 0$ 之根軌跡。

Sol

(1) pole：0，−1，−1；$n=3$
zero：無；$m=0\,(\lim\limits_{s\to\pm\infty} GH=0$，表示 zero 在 $\pm\infty$ 處)

(2) 軌跡數 $=\max(3,0)=3$

(3) 漸近線數 $=n-m=3$

(4) 漸近線交點座標 $\sigma_c=\dfrac{\sum P-\sum Z}{n-m}=\dfrac{-2}{3}$

(5) 漸近線與實軸之夾角

$$\theta_c = \frac{\pm 180°(2u+1)}{n-m} = \pm 60°$$，$180°(+180°$ 與 $-180°$ 為同一條線$)(u=0,1)$

(6) 分離點(Break Point)：

$$CE = s(s^2+2s+1)+K=0$$

$$\Rightarrow K = -(s^3+2s^2+s)$$

$$\frac{dK}{ds}=0 \Rightarrow 3s^2+4s+1=0$$

解得 $s=-1,-\frac{1}{3}$

(7) 分離點之 K 值：

$$K_1 = -(s^3+2s^2+s)\Big|_{S=-1}=0$$

$$K_2 = -(s^3+2s^2+s)\Big|_{S=-1/3}=0.148$$

(8) 求與虛軸之交點：令 $s=j\omega$ 代入 CE

$$\Rightarrow j\omega(-\omega^2+2j\omega+1)+K=0$$

虛部：$I_m=\omega-\omega^3=0 \Rightarrow \omega^2=1 \Rightarrow \omega=\pm 1\text{rad/s}$ 代入實部，

實部：$R_e=K-2\omega^2=0 \Rightarrow K=2$

(9) 根軌跡：如圖 6-13。

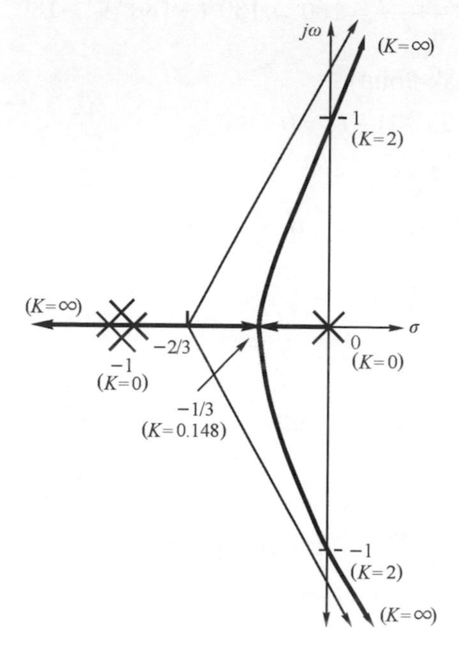

圖 6-13　例 6-8 的根軌跡

例 6-9　一系統之方塊圖如下：若要同時滿足：① $\zeta = 0.5$，② $t_s(2\%) \le 2$，③ $K_v \ge 50$，④ $0 \le K_u < 1$。求：K 及 K_u 之值。

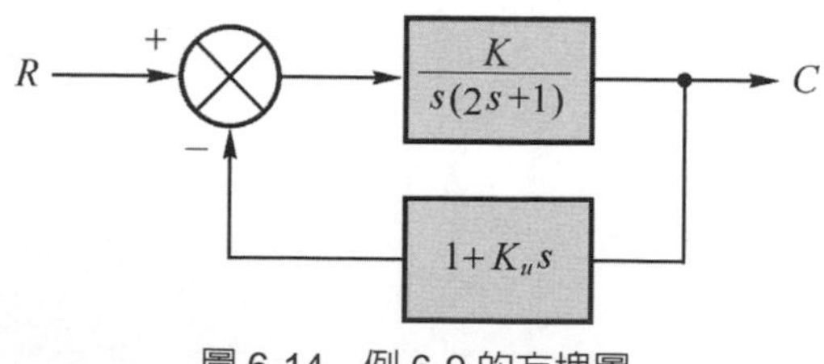

圖 6-14　例 6-9 的方塊圖

Sol 1

(1) 由 $\zeta = 0.5$，知 $\cos\theta = \zeta = 0.5$

$\therefore \theta = \pm 60°$ 可知根軌跡必須通過 $\pm 60°$ 之線

(2) $t_s \le 2, t_s = \dfrac{4}{\sigma} \Rightarrow \sigma \ge 2$

(3) By trial and error

① 設 $\sigma = 2$，則 $s = -2 \pm 2\sqrt{3}j$

以(3)、(4)條件 check 是否符合？

a. $\angle GH\Big|_{s=-2+2\sqrt{3}j} = -\angle s - \angle(2s+1) + \angle(1+K_u s) = \pm 180°$

$= -\tan^{-1}\dfrac{2\sqrt{3}}{-2} - \tan^{-1}\dfrac{4\sqrt{3}}{1-4} + \angle(1+K_u s) = -180°$

$\Rightarrow \angle(1+K_u s) = 55°$

$\Rightarrow \tan^{-1}\dfrac{2\sqrt{3}K_u}{1-2K_u} = 55° \Rightarrow Ku = 0.227$，符合條件(4)。

b. $|GH|_{s=-2+2\sqrt{3}j} = \left|\dfrac{K(1+0.227s)}{s(2s+1)}\right|_{s=-2+2\sqrt{3}j} = 1 \Rightarrow K = 31$

而 $K_v = \lim\limits_{s\to 0} sGH = K$，$K$ 需 ≥ 50，現 K 僅 31，

故不合條件(3)。

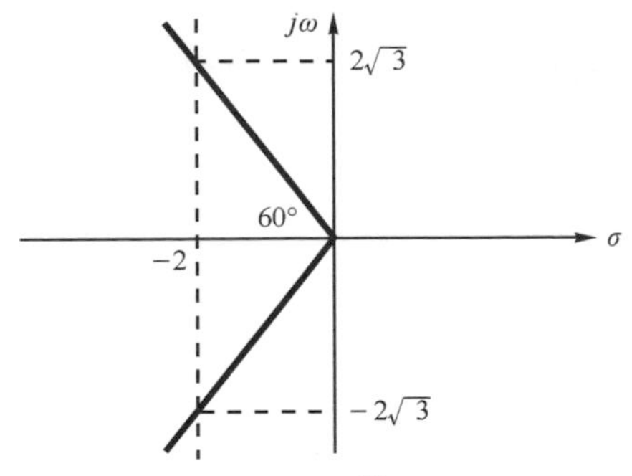

圖 6-15　$s = -2 \pm 2\sqrt{3}j$ 的幾何關係圖

② 設$\sigma=3$，則$s=-3\pm3\sqrt{3}j$，再做一次。

得$K_u=0.156$；$K=70$

Sol 2

$GH=\dfrac{K(1+K_u s)}{s(2s+1)}$，因爲$1+GH=0\Rightarrow s(2s+1)+K(1+K_u s)=0$

$\Rightarrow s^2+\dfrac{1}{2}(1+KK_u)s+\dfrac{1}{2}K=0$

與二階標準式比較可得：$2\zeta\omega_n=\dfrac{1}{2}(1+KK_u)$ .... (1)

$\omega_n{}^2=\dfrac{1}{2}K$ .... (2)

由(1)式，因爲要求$\zeta=0.5$，

所以$2\zeta\omega_n=2\times0.5\times\omega_n=\omega_n=\dfrac{1}{2}(1+KK_u)$ .... (3)

又因爲$K_v=\lim\limits_{s\to0}sGH=\lim\limits_{s\to0}s\dfrac{K(1+K_u s)}{s(2s+1)}=K$，

而題目要求$K_v\ge50$，故令$K_v=50=K$代入(2)式，

得$\omega_n{}^2=\dfrac{1}{2}\times50=25\Rightarrow\omega_n=5\,\text{rad/s}$

代入(3)式，得$5=\dfrac{1}{2}(1+50\times K_u)\Rightarrow K_u=0.18$

Check：$t_s\le2,\quad t_s=\dfrac{4}{\sigma}\Rightarrow\sigma\ge2$，現$\xi=0.5$，$\omega_n=5$，

所以$\sigma=\zeta\times\omega_n=0.5\times5=2.5>2$

故$K=50$，$K_u=0.18$合乎要求。

6-3 完全根軌跡

1. 根軌跡(K：0～∞)加上互補根軌跡(K：0～$-\infty$)稱爲完全根軌跡。
2. 完全根軌跡上下對稱於實軸，左右對稱於極點與零點的對稱軸。

3. 繪製完全根軌跡時，可先繪根軌跡的部份，再依其對稱性繪出互補根軌跡的部份。

例 6-10 一系統之 $GH=\dfrac{K}{s(s+10)(s+20)}$，求繪其完全根軌跡。

Sol

(1) pole：0，-10，-20；$n=3$

zero：無；$m=0$（$\lim_{s\to\pm\infty} GH=0$，表示 zero 在 $\pm\infty$ 處）

(2) 軌跡數 $=\max(3,0)=3$

(3) 漸近線數 $=n-m=3$

(4) 漸近線交點座標 $\sigma_c=\dfrac{\sum P-\sum Z}{n-m}=\dfrac{-30}{3}=-10$

(5) 漸近線與實軸之夾角

$$\theta_c=\frac{\pm 180^\circ(2u+1)}{n-m}=\pm 60^\circ\text{，}180^\circ(+180^\circ\text{ 與 }-180^\circ\text{ 為同一條線})(u=0,1)$$

(6) 分離點(Break Point)：$CE=s(s+10)(s+20)+K=0$

$$\Rightarrow K=-(s^3+30s^2+200s)$$

$$\frac{dK}{ds}=0\Rightarrow 3s^2+60s+200=0$$

解得 $s=\begin{matrix}-4.23\\-15.77(\text{無軌跡通過})\end{matrix}$

(7) 分離點之 K 值：$K=-(s^3+30s^2+200s)\big|_{S=-4.23}=385$

(8) 求與虛軸之交點：令 $s=j\omega$ 代入 CE

$$\Rightarrow j\omega(j\omega+10)(j\omega+20)+K=0$$

虛部：$I_m=200\omega-\omega^3=0\Rightarrow\omega^2=200\Rightarrow\omega=\pm\sqrt{200}$ rad/s 代入實部，

實部：$R_e=K-30\omega^2=0\Rightarrow K=6000$

(9) 根軌跡：如圖 6-16。

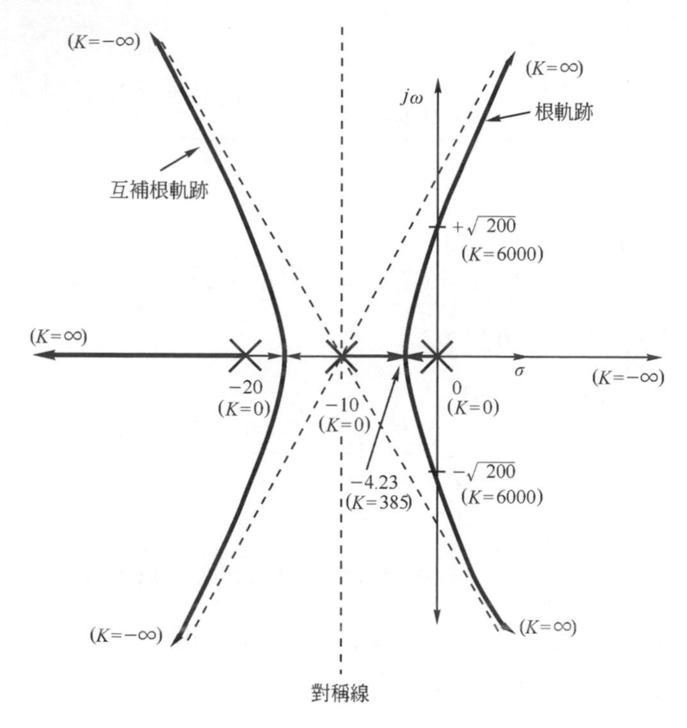

圖 6-16　例 6-9 的完全根軌跡

6-4 極零點對系統的影響

1. PID 控制器

   (1) P (Proportional Controller)：比例控制器 TF = Kp

   (2) I (Integral Controller)：積分控制器 TF = $\dfrac{K_I}{s}$

   (3) D (Derivative Controller)：微分控制器 TF = $K_D s$

2. PID 控制器對系統的影響

(1) 一階系統

① 轉移函數：$\frac{C}{R}=\frac{b}{s+a+b}$

② 時間常數：$\tau=\frac{1}{a+b}$

③ 穩態誤差：$e_{ss}=\frac{a}{a+b}$ (Unit step input)

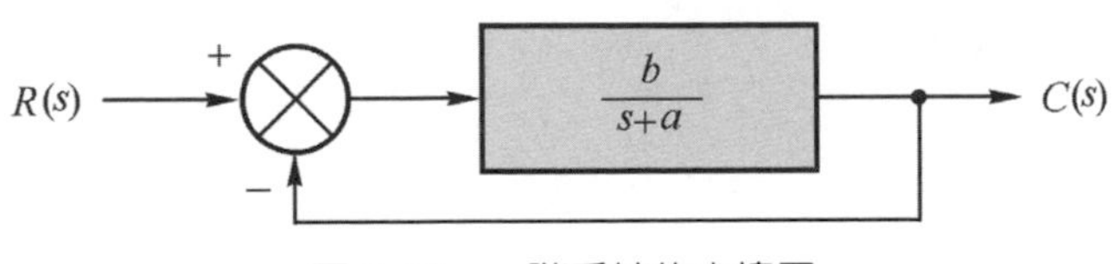

圖 6-17　一階系統的方塊圖

(2) 加入 P-Controller

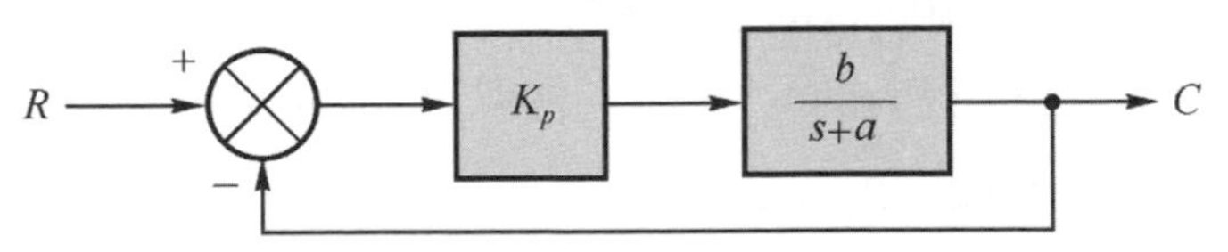

圖 6-18　一階系統加入 P-Controller 後的方塊圖

① 轉移函數：$\frac{C}{R}=\frac{bKp}{s+a+bKp}$

② 時間常數：$\tau=\frac{1}{a+bKp}$

③ 穩態誤差：$e_{ss}=\frac{a}{a+bKp}$ (Unit step input)

影響：

a. 響應速度變快(τ變小)

b. 響應愈準確(e_{ss} 變小)

c. Stability 變差(Gain margin 變小)

d. Sensitivity 提升

(3) 加入 I-Controller

① 轉移函數：$\dfrac{C}{R}=\dfrac{bK_I}{s^2+as+bK_I}$

② 時間常數：$\tau=\dfrac{1}{\sigma}=\dfrac{2}{a}$(分子變大，分母變小)

③ 穩態誤差：$e_{ss}=0$(Unit step input)

$$\omega_n=\sqrt{bK_I}$$

$$\zeta=\frac{a}{2\sqrt{bK_I}}$$

影響：

a. 改善穩態誤差(Type 數提升 1)

b. 安定時間(t_s)加長(τ 變大)，暫態響應變差

c. 若 K_I 很大則 ζ 很小，會導致 Overshoot 愈大，系統愈不穩定(Stability 降低)

d. 爲低通濾波器(Low pass filter)

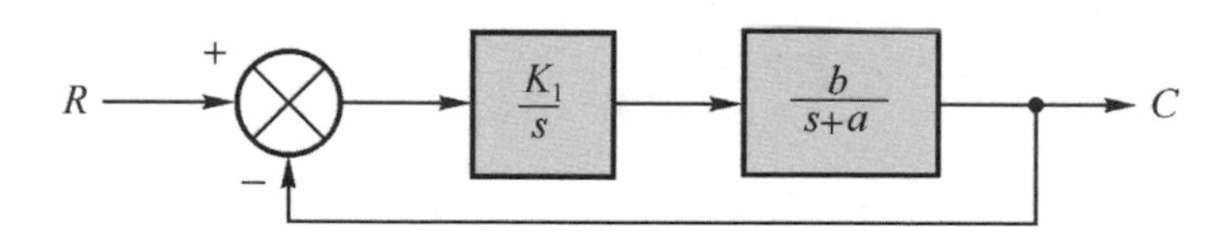

圖 6-19　一階系統加入 I-Controller 後的方塊圖

(4) 加入 D-Controller

① 轉移函數：$\dfrac{C}{R}=\dfrac{bK_Ds}{(1+bK_D)s+a}$

② 時間常數：$\tau = \dfrac{1+bK_D}{a}$

③ 穩態誤差：$K_P = \lim\limits_{s\to 0}\dfrac{bK_P s}{s+a} = 0$，$e_{ss} = \dfrac{1}{1+K_P} = 1$

影響：

a. 穩態誤差變大(由 $\dfrac{a}{a+b}\to 1$，Type 數減少 1)

b. $C(s) = \dfrac{\frac{1}{s}\times bK_D s}{(1+bK_D)s+a}$，$\Rightarrow c(t) = \dfrac{bK_D}{1+bK_D}\exp\left(-\dfrac{a}{1+bK_D}\times t\right)$，

除 $t=0$ 時，$c(t) = \dfrac{bK_D}{1+bK_D}$ 有輸出外，隨後即逐漸衰減至 0，

故無法單獨存在。

c. 不單獨使用，通常與 P 及 I 搭配爲 PD 或 PID

d. τ 變大，Stability 提高

f. 爲高通濾波器(High pass filter)

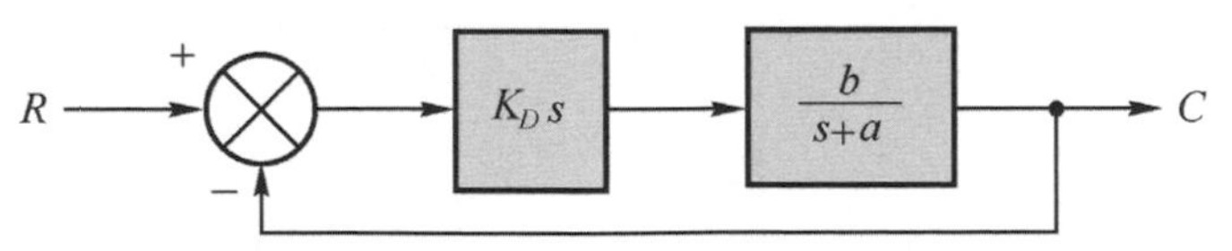

圖 6-20　一階系統加入 D-Controller 後的方塊圖

NOTE (1) 一階系統之 τ 愈小則 Response 愈快、Stability 愈差。

(2) 二階系統之 τ 愈小則安定時間(t_s)愈短(表示 ζ 愈大)、Stability 愈佳。

(t_s 愈長，表 ζ 愈小，需較長時間才能穩定，故 stability 較差)

3. 加入極點之影響(加入 I-Controller)

(1) 使根軌跡遠離此一極點(軌跡向右移)

(2) 降低系統穩定性(穩定條件變窄，漸近線夾角變小)

(3) 加長安定時間

(4) 改善穩態誤差(Type 數提升)

4. 加入零點之影響(加入 D-Controller)

(1) 使根軌跡遠離此一零點(軌跡向左移)

(2) 增加穩定性(穩定條件變寬，漸近線夾角變大)

(3) 縮短安定時間

(4) 加大穩態誤差(Type 數降低)

例 6-11 $GH=\dfrac{K}{(s+1)(s+2)}$，請討論加入 PD 及 PI 對 Root Locus 的影響？

Sol

(1) 原 Root locus：如圖 6-21。

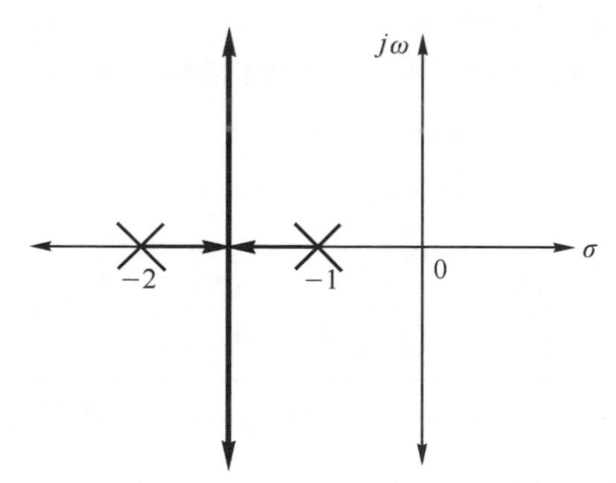

圖 6-21 例 6-11 系統加入 Controller 前的根軌跡

(2) 加入 PD $=P+D=K_P+K_Ds=K_P\left(1+\dfrac{K_D}{K_P}s\right)$，則

$$GH=\frac{K\cdot K_P\left(1+\dfrac{K_D}{K_P}s\right)}{(s+1)(s+2)}$$

Zero：$-\dfrac{K_P}{K_D}$，令 $\dfrac{K_P}{K_D}=C$

Pole：-1，-2

(3) 隨 C 值大小不同，加入 PD Controller 後的根軌跡可分爲下列情形：如圖 6-22。

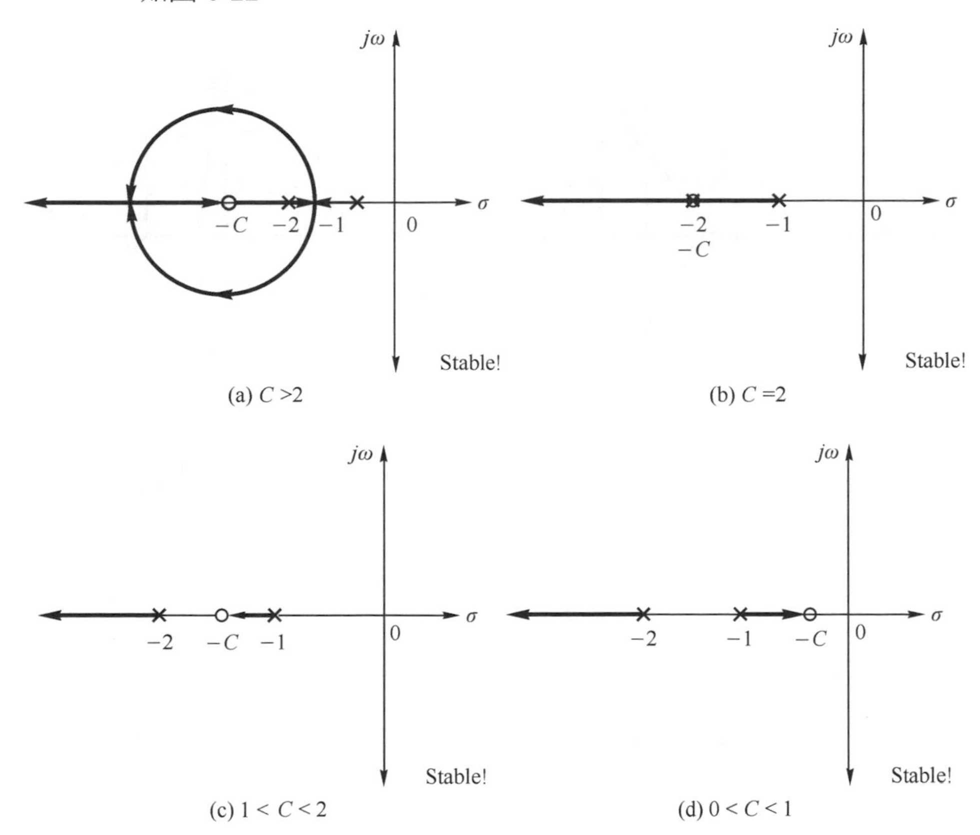

圖 6-22　例 6-11 系統加入 PD-Controller 後的根軌跡

(4) 加入 $\text{PI}=K_P+\dfrac{K_I}{s}=K_P(1+\dfrac{K_I}{K_P s})$

$$GH=\frac{K\cdot K_P(1+\dfrac{K_I}{K_P s})}{(s+1)(s+2)}==\frac{K\cdot K_P(s+\dfrac{K_I}{K_P})}{s(s+1)(s+2)}$$

Zero：$-\dfrac{K_I}{K_P}$，令 $\dfrac{K_I}{K_P}=C$

Pole：0，-1，-2

(5) 隨 C 值大小不同，加入 PI Controller 後的根軌跡可分為下列情形：如圖 6-23。

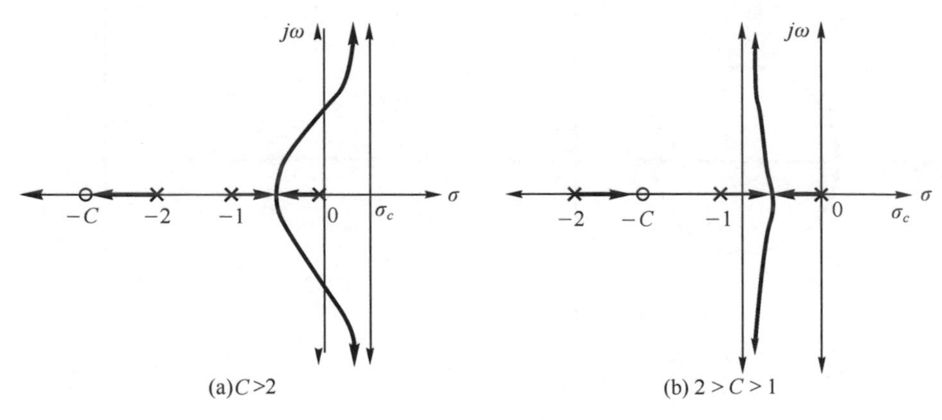

(a) $C>2$

$\theta_C=\pm 90^\circ$，$\sigma_C=\dfrac{-3+C}{2}$，若 $C>3$ 則 unstable

(b) $2>C>1$

$-0.5>\sigma_C>-1$，stable

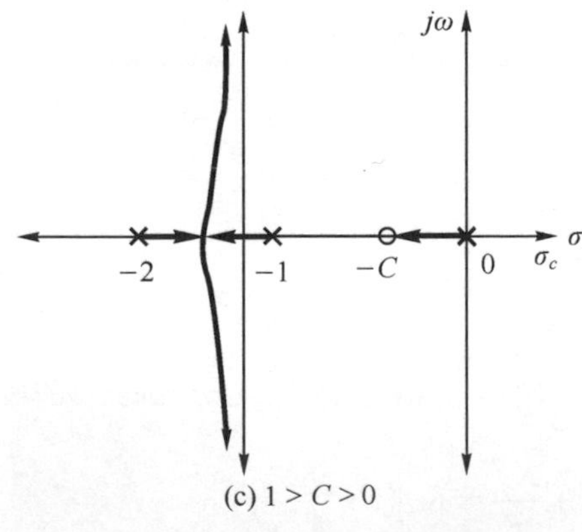

(c) $1>C>0$

$-1>\sigma_C>-1.5$，stable

圖 6-23　例 6-11 系統加入 PI-Controller 後的根軌跡

5.　系統由開環路改為閉環路前後之極零點變化

(1) Unity feedback

閉環路前：$G(s)=\frac{Z_G}{P_G}$，$H(s)=1$

閉環路後：$\frac{C}{R}=\frac{\frac{Z_G}{P_G}}{1+\frac{Z_G}{P_G}}=\frac{Z_G}{P_G+Z_G}$

(2) Gain feedback

閉環路前：$G(s)=\frac{Z_G}{P_G}$，$H(s)=\frac{Z_H}{P_H}$

閉環路後：$\frac{C}{R}=\frac{\frac{Z_G}{P_G}}{1+\left(\frac{Z_G}{P_G}\times\frac{Z_H}{P_H}\right)}=\frac{Z_G\times P_H}{P_G\times P_H+Z_G\times Z_H}$

(3) 結論

① 閉環路的功用只改變 pole 不改變 zero。

② open loop zero 仍為 close loop zero。

③ CE 的 zero 即為 close loop pole。

④ feedback pole 變成 close loop zero。

⑤ CE 的 pole 與 GH 的 pole 相同。

6-5 具時間延遲(或稱死時間－Dead time)特性系統之根軌跡

1. 時間延遲函數：

$y(t)=x(t-T)$

$\text{TF}=\mathcal{L}\left[\frac{y(t)}{x(t)}\right]=\mathcal{L}\left[\frac{x(t-T)u_T(t)}{x(t)}\right]=\frac{X(s)e^{-Ts}}{X(s)}=e^{-Ts}$ ($\mathcal{L}$ 表“拉式轉換”)

$x(t) \longrightarrow$ T $\longrightarrow y(t)$

NOTE 拉氏第二移轉定理：$\mathcal{L}\left[f(t-c)u_c(t)\right]=F(s)e^{-cs}$

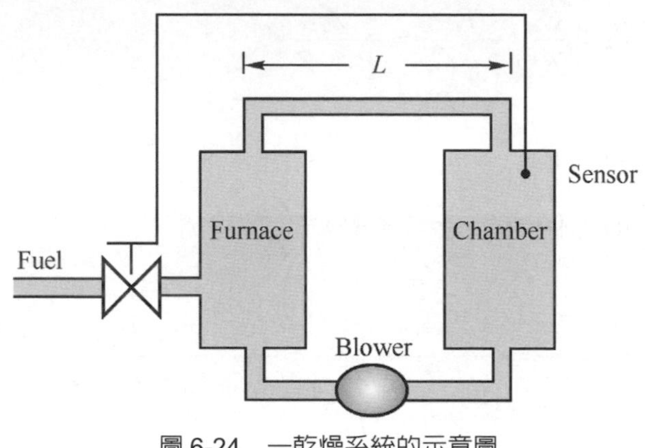

圖 6-24　一乾燥系統的示意圖

所謂時間延遲(或死時間)是指系統於下一動作之相關訊息抵達前之一段等待時間，而於該段時間內通常系統是沒有輸出的。例如下圖是一乾燥系統的示意圖，該系統即是一具有時間延遲之系統：燃料(Fuel)經管路輸送至燃燒室(Furnace)，燃料輸入量由閥門管控；高溫乾燥的氣體經長度為 L 的管路送至腔體(Chamber)，對腔体中之物料進行乾燥或加溫；作功後之氣體由鼓風機(Blower)抽回燃燒室中循環使用。腔體中之溫度由感測器(Sensor)監測並據以調整閥門的開度進而控制腔體的溫度。若腔體的溫度變化以至於閥門開度改變造成燃燒室燃燒溫度改變，但溫度改變後之乾燥氣體並不會立即作用在腔體中而改變腔體的溫度，必須等待一死時間 T。

而 $T=\dfrac{L}{v}$，其中 v 為氣體的速度(Air velocity)。

例 6-12　一系統之開環路轉移函數為：$GH=\dfrac{Ke^{-Ts}}{s}$，求繪 $K\geq 0$ 之根軌跡。

Sol

(1) pole：0

$\lim_{s\to\infty} GH = 0$，∴在 $+\infty$ 無窮遠處有 zero

$\lim_{s\to-\infty} GH = -KTe^{-Ts}\Big|_{s=-\infty} = -\infty$，∴在 $-\infty$ 處為 pole

故軌跡由 $-\infty$ 及 $0\to\infty$

(2) 角度條件：

$\angle\dfrac{Ke^{-Ts}}{s} = \angle K + \angle e^{-Ts} - \angle s = 0 + \angle e^{-Ts} - \angle s = \pm\pi(2n+1)$；

$(n=0，1，2，……)$

令 $s=\sigma + j\omega$

$\Rightarrow \angle e^{-Ts} = \angle e^{-T\sigma} + \angle e^{-T\omega j} = 0 + (\cos T\omega - j\sin T\omega) = -\omega T$

$\therefore -\omega T - \angle s = \pm\pi(2n+1) \Rightarrow \omega = \dfrac{1}{T}\left[\mp\pi(2n+1) - \angle s\right]$

(3) 求分離點

$\dfrac{dK}{ds} = \dfrac{d}{ds}\left[\dfrac{-s}{e^{-Ts}}\right] = -e^{Ts}(sT+1) = 0 \Rightarrow s = -\dfrac{1}{T}$

(4) 求漸近線

令 $s=\sigma + j\omega$

$\Rightarrow \omega = \dfrac{1}{T}\left[\mp\pi(2n+1) - \angle(\sigma + j\omega)\right] = \dfrac{1}{T}\left[\mp\pi(2n+1) - \tan^{-1}\dfrac{\omega}{\sigma}\right]$

當 $\sigma\to\infty \Rightarrow \omega = \dfrac{1}{T}\left[\mp\pi(2n+1) - 0\right] = \mp\dfrac{\pi}{T}，\mp\dfrac{3\pi}{T}，\mp\dfrac{5\pi}{T}，……$

$(n=0，n=1，n=2，……)$

當 $\sigma\to-\infty \Rightarrow \omega = \dfrac{1}{T}\left[\mp\pi(2n+1) - \pi\right] = \mp 0，\mp\dfrac{2\pi}{T}，\mp\dfrac{4\pi}{T}，……$

(5) 求與虛軸之交點

$s = j\omega \Rightarrow \omega = \dfrac{1}{T}\left[\mp\pi(2n+1) - \angle j\omega\right] = \dfrac{1}{T}\left[\mp\pi(2n+1) - \dfrac{\pi}{2}\right]$

$= \mp\dfrac{\pi}{2T}，\mp\dfrac{5\pi}{2T}，\mp\dfrac{9\pi}{2T}，……；(n=0，n=1，n=2，……)$

(6) 與虛軸交點之 K 值

$$CE = s + Ke^{-Ts} = 0 \Rightarrow K = \left.\frac{-s}{e^{-Ts}}\right|_{s=\mp\frac{\pi}{2T}j,\mp\frac{5\pi}{2T}j,\ldots} = \frac{\pi}{2T}\text{ , }\frac{5\pi}{2T}\text{ , }\ldots\ldots$$

(7) 根軌跡：如圖 6-25。(虛線部分爲互補根軌跡)

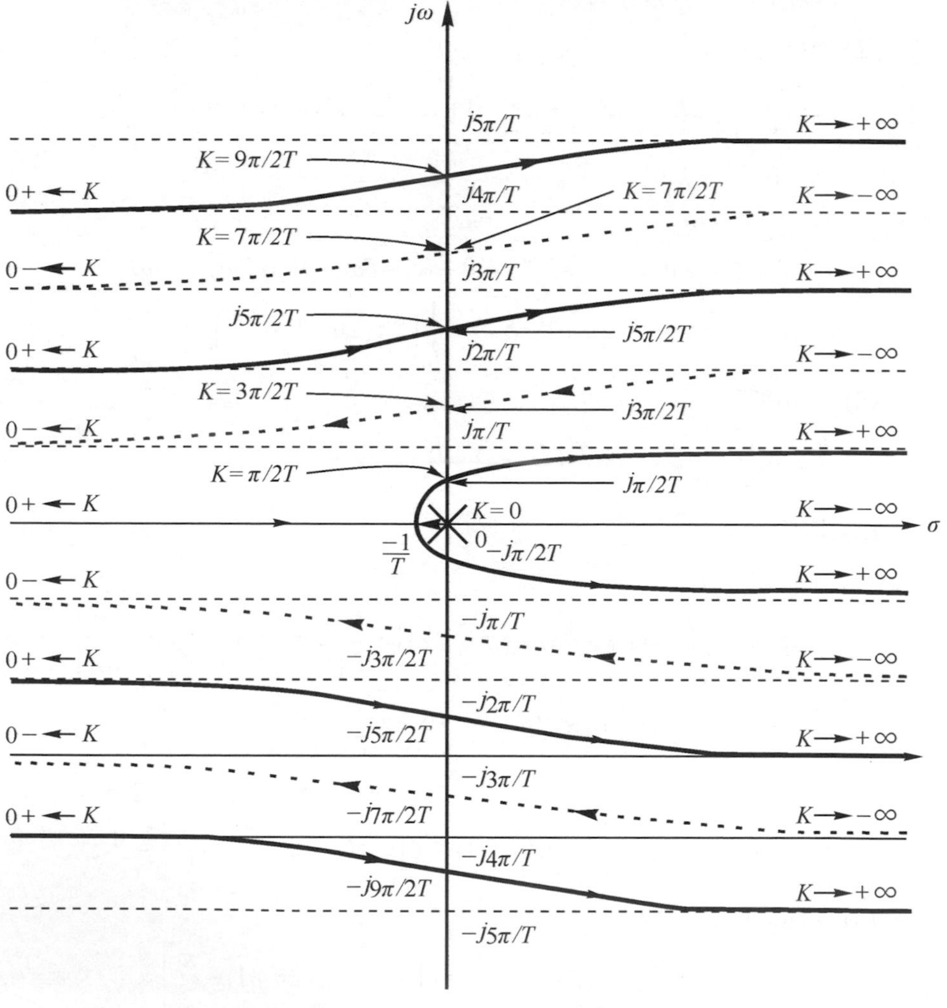

圖 6-25　例 6-12 的完全根軌跡

6-6 根廓線(Root contours)

1. 根廓線：當控制系統中有兩個(或更多)參數同時由 $-\infty$ 變化至 ∞ 所繪出之根軌跡。
2. 其作法爲令其中一參數爲某一常數 $(0, 1, 2, 3\ldots)$，另一參數爲變數。其餘步驟同根軌跡作法。
3. 再令此參數爲另一常數，反覆進行即得。

習　題　EXERCISE

1. 設 $GH=\dfrac{K(s+2)}{(s+1)(s+3+j)(s+3-j)}$。求：根軌跡與實軸重疊的區域。

2. 設 $GH=\dfrac{K}{(s+1)(s+2+j)(s+2-j)}$ 求：(1) $K\geq 0$ 之根軌跡圖（根軌跡部份請以不同顏色標示），(2)以 Routh criterion 比較本題使系統穩定之 K 值範圍。

3. 設 $GH=\dfrac{K}{s(s+1)(s+3)(s+4)}$ 求：$K\geq 0$ 與 $K\geq 0$ 之根軌跡圖。

4. 請討論一階系統 $G(s)=\dfrac{b}{s+a}$ 加入(1) P-Controller，(2) I-Controller，(3) D-Controller，前後系統行爲之變化。
至少應包括：(1) Steady state error，(2) Time constant，(3)Stability。

5. $\Delta(s)=s(s+5)(s+6)(s^2+2s+2)+K(s+3)=0$，求 $K\geq 0$ 之根軌跡圖。（根軌跡部份請以不同顏色標示）

6. $\Delta(s)=s(s+4)(s^2+4s+20)+K=0$ 求 $K\geq 0$ 之根軌跡圖。其中需包括：(1)漸進線，(2)分離點，(3)分離點之 K 值，(4)與虛軸之交點，(5)與虛軸交點之 K 值，(6)分離角，(7)以 Routh criterion 比較本題使系統穩定之 K 值範圍。（根軌跡部份請以不同顏色標示）

7. $GH=\dfrac{Ke^{-Ts}}{s}$，求 $K\geq 0$ 之根軌跡圖。其中需包括：(1)漸進線，(2)分離點，(3)分離點之 K 值，(4)與虛軸之交點，(5)與虛軸交點之 K 值。（根軌跡部份請以不同顏色標示）

8. $GH=\dfrac{Ke^{-Ts}}{s}$，求 $K\geq 0$，$T=1\text{sec}$ 之根軌跡圖。其中需包括：(1)漸進線，(2)分離點，(3)分離點之 K 值，(4)與虛軸之交點，(5)與虛軸交點之 K 值。（根軌跡部份請以不同顏色標示）

9. $GH=\dfrac{Ke^{-Ts}}{s+1}$，求 $K\geq 0$ 之根軌跡圖。其中需包括：(1)漸進線，(2)分離點，(3)分離點之 K 值，(4)與虛軸之交點。（根軌跡部份請以不同顏色標示）

10. 設 $GH=\dfrac{K(1+K_U s)}{s(2s+1)}$ 且要求(1) $\zeta=0.5$，(2) $(2\%)t_s\leq 2$，(3) $K_V\geq 50$，(4) $0\leq K_U\leq 1$ 。則 K 與 K_U 之值應設爲多少？

11. 設 $GH=\dfrac{K(1+K_U s)}{s(2s+1)}$ 且要求(1) $\zeta=0.5$，(2) $(2\%)t_s\leq 2$，(3) $K_V\geq 50$，(4) $0\leq K_U\leq 1$ 。則請以根軌跡法決定 K 與 K_U 之值應設爲多少？

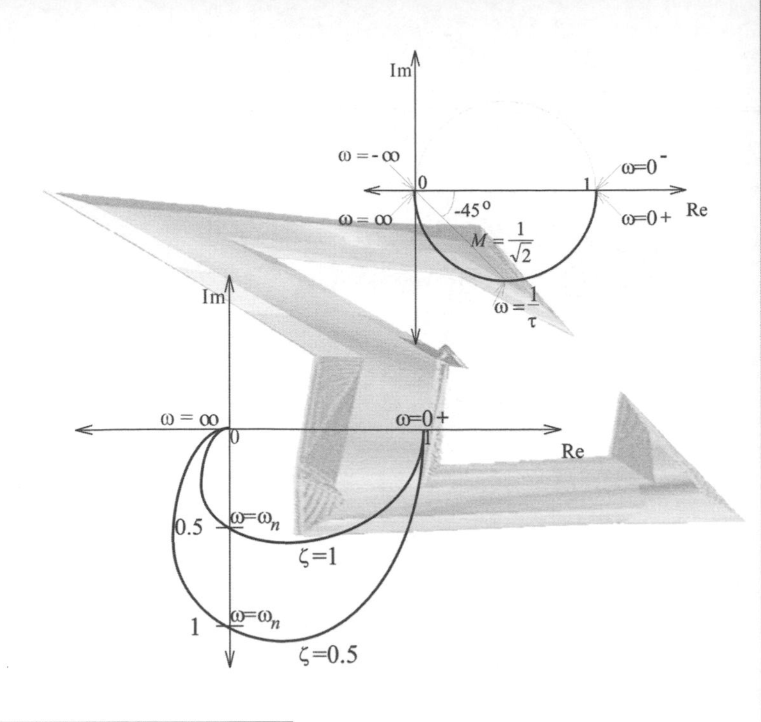

7 章

頻域分析

7-1 頻率響應(Frequency response)

1. 定義：對一系統輸入一正弦函數(Sine function)，該系統之穩態輸出稱爲此系統之頻率響應。

$r(t)=X\sin\omega t \longrightarrow$ $G(s)$ $\longrightarrow c(t)=Y\sin(\omega t+\phi)$
$=X|G(j\omega)|\sin(\omega t+\phi)$

pf：

$$R(s)=\mathcal{L}[r(t)]=X\frac{\omega}{s^2+\omega^2}\text{，令 }G(s)=\frac{q(s)}{p(s)}\text{，則}$$

$$C(s)=R(s)G(s)=X\frac{\omega}{s^2+\omega^2}\cdot\frac{q(s)}{p(s)}$$

$$=\frac{A}{s+j\omega}+\frac{B}{s-j\omega}+\frac{C_1}{s+a_1}+\frac{C_2}{s+a_2}+\cdots\cdots+\frac{C_n}{s+a_n}$$

$$c(t)=\mathcal{L}^{-1}[C(s)]=Ae^{-j\omega t}+Be^{j\omega t}+c_1e^{-a_1t}+c_2e^{-a_2t}+\cdots\cdots+c_ne^{-a_nt}$$

$$c_{ss}=c(t\to\infty)=Ae^{-j\omega t}+Be^{j\omega t}+0+0+\cdots\cdots+0 \quad\text{.......(a)}$$

其中

$$A=C(s)(s+j\omega)\Big|_{s=-j\omega}=\frac{X\omega}{s^2+\omega^2}\cdot G(s)(s+j\omega)\Bigg|_{s=-j\omega}=\frac{XG(-j\omega)}{-2j}\quad\text{..... (1)}$$

$$B=C(s)(s-j\omega)\Big|_{s=j\omega}=\frac{X\omega}{s^2+\omega^2}\cdot G(s)(s-j\omega)\Bigg|_{s=j\omega}=\frac{XG(j\omega)}{2j}\quad\text{........... (2)}$$

而

$$G(j\omega)=|G(j\omega)|\angle G(j\omega)=|G(j\omega)|e^{j\phi}\quad\text{.......(3)}$$

$$\phi=\angle G(j\omega)=\tan^{-1}\frac{I_mG(j\omega)}{R_e(j\omega)}$$

$$G(-j\omega)=|G(-j\omega)|\angle G(-j\omega)=|G(j\omega)|e^{-j\phi}\quad\text{.......(4)}$$

將(1)(2)(3)(4)式代入(a)中，得

$$c(t)=\frac{XG(-j\omega)}{-2j}e^{-j\omega t}+\frac{XG(j\omega)}{2j}e^{j\omega t}$$

$$=\frac{X|G(j\omega)|e^{-j\phi}\cdot e^{-j\omega t}}{-2j}+\frac{X|G(j\omega)|e^{j\phi}\cdot e^{j\omega t}}{2j}$$

$$=|XG(j\omega)|\frac{e^{j(\omega t+\phi)}-e^{-j(\omega t+\phi)}}{2j}$$

$$=|XG(j\omega)|\frac{[\cos(\omega t+\phi)+j\sin(\omega t+\phi)-\cos(\omega t+\phi)-j\sin(\omega t+\phi)]}{2j}$$

$$=|XG(j\omega)|\sin(\omega t+\phi)$$

$$=Y\sin(\omega t+\phi)$$

例 7-1　一系統之方塊圖為：$r(t)=A\sin\omega t$ → $\boxed{\frac{K}{T_S+1}}$ → $c(t)$，求該系統之 c_{ss}？

Sol

$$c(t)=A|G(j\omega)|\sin(\omega t+\phi)$$

$$G(s)=\frac{K}{Ts+1}$$

$$\therefore |G(j\omega)|=\left|\frac{K}{j\omega T+1}\right|=\frac{K}{\sqrt{1+T^2\omega^2}}$$

$$\phi=\angle\frac{K}{1+j\omega T}=\angle K-\angle(1+j\omega T)=0-\angle(1+j\omega T)$$

$$=\angle\frac{K(1-j\omega T)}{(1+j\omega T)(1-j\omega T)}=-\tan^{-1}T\omega=\angle\frac{K-Kj\omega T}{1+T^2\omega^2}$$

$$\therefore c(t)=\frac{AK}{\sqrt{1+T^2\omega^2}}\sin(\omega t-\tan^{-1}T\omega)$$

(1) 若 $\omega\to 0$ (ω很小，DC signal)，則 Amplitude of $c(t)\to AK$，Phase shift $\to 0°$

(2) 若 $\omega \to \infty$ (ω 很大，AC signal)，則 Amplitude of $c(t) \to 0$ ，Phase shift $\to -90°$

(3) 可見 $\dfrac{K}{Ts+1}$ 為 Low-pass filter。

2. $c(t) = X|G(j\omega)|\sin(\omega t + \phi)$ ， $G(j\omega) = M\angle\phi$

$$c(t) = r(t)G \Rightarrow G = \frac{c(t)}{r(t)} = M\angle\phi$$

上式中之符號分別代表下列涵義：

M：magnitude　　大小 $= |G(j\omega)|$

ϕ：Phase　　相位 $= \angle G(j\omega)$

ω：輸入信號頻率

NOTE ω 之單位為 rad/s 故可知 ω 其實應為角速度，然 $\omega = 2\pi f$ ，故 ω、f 間僅差了一常數 2π 關係。

3. 理想之大小－相位曲線

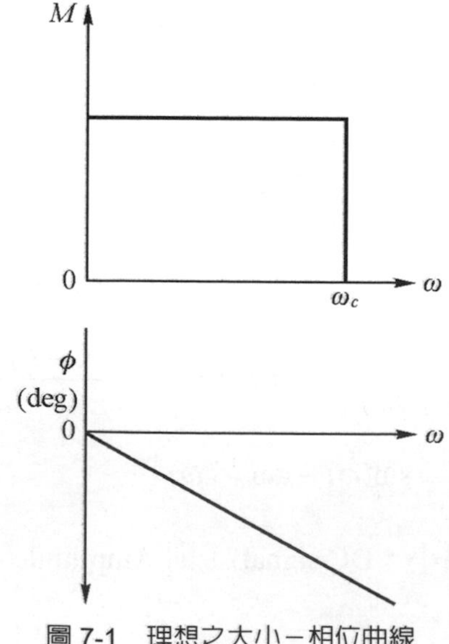

圖 7-1　理想之大小－相位曲線

4.　實際典型之大小－相位曲線

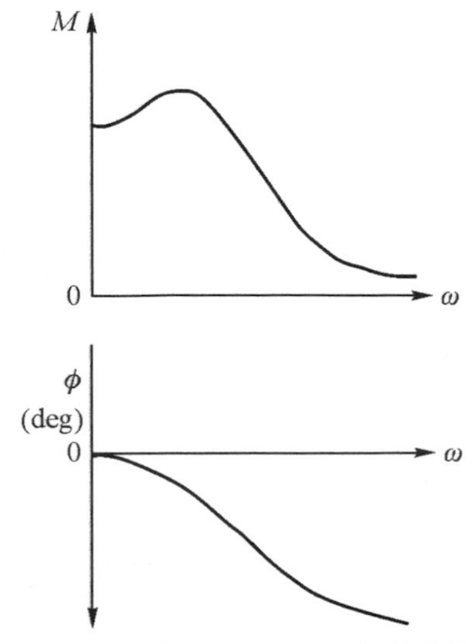

圖 7-2　實際典型之大小－相位曲線

5.　一階系統之頻率響應

$$G(s)=\frac{1}{\tau s+1}$$

$$G(j\omega)=\frac{1}{j\omega\tau+1}=\frac{1}{1+\tau^2\omega^2}-j\frac{\omega\tau}{1+\tau^2\omega^2}$$

$$M=G\left|j\omega\right|=\frac{1}{\sqrt{1+\tau^2\omega^2}}$$

$$\phi=\tan^{-1}(-\omega\tau)$$

例 7-2　一電路如圖 7-3，求該電路之：(1)頻率響應函數 $G(j\omega)$，(2)M、ϕ

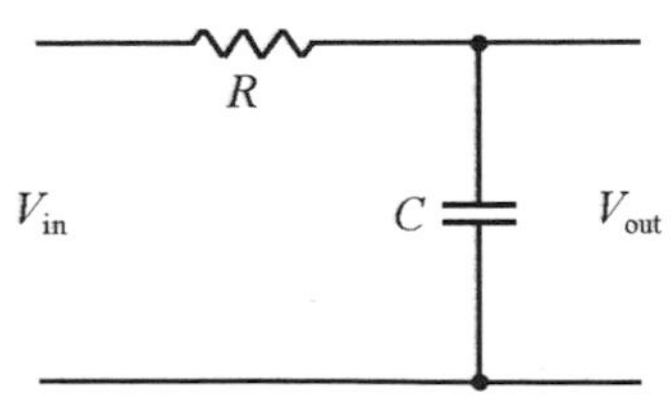

圖 7-3　例 7-2 的 *RC* 選頻網路

Sol

$$TF=\frac{1}{RCs+1}=G(s)$$

(1) $G(j\omega)=\dfrac{1}{j\omega RC+1}$

(2) $M=\left|G(j\omega)\right|=\dfrac{1}{\sqrt{1+R^2C^2\omega^2}}$，$\phi=\tan^{-1}(-\omega RC)$

6. 二階系統之頻率響應

$$G(s)=\frac{\omega_n{}^2}{s^2+2\zeta\omega_n s+\omega_n{}^2}$$

$$G(j\omega)=\frac{\omega_n{}^2}{-\omega^2+j2\zeta\omega_n\omega+\omega_n{}^2}=\frac{\omega_n{}^2}{(\omega_n{}^2-\omega^2)+j2\zeta\omega_n\omega}$$

$$=\frac{1}{\left[1-\left(\dfrac{\omega}{\omega_n}\right)^2\right]+j2\zeta\left(\dfrac{\omega}{\omega_n}\right)}$$

$$=\frac{1-\left(\dfrac{\omega}{\omega_n}\right)^2-j2\zeta\left(\dfrac{\omega}{\omega_n}\right)}{\left[1-\left(\dfrac{\omega}{\omega_n}\right)^2\right]^2+\left[2\zeta\left(\dfrac{\omega}{\omega_n}\right)\right]^2}$$

$$\Rightarrow M=G\,|\,j\omega\,|\frac{1}{\sqrt{\left\{\left[1-\left(\dfrac{\omega}{\omega_n}\right)^2\right]^2+\left[2\zeta\left(\dfrac{\omega}{\omega_n}\right)\right]^2\right\}}}$$

$$\varphi=-\tan^{-1}\left[\frac{2\zeta\left(\dfrac{\omega}{\omega_n}\right)}{1-\left(\dfrac{\omega}{\omega_n}\right)^2}\right]$$

7-2 控制系統的頻域規格

1. 規格(Specifications)

   (1) 共振尖峰值 (M_r) (Peak resonance)： $M(\omega)$ 的最大值。

   (2) 共振頻率 (ω_r) (Resonant frequency)：產生 M_r 之頻率，$M_r = M(\omega_r)$。

   (3) 截止頻率 (ω_c) (Cut-off frequency)：當 M 值降低至零頻率位準[$M(0)$]的 0.707$\left(i.e. \dfrac{1}{\sqrt{2}}\right)$時的頻率。

   (4) 頻帶寬度(Band width，BW)：由 0 至 ω_C 之間的頻率範圍，也稱為頻寬。

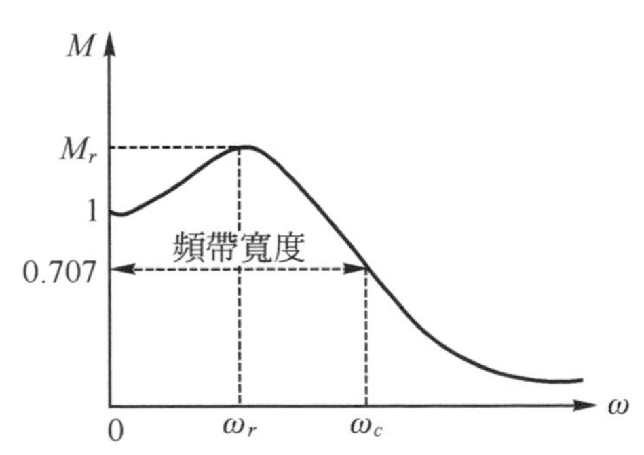

圖 7-4　控制系統的頻域規格

2. 規格的計算

$$M(s) = \frac{C}{R} = \frac{\omega_n^{\ 2}}{s^2 + 2\zeta\omega_n s + \omega_n^{\ 2}}$$

令 $s = j\omega \Rightarrow M(j\omega) = \dfrac{\omega_n^{\ 2}}{(\omega_n^{\ 2} - \omega^2) + j2\zeta\omega_n\omega}$，

令 $u = \dfrac{\omega}{\omega_n} \Rightarrow M(j\omega) = \dfrac{1}{(1-u)^2 + j2\zeta u} = M(ju)$

$$M(u) = \left|M(ju)\right| = \frac{1}{\sqrt{(1-u)^2 + (2\zeta u)^2}} \cdots\cdots\cdots \text{magnitude}$$

$$\varphi(u)=\angle M(ju)=-\tan^{-1}\left[\frac{2\zeta u}{1-u^2}\right]\cdots\cdots\text{phase angle}$$

(1) M_r 及 ω_r

NOTE 以 r 表示 resonant，與時域之 p 表示 peak，如 M_P 、 ω_P 有別。

$$\frac{dMu}{du}=\frac{d}{du}\left[\frac{1}{\sqrt{(1-u)^2+(2\zeta u)^2}}\right]=0$$

$$\Rightarrow -\frac{1}{2}\left[(1-u^2)^2+(2\zeta u)^2\right]^{-\frac{3}{2}}=0\Rightarrow 4u^3-4u+8u\zeta^2=0$$

$$\Rightarrow u_r=\sqrt{1-2\zeta^2}=\frac{\omega_r}{\omega_n}\cdots\cdots\cdots(1)$$

$$\Rightarrow \omega_r=\omega_n\sqrt{1-2\zeta^2}$$

將(1)代入

$$M(u)\Rightarrow M(u_r)=\left[\frac{1}{\sqrt{(1-u_r{}^2)^2+(2\zeta u_r)^2}}\right]=\frac{1}{2\zeta\sqrt{1-\zeta^2}}=M_r$$

NOTE 當 $\zeta=\frac{1}{\sqrt{2}}=0.707$ 時，$1-2\zeta^2=0\Rightarrow\omega_r=0$ ，$M_r=1$ ，即無 Overshoot。

(2) ω_c 及 BW

$$\because\ \omega_r=\omega_n\sqrt{1-2\zeta^2}$$

$$M(u)=\left.\frac{1}{\sqrt{\left(1-u^2\right)^2+\left(2\zeta u\right)^2}}\right|_{\omega=\omega_c}=\frac{1}{\sqrt{2}}$$

$$\Rightarrow u^2=(1-2\zeta^2)\pm\sqrt{4\zeta^4-4\zeta^2+2}$$

$$\Rightarrow u=\sqrt{(1-2\zeta^2)+\sqrt{4\zeta^4-4\zeta^2+2}}$$ (因 $u=\frac{\omega}{\omega_n}$ 爲正實數，故僅取＋值)

$$\Rightarrow \omega_c = \omega_n \times u = \omega_n \left[(1-2\zeta^2) + \sqrt{4\zeta^4 - 4\zeta^2 + 2} \right]^{\frac{1}{2}}$$

$$\therefore BW = f(\zeta, \omega_n)$$

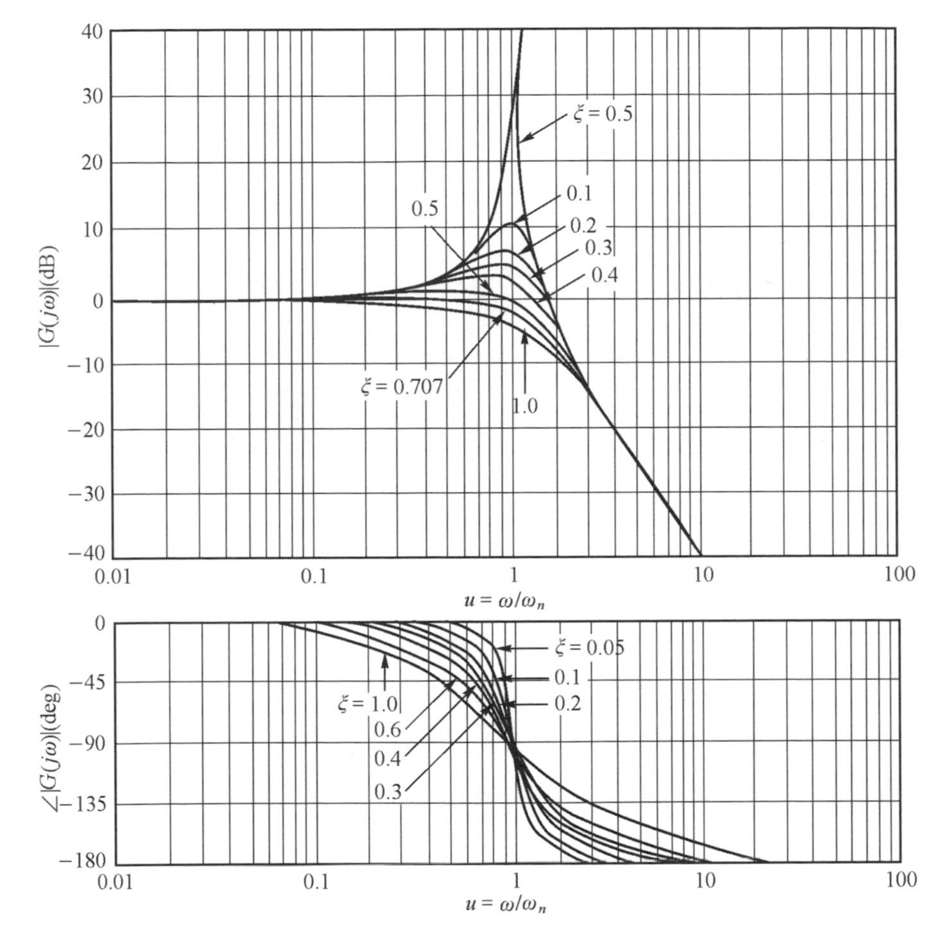

圖 7-5　二階系統在不同阻尼比時之大小及相位

例 7-3　一系統之閉環路轉移函數爲 $\dfrac{C}{R} = \dfrac{\omega_n^{\ 2}}{s^2 + 2\zeta\omega_n s + \omega_n^{\ 2}}$，且該系統之 $M_P\% = 10\%$、$t_p = 1\text{sec}$。求：(1)ζ，(2)共振尖峰值(M_r)，(3)ω_r，(4)BW。

Sol

(1) $M_P\% = e^{-\frac{\sigma}{\omega_d}\pi} \times 100\% = e^{-\frac{\zeta\pi}{\sqrt{1-\zeta^2}}} \times 100\% = 10\% \Rightarrow \zeta = 0.59$

(2) $M_r = \dfrac{1}{2\zeta\sqrt{1-\zeta^2}} = \dfrac{1}{2\times 0.59\sqrt{1-0.59^2}} = 1.05$

(3) $t_p = \dfrac{\pi}{\omega_d} = \dfrac{\pi}{\omega_n\sqrt{1-\zeta^2}} = \dfrac{\pi}{\omega_n\sqrt{1-0.59^2}} = 1 \Rightarrow \omega_n = 3.89\,\text{rad/s}$

$\omega_r = \omega_n\sqrt{1-2\zeta^2} = 3.89\sqrt{1-2\times 0.59^2} = 2.14(\text{rad/s})$

(4) $BW = \omega_n\left[(1-2\zeta^2)+\sqrt{4\zeta^4-4\zeta^2+2}\right]^{\frac{1}{2}} = 4.51\,\text{rad/s}$

7-3 波德圖(Bode diagram)

波德圖：不同頻率下系統之大小及相位的圖形。

1. 包含兩部份：

   (1) 頻率 ω 對 GH 之大小(即 $|GH|$)

   GH 大小的單位為 dB(分貝)，定義如下：

   $20\log|GH| = \text{db}$ 數

   (2) 頻率 ω 對 GH 之角度($\angle GH$)

2. 橫座標(ω)採對數座標，其目的有二：

   (1) 可在同一尺度(Scale)下，使頻率範圍由極低頻至極高頻。

   ($\log 0 = ?$ 故不可由 0 開始)　$n = \log\omega$

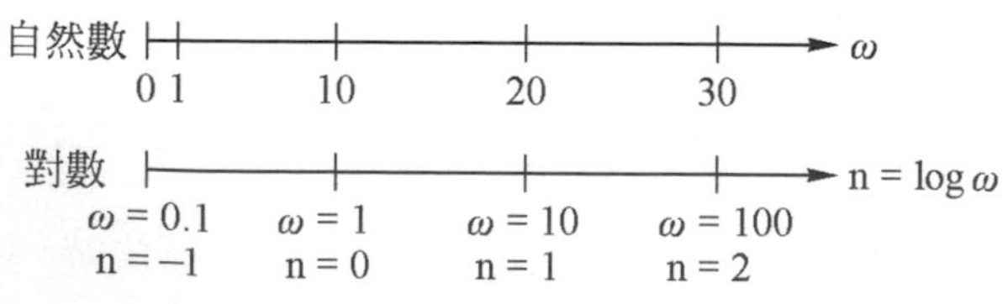

圖 7-6　自然數座標與對數座標

(2) 可將振幅的乘法變成加法

$$\begin{cases} \log(a \times b) = \log a + \log b \\ \log\left(\dfrac{a}{b}\right) = \log a - \log b \end{cases}$$

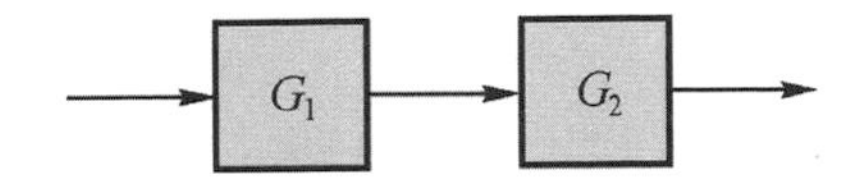

$$\begin{aligned} G &= G_1 \times G_2 \\ &= |G_1|\angle G_1 \times G_2 \angle G_2 \\ &= |G_1| \times |G_2| (\angle G_1 + \angle G_2) \end{aligned}$$

$$\log|G| = \log(|G_1| \times |G_2|) = \log|G_1| + \log|G_2|$$

3. 基本元件之 Bode diagram

(1) 常數 K

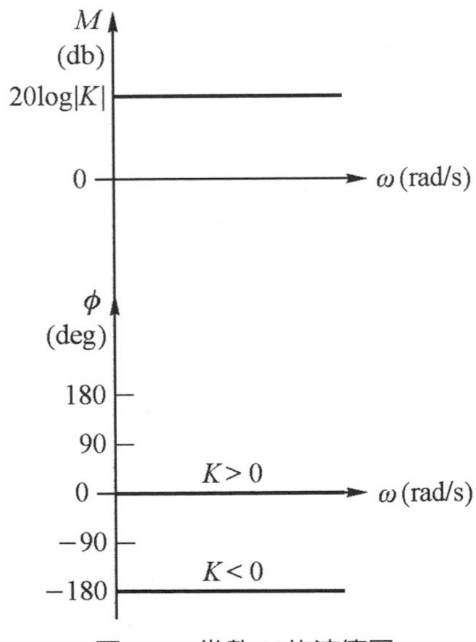

圖 7-7　常數 K 的波德圖

$$G(s) = K$$

$$G(j\omega) = K$$

$$M = 20\log|G| = 20\log K \text{ db}$$

$$\phi = \angle G = 0°$$

(2) 一階積分器

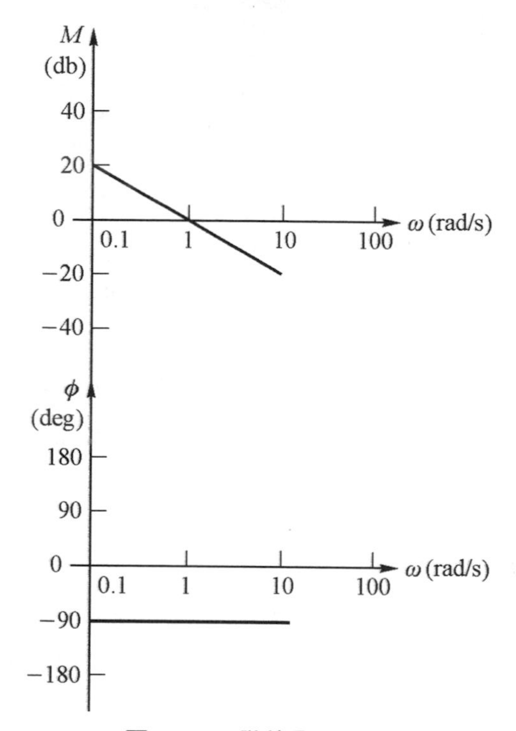

圖 7-8　一階積分器的波德圖

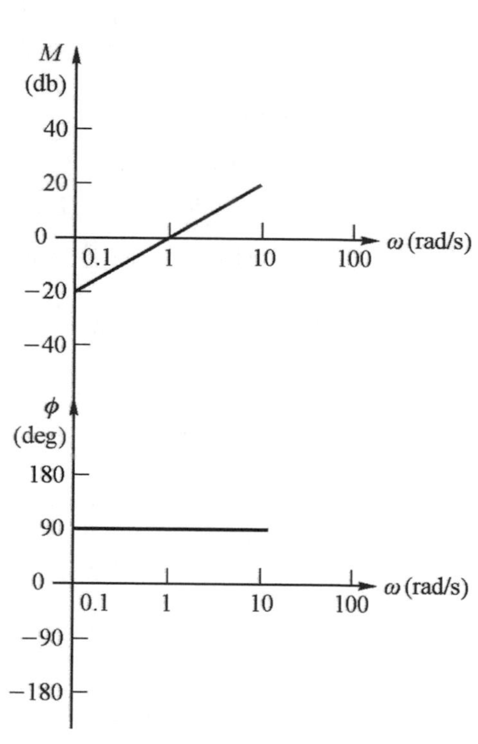

圖 7-9　一階微分器的波德圖

$$G(s) = \frac{1}{s}$$

$$G(j\omega) = \frac{1}{j\omega} = -\frac{1}{\omega}j$$

$$M = 20\log|G| = 20\log\sqrt{0^2 + \left(\frac{1}{\omega}\right)^2} = 20\log\frac{1}{\omega} = -20\log\omega \text{ db}$$

$\omega = 0.1 \qquad M = 20 \text{ db}$

$\omega = 1 \qquad M = 0 \text{ db}$

$\omega = 10 \qquad M = -20 \text{ db}$

$$\phi = \angle G = \tan^{-1} \frac{\left(-\frac{1}{\omega}\right)}{0} = -90^\circ$$ (Low-pass filter，Lag compensator)

(3) 一階微分器

$G(s) = s$

$G(j\omega) = j\omega$

$M = 20 \log \omega \text{ db}$

$\omega = 0.1 \qquad M = -20 \text{ db}$

$\omega = 1 \qquad M = 0 \text{ db}$

$\omega = 10 \qquad M = 20 \text{ db}$

$$\phi = \angle G = \tan^{-1} \frac{\omega}{0} = 90^\circ$$

(High-pass filter，Lead compensator)

(4) 高階積分器及高階微分器
波德圖分別如圖 7-10 及圖 7-11 所示。

(5) 一階系統

$$G(s) = \frac{1}{\tau s + 1}$$

$$G(j\omega) = \frac{1}{j\omega\tau + 1} = \frac{1 - j\omega^2}{1 + \omega^2 \tau^2}$$

$$M = 20 \log \sqrt{\frac{1}{1 + \omega^2 \tau^2}} \text{ db}$$

$\omega << \frac{1}{\tau} \qquad M = 0 \text{ db}$

$\omega = \frac{1}{\tau} \qquad M = -3 \text{ db}$

$$\omega >> \frac{1}{\tau} \qquad M = -20\log\omega\tau \text{ db}$$

$$\phi = \tan^{-1}(-\omega\tau)$$

$$\omega < \frac{0.1}{\tau} \Rightarrow \phi \to 0^\circ \left(\omega = \frac{0.1}{\tau}\text{時，}\phi = -5.7^\circ\text{，error} = -5.7^\circ\right)$$

$$\omega = \frac{1}{\tau} \Rightarrow \phi = -45^\circ$$

$$\omega > \frac{10}{\tau} \Rightarrow \phi \to -90^\circ \left(\omega = \frac{10}{\tau}\text{時，}\phi = -84.3^\circ\text{，error} = -5.7^\circ\right)$$

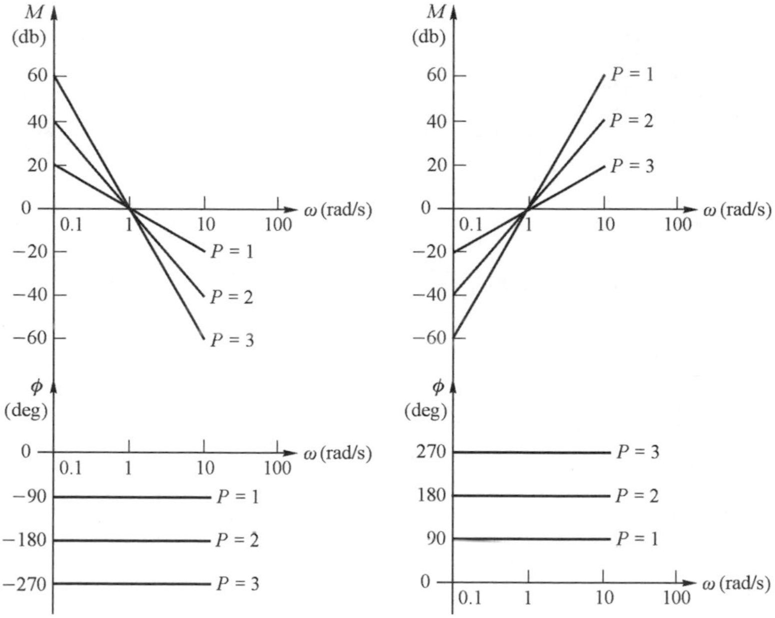

圖 7-10 高階積分器 $\left(G(s) = \frac{1}{s^P}\right)$ 的波德圖

圖 7-11 高階微分器 $(G(s) = S^P)$ 的波德圖

表 7-1 一階系統波德圖中漸近線的誤差

	$\frac{1}{5T}$	$\frac{1}{2T}$	$\frac{1}{T}$	$\frac{2}{T}$	$\frac{5}{T}$
分貝誤差	−0.17	−0.96	−3	−0.96	−0.17
相位誤差	−11.3°	−0.8°	0°	−0.8°	11.3°

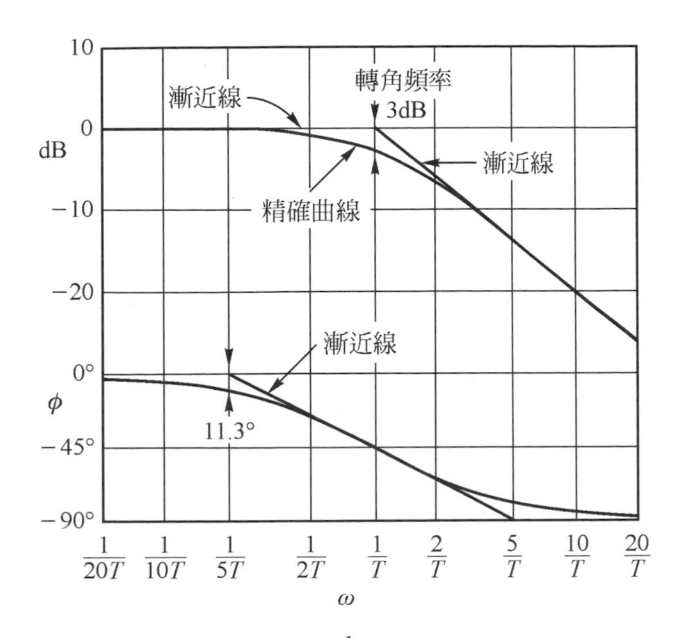

圖 7-12　$\dfrac{1}{\tau s+1}$ 的波德圖

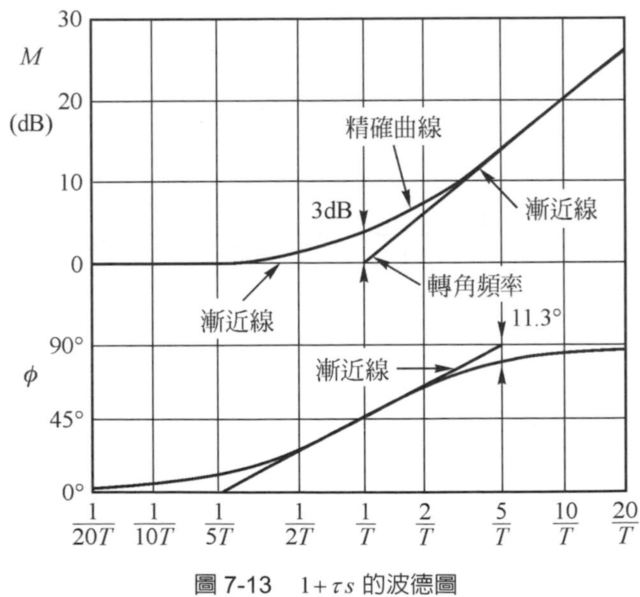

圖 7-13　$1+\tau s$ 的波德圖

(6) $G(s)=1+\tau s$

$G(j\omega)=1+j\omega\tau$

$M=20\log\left|\sqrt{1+\omega^2\tau^2}\right|$ $\phi=\tan^{-1}(\omega\tau)$

$\omega<<\dfrac{1}{\tau}\Rightarrow M=0\text{db}$ $\omega<\dfrac{0.1}{\tau}\Rightarrow\varphi=0°$

$\omega=\dfrac{1}{\tau}\Rightarrow M=3\text{db}$ $\omega=\dfrac{1}{\tau}\Rightarrow\phi=-45°$

$\omega>>\dfrac{1}{\tau}\Rightarrow M=20\log\omega\tau$ $\omega>\dfrac{10}{\tau}\Rightarrow\phi=90°$

(7) 時間延遲

$G(s)=e^{-sT}$

$G(j\omega)=e^{-j\omega T}$

$M=20\log\left|e^{-j\omega T}\right|=20\log 1=0\text{db}$

$\phi=-\omega T$

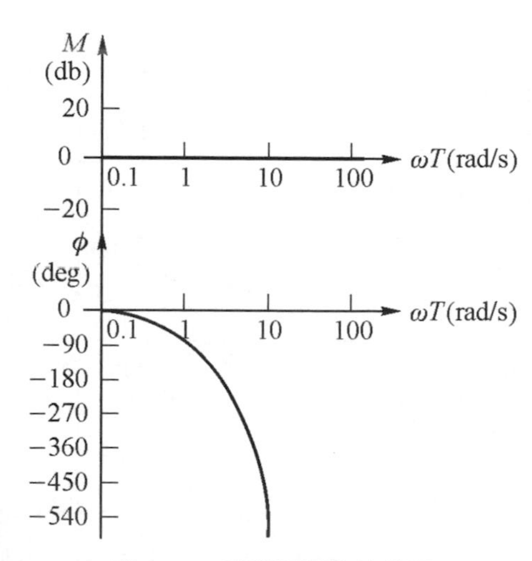

圖 7-14　時間延遲的波德圖

4. 不同型態(Type)

(1) Type0

$$G(s)=\frac{K_1(s+Z_1)\cdots(s+Z_m)}{(s+P_1)\cdots(s+P_n)}=\frac{K(b_1s+1)\cdots(b_ms+1)}{(a_1s+1)\cdots(a_ns+1)}$$

若 $\omega\to 0$

則 $M=20\log|G(j\omega)|=20\log K$

M 爲 0 dB/decade 的水平線(M 不隨 ω 變化)，此時 $K=K_P$(位置靜態誤差係數)。

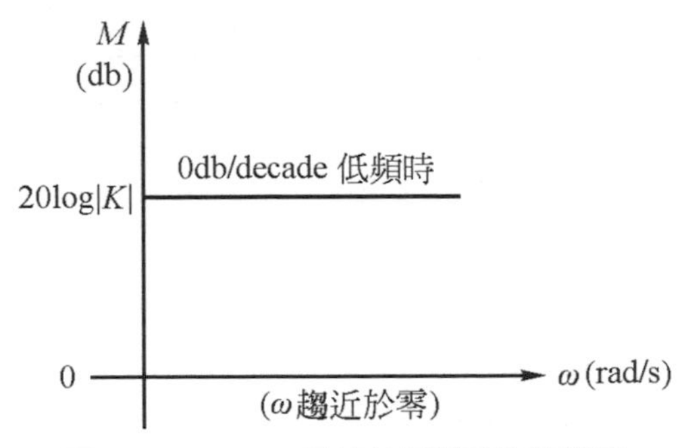

圖 7-15　Type0 系統於低頻時的波德圖

(2) Type1

$$G(s)=\frac{K(b_1s+1)\cdots(b_ms+1)}{s(a_1s+1)\cdots(a_ns+1)}$$

若 $\omega\to 0$

則 $M=20\log|G(j\omega)|=20\log\left|\frac{K}{\omega}\right|=-20\log K\omega$

設 $K=1$，則

$$\left.\begin{aligned}&\omega=0.1\text{時}，M=20\text{ db}\\&\omega=1\text{ 時}，M=0\text{ db}\\&\omega=10\text{時}，M=-20\text{ db}\end{aligned}\right\}-20\text{ db/decade}$$

若 $\frac{K}{\omega}=1$ i.e. $\omega=K$ 時，$M=0$ db (與 ω 軸相交之點)

M 將隨 ω 增加以 -20 db / decade 之斜率下降，此時 $K=K_v$ (速度靜態誤差係數)。

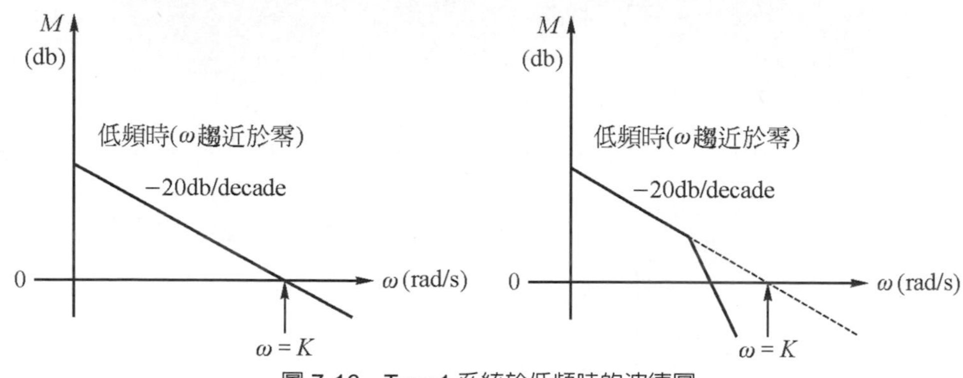

圖 7-16　Type1 系統於低頻時的波德圖

(3) Type2

$$G(s)=\frac{K(b_1s+1)\cdots(b_ms+1)}{s^2(a_1s+1)\cdots(a_ns+1)}$$

若 $\omega\to 0$

則 $M=20\log|G(j\omega)|=20\log\left|\frac{K}{\omega^2}\right|=-40\log K\omega$

若 $\frac{K}{\omega^2}=1$ i.e. $\omega=\sqrt{K}$ 時，$M=0$ db (與 ω 軸相交之點)

M 將隨 ω 增加以 -40 db / decade 之斜率下降，此時 $K=K_a$ (加速度靜態誤差係數)。

(4) Type3

M 將隨 ω 增加以 -60 db / decade 之斜率下降，$\omega=\sqrt[3]{K}$ 時，$M=0$ db

(5) Type4

M 將隨 ω 增加以 -80 db / decade 之斜率下降，$\omega=\sqrt[4]{K}$ 時，$M=0$ db

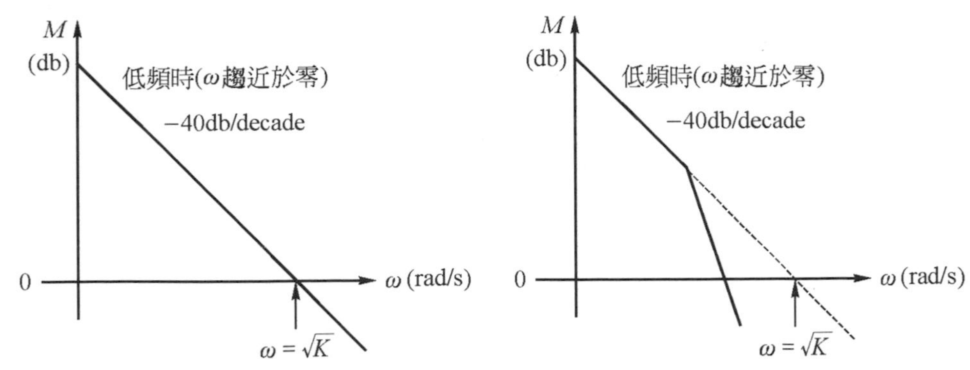

圖 7-17　Type2 系統於低頻時的波德圖

5. 求起始點

(1) 以計算法

以 $\omega = 0.1$ 代入 M 可得波德圖於原點處所對應之 Y 座標值，即 $M = 20\log\left|G(j\omega)\right|_{\omega=0.1}$，或求 $M = \lim\limits_{\omega\to 0} 20\log\left|G(j\omega)\right|$。

(2) 以作圖法

以 0dB 時之 ω 值爲固定點，取該 Type 之斜率繪一直線，沿此線反推，交 y 軸之點。

例 7-4　一系統之開路轉移函數爲 $GH(s) = \dfrac{10}{s(s+1)(s+2)}$，求該系統波德圖的起始點。

Sol

(1) 以計算法：$M = 20\log\left|\dfrac{10}{0.1\sqrt{1+0.1^2}\sqrt{4+0.1^2}}\right| \cong 34$ db

(2) 以作圖法：

∵爲 Type 1

∴一開始($\omega \to 0$)以 -20 db 下降，且 0 dB 時 $\omega = K = 5$

$$G(j\omega) = \frac{5}{j\omega(1+j\omega)\left(1+\dfrac{j\omega}{2}\right)}$$

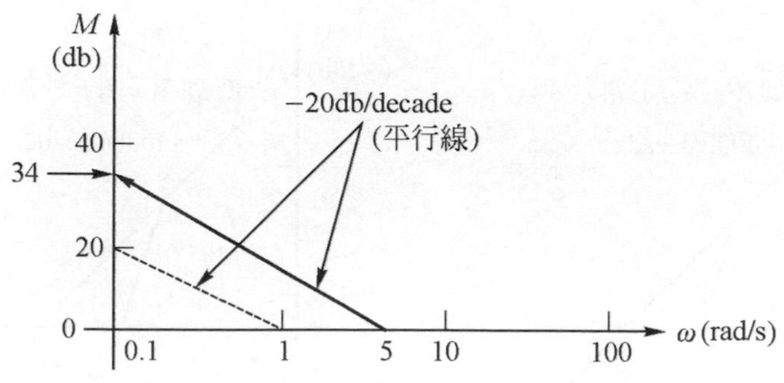

圖 7-18　以作圖法求例 7-4 之波德圖的起始點

6. Bode diagram 的作圖法

(1) 以 Open Loop TF $GH(s)$來作圖

(因 Bode Diagram 表系統本身特性，故以未經閉環路之 $GH(s)$來討論)

(2) 將 GH 化成 $\dfrac{K\left(\dfrac{s}{Z_1}+1\right)\cdots\left(\dfrac{s}{Z_m}+1\right)}{s^T\left(\dfrac{s}{P_1}+1\right)\left(\dfrac{s}{P_2}+1\right)\cdots\left(\dfrac{s}{P_n}+1\right)}$ 之形式

其中 $P_1 \cdots P_n$ 及 $Z_1 \cdots Z_m$ 稱爲轉角頻率(Corner frequency)。

(3) 令 $s = j\omega$ 代入 $GH(s)$，將 $GH(j\omega)$化成 $M\angle\phi$ 的形式。

(4) M 部份

① 求起始點。

② 由起始點按 Type 數(T)，以 $(-20\times T)$ db 下降交於通過第一個 Corner frequency 之垂直線。

③ 此第一個 Corner frequency 若位於分母(分子)則再減 20 dB(加 20 dB)畫線交至第二個 Corner frequency。

④ 反覆步驟③至所有的 Corner frequency 均通過爲止。

(5) ϕ 部份

① 求 $\omega = 0.1$ 時 ϕ

② 求各 Corner frequency 之 ϕ

③ 求 $\omega = \infty$ 之 ϕ

④　將各 ϕ 值標於 Bode 圖上，以平滑曲線相連即可。

例 7-5　一系統之開路轉移函數爲 $GH(s)=\dfrac{10}{s(s+1)(s+2)}$，求該系統的波德圖。

Sol

$$GH(j\omega)=\frac{5}{j\omega(1+j\omega)\left(1+\frac{j\omega}{2}\right)}$$

corner frequency：$\omega=1$ 、2

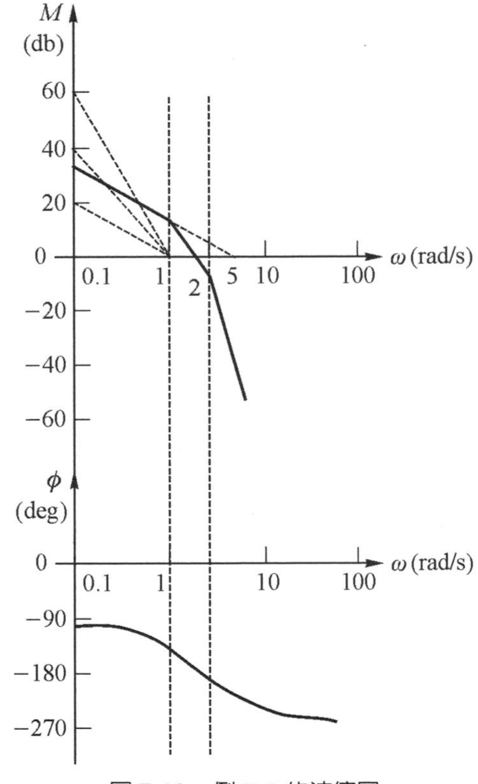

圖 7-19　例 7-5 的波德圖

Type1：以計算法求得起始點爲 34 dB(或以作圖法求)

$$\angle GH = -90° - \tan^{-1}\omega - \tan^{-1}\frac{\omega}{2}$$

$\omega = 0.1 \Rightarrow \phi = -98.57°$

$\omega = 1 \Rightarrow \phi = -161.57°$

$\omega = 2 \Rightarrow \phi = -198.43°$

$\omega = \infty \Rightarrow \phi = -270°$

例 7-6 一系統之開路轉移函數爲 $GH(s) = \dfrac{10(s+5)e^{-0.1s}}{s(s+2)}$，求該系統的波德圖。

Sol

$$GH(j\omega) = \frac{25\left(1+\frac{j\omega}{5}\right)e^{-0.1j\omega}}{j\omega\left(\frac{j\omega}{2}+1\right)}$$

corner frequency：2、5

$\because$Type1，$\therefore \omega = K = 25$

$$20\left|\log e^{\pm i\theta}\right| = 20\log\left|(\cos\theta \pm i\sin\theta)\right| = 20\log 1 = 0$$

$$\angle e^{\pm i\theta} = \tan^{-1}\left(\frac{\pm\sin\theta}{\cos\theta}\right) - \tan^{-1}\left[\tan(\pm\theta)\right] = \pm\theta$$

$\therefore e^{-j0.1\omega} = 1\angle -0.1\omega$

起始點：$20\log\left|\dfrac{10\sqrt{0.1^2+5^2}}{0.1\sqrt{0.1^2+2^2}}\right| = 47.95$ db

$$\angle GH = \varphi = \tan^{-1}\left(\frac{\omega}{5}\right) + \left[-\left(0.1\omega \times 57.3^{\circ}\right)\right] - \tan^{-1}\left(\frac{\omega}{0}\right) - \tan^{-1}\left(\frac{\omega}{2}\right)$$

$\omega = 0.1 \Rightarrow \phi = -92.3°$

$\omega = 1 \Rightarrow \phi = -110.1°1$

$\omega = 2 \Rightarrow \phi = -124.7°$

$\omega = 5 \Rightarrow \phi = -141.8°$

$\omega = 10 \Rightarrow \phi = -162.5°$

$\omega = 13.7 \Rightarrow \phi = -180°$

$\omega = \infty \Rightarrow \phi = \infty$

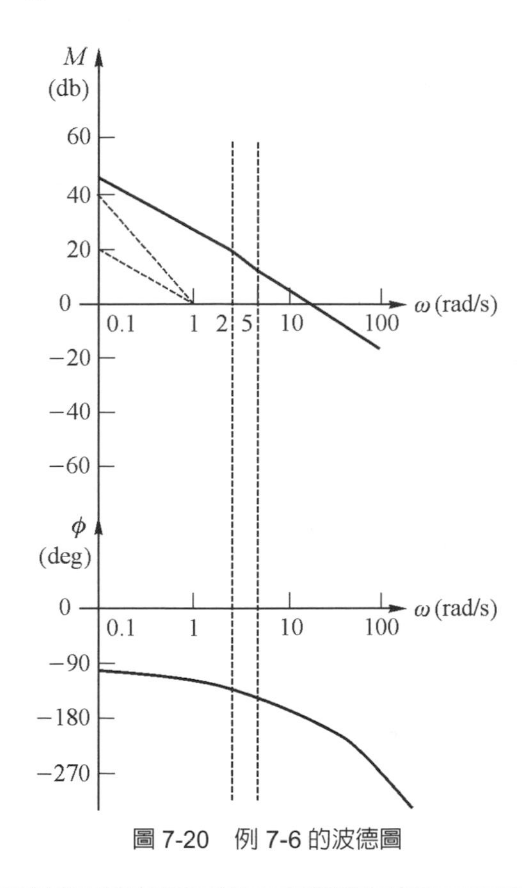

圖 7-20　例 7-6 的波德圖

7-4 奈奎士穩定(Nyquist stability)

1. 除了像 Routh 法可提供絕對穩定度(Absolute stability)外，奈奎士準則(Nyquist criterion)也可提供穩定系統的相對穩定度(Relative stability)，並提供不穩定系統之不穩定度(Degree of instability)。

2. 奈奎士圖(Nyquist diagram)可以處理 Routh 法則無法處理的 Time delay 問題，此類問題 Root-locus 法也很難處理。
3. (1)開路穩定(Open loop stable) $\Leftrightarrow$ 所有 $GH(s)$的 Pole 均在 s 平面左半面。
(2)閉路穩定(Close loop stable) $\Leftrightarrow$ 所有$1+GH(s)$的 Zero 均在 s 平面左半面，特意放在$s=0$的 Pole 及 Zero 除外。
4. 最小相位轉移函數(Minimum-phase TF，MPTF)
   (1) 所有 Pole 或 Zero 均不在 s 平面之右半面或虛軸上，原點除外。
   (2) 除了$s=0$的 Pole 外，若有 m 個 Zero、有 n 個 Pole，則當$s=j\omega$，且 ω 由∞變化至 0 時，MPTF 的總相位變化為$\frac{\pi}{2}(n-m)$ radians。
   (3) 對於任何非零的有限 ω 值，MPTF 的值均不為零或∞。
   (4) 一個非最小的相位轉移函數(Nonminimum-phase TF，NMPTF)，當 ω 由∞變化至 0 時，其相位角負愈多度，而 ω 由 0 變化至∞時，相位角負愈少度。

7-5 奈奎士圖(Nyquist diagram)

1. 是控制系統頻率響應的極座標圖；其頻率由$0^+\to+\infty$，所繪得之圖與 ω 由$0^-\to-\infty$所繪得之圖對稱於實軸。
2. 一階系統

$$G(s)=\frac{1}{\tau s+1}$$

$$G(j\omega)=\frac{1}{j\omega\tau+1}=\frac{1}{1+\omega^2\tau^2}-j\frac{\omega\tau}{1+\omega^2\tau^2}$$

$$M=|G(j\omega)|=\frac{1}{\sqrt{1+\omega^2\tau^2}}$$

$$\phi=\tan^{-1}(-\omega\tau)$$

$$\omega=0\Rightarrow M=1，\phi=0^\circ$$

$$\omega = \frac{1}{\tau} \Rightarrow M = \frac{1}{\sqrt{2}}，\phi = -45^\circ$$

$$\omega = \infty \Rightarrow M = 0，\phi = -90^\circ$$

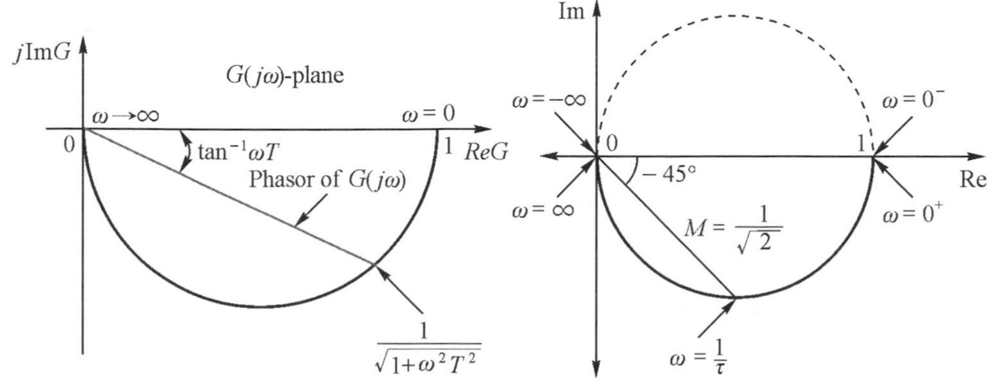

圖 7-21　一階系統的奈奎士圖

3. 二階系統

$$M = \left|G(j\omega)\right| = \frac{1}{\sqrt{\left[1-\left(\frac{\omega}{\omega_n}\right)^2\right]^2 + \left[2\zeta\left(\frac{\omega}{\omega_n}\right)\right]^2}}$$

$$\varphi = -\tan^{-1}\left[\frac{2\zeta\left(\frac{\omega}{\omega_n}\right)}{1-\left(\frac{\omega}{\omega_n}\right)^2}\right]$$

$$\omega = 0 \Rightarrow M = 1，\phi = 0^\circ$$

$$\omega = \omega_n \Rightarrow M = \frac{1}{2\zeta}，\phi = -90^\circ$$ (與虛軸交點)

$$\omega = \infty \Rightarrow M = 0，$$

$$\varphi = -\tan^{-1}\left(\frac{\dfrac{2\zeta\omega}{\omega_n}}{\dfrac{\omega_n^2-\omega^2}{\omega_n^2}}\right) = \tan^{-1}\left(\frac{2\zeta\omega_n}{\omega_n^2-\omega^2}\right) = \tan^{-1}\left(\frac{2\zeta\omega}{-2\omega}\right) = -180°$$

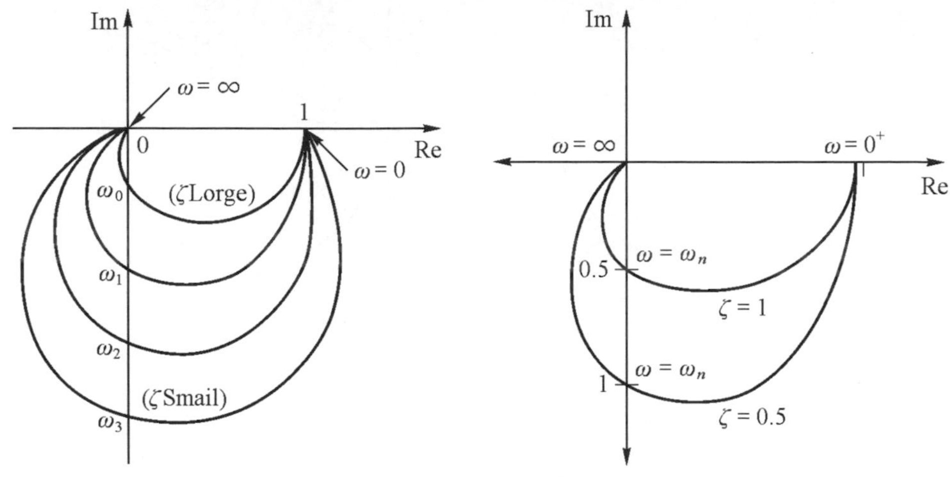

圖 7-22　二階系統的奈奎士圖

例 7-7　一系統之開路轉移函數爲 $G(s)=\dfrac{1}{(2s+1)(s^2+s+1)}$，求該系統之奈奎士圖。

Sol

$$G(j\omega)=G(j\omega)=\frac{1}{(2j\omega+1)(-\omega^2+j\omega+1)}$$

$$M=|G(j\omega)|=\frac{1}{\sqrt{(4\omega^2+1)}\sqrt{(1-\omega^2)^2+\omega^2}}$$

$$\phi=-\tan^{-1}(2\omega)-\tan^{-1}\left(\frac{\omega}{1-\omega^2}\right)$$

$\omega=0 \Rightarrow M=1,\ \phi=0°$

$\omega=0.2 \Rightarrow M=0.95,\ \phi=-34°$

$\omega = 0.5 \Rightarrow M = 0.8,\ \phi = -68^\circ$

$\omega = 0.6 \Rightarrow M = 0.7,\ \phi = -90^\circ$

$\omega = 1 \Rightarrow M = 0.4,\ \phi = -153^\circ$

$\omega = 1.2 \Rightarrow M = 0.3,\ \phi = -180^\circ$

$\omega = \infty \Rightarrow M = 0,\ \phi = 90^\circ$

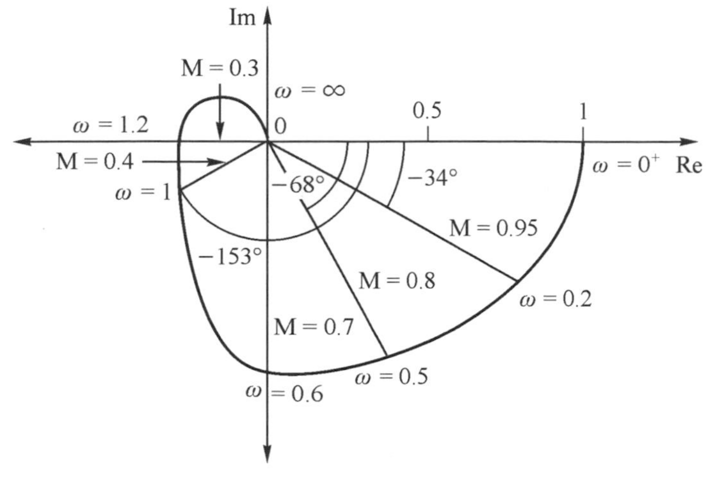

圖 7-23　例 7-7 的奈奎士圖

例 7-8　一系統之開路轉移函數爲 $G(s) = \dfrac{e^{-ms}}{1+Ts}$，求該系統之奈奎士圖。

Sol

$$G(j\omega) = \frac{e^{-j\omega m}}{1+j\omega T} = \frac{1}{\sqrt{1+\omega^2 T^2}} \angle -\omega m - \tan^{-1}\omega T$$

$\omega \to 0$，則 $M = 1$，$\phi = 0^\circ$

$\omega \to \infty$，則 $M = 0$，$\phi = \infty$

NOTE 指數函數之奈奎士圖為螺線(Spiral)。

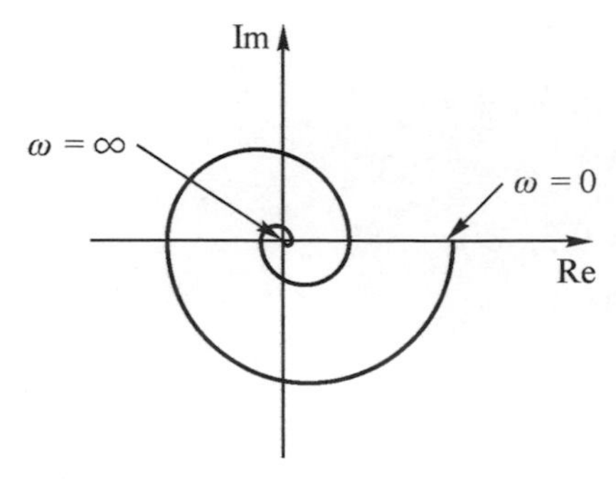

圖 7-24　例 7-8 的奈奎士圖

4. 奈奎士穩定準則(Nyquist criterion of stability)

利用開環路 TF 的頻率響應(奈奎士圖)，以圖解法決定閉環路系統的穩定性。

(1) 幅角定理

設一 s-domain 之有理函數 $f(s)=\dfrac{(s+Z_1)\ldots(s+Z_m)}{(s+P_1)\ldots(s+P_n)}$，取任一 s 平面上之封閉曲線 C，且

① C 內及 C 上除有限個數之極點之外，其餘各處均為可解析(Analytic)

② C 上沒有任何零點或極點

則 $N=Z-P$

其中 N：C 內 $f(s)$ 之 Zero 個數

P：C 內 $f(s)$ 之 Pole 個數

Z：將 C 映射(mapping)到複數平面後所得知封閉曲線(Q)繞複數平面原點之次數(方向與 C 相同)

例 7-9　軌跡 C 由 S-plane 映射到 Complex-plane 後為 Q，如圖 7-25 所示。求 Q 繞原點的次數。

Sol

$N=Z-P=1-3=-2$，所以 Q 與 C 反向，繞原點 2 次。

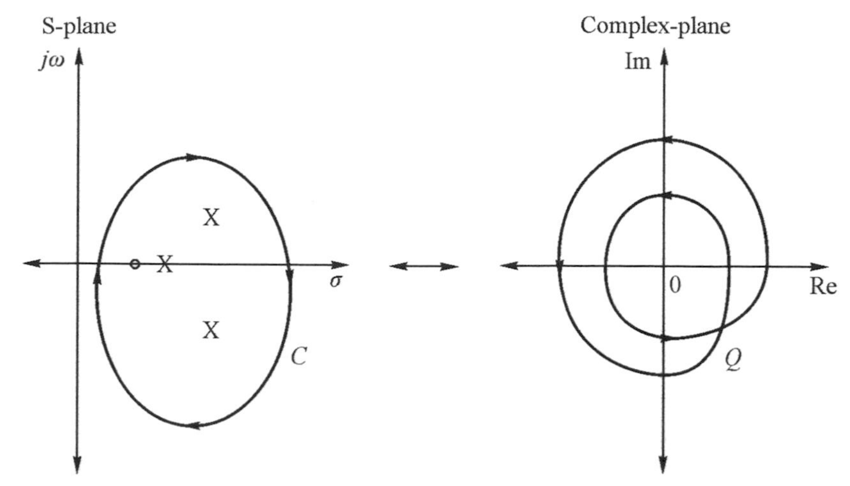

圖 7-25　例 7-9 的 Plane mapping 圖

(2) 現於 s-Plane 上要討論 $1+GH=0$ 的穩定性，故取幅角定理中之

① $f(s)=1+GH=1+\dfrac{(s+Z_1)\ldots(s+Z_m)}{(s+P_1)\ldots(s+P_n)}$

$$=\frac{(s+P_1)\ldots(s+P_n)+(s+Z_1)\ldots(s+Z_m)}{(s+P_1)\ldots(s+P_n)}$$

可見 CE 之 Pole 即爲 open-loop pole。

② 現選擇 C 爲由 $\omega=0^+\to+\infty\to-\infty\to0^-$ 的封閉曲線(當然依定理 C 上不可有極零點)，即以順時針方向繞虛軸和右半面(此路徑稱爲 Nyquist path，此路徑 mapping 到複數平面即爲 Nyquist diagram)。

則在複數平面上 $N=Z-P$ 必須成立。

此時 $Z=1+GH$ 的 Zero 在右半面的個數(即 Close-loop pole)

$P=1+GH$ 的 Pole 在右半面的個數($1+GH$ 的 Pole 即 GH 的 Pole)

Z 的值必須爲零，閉環路系統才會穩定。

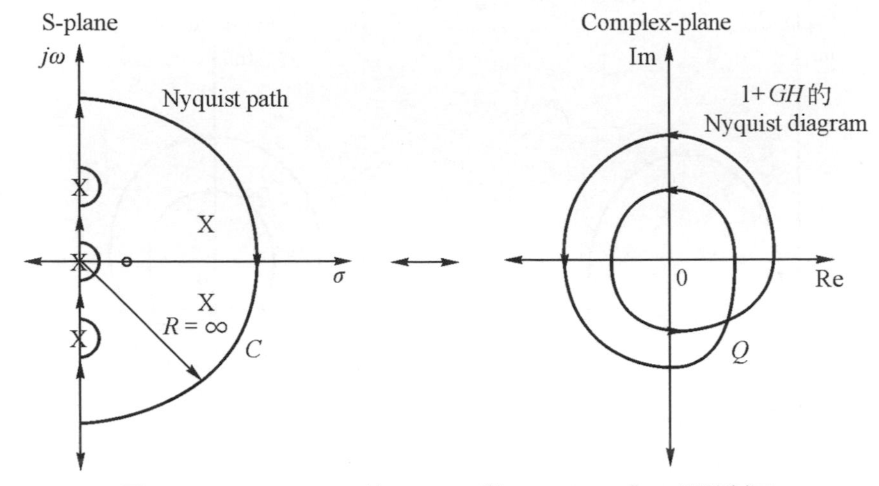

圖 7-26　Nyquist path 於 *S*-plane 與 Complex-plane 間映射圖

(3) 現若在 complex plane 上的座標全部減 1，則原點移至 -1 點處，而 $(1+GH)-1=GH$ ，故可以 Open loop TF 來繪圖，而 $N=Z-P$ 仍然成立，

其中 $N:Q$ 繞 -1 點之次數(依 Nyquist path 以順時針爲正)

$Z:1+GH$ 在右半面之 Zero 個數

$P:1+GH$ 在右半面之 Pole 個數

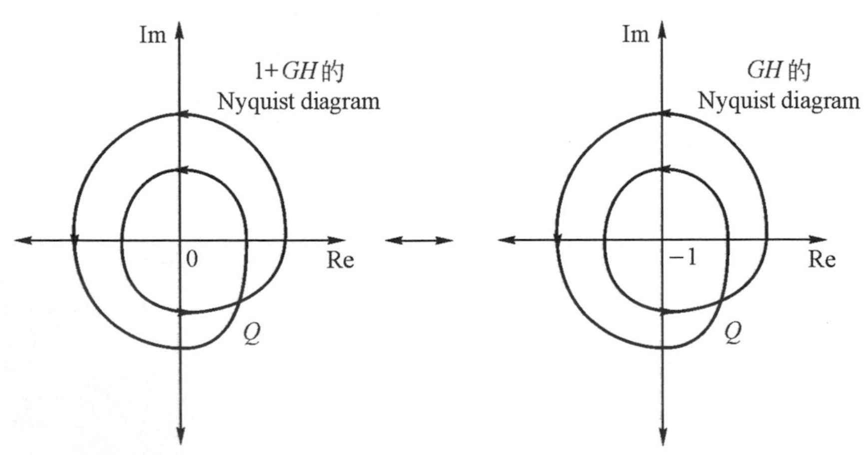

圖 7-27　$1+GH$ 的 Nyquist diagram 與 GH 的 Nyquist diagram 圖

(4) 現以 GH 繪出 Nyquist Diagram 即為上述之 Q，故可以依此判斷穩定性。

(5) Nyquist criterion of stability

$r = X\sin\omega t$ → $G = |G(j\omega)|\angle\phi$ → $c = X|G(j\omega)|\sin(\omega t + \phi)$

r 與 c 同頻率(ω)，但有相位差(ϕ)。
當 $\phi = 180°$ 時， $c = -X|G(j\omega)|\sin\omega t$

NOTE $\sin(\omega t + 180°) = \sin\omega t\cos 180° + \sin 180°\cos\omega t$

$= \sin\omega t \times (-1) + 0 \times \cos\omega t = -\sin\omega t$

而 $e = r - c = [X - (-X|G(j\omega)|)]\sin\omega t = X[1 + |G(j\omega)|]\sin\omega t$ ，

$\therefore |G(j\omega)| = M < 1$ 則系統可穩定。

NOTE 輸出 c 與輸入 r 反相時，原來負回授的架構就變成正回授的架構了！

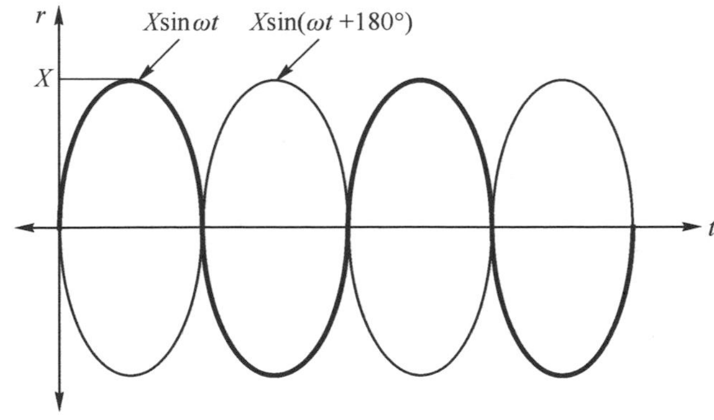

圖 7-28　相位差 $\phi = 180°$ 之正弦函數圖

⇒① Polar plot 與實軸之交點在 -1 點的右方則穩定。
(指 minimum-phase system 而言，NMPS 則相反)

② 若 Open loop stable 則 Close loop stable；若 Open loop unstable 則 Close loop 有可能 stable。

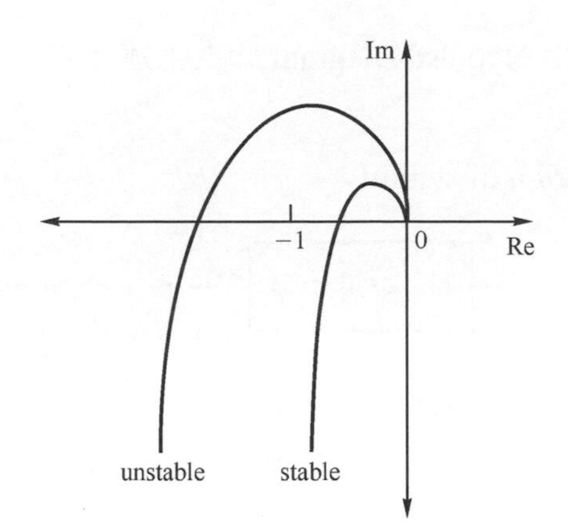

圖 7-29 Polar plot 與實軸之交點在 −1 點的左或右方圖

(6) 依 $0^+ \to +\infty \to -\infty \to 0^-$ 順序繪出 Nyquist diagram(i.e.順時針)。

N：Nyquist diagram 繞 −1 點之次數(以順時針爲正)。

P：GH 之 Pole 在右半面之個數(等於 $1+GH$ 之 Pole 在右半面個數)。

Z：GH 之 Zero 右半面之個數。

根據幅角定理(Cauchy's principle of argument)

可得 $N = Z - P$

而 $N = Z - P = 0 \Leftrightarrow$ 閉路系統穩定(Close loop stable)

$P = Z - N = 0 \Leftrightarrow$ 開路系統穩定(Open loop stable)

5. 作圖法

(1) 將 $GH(s)$ 以 $s = j\omega$ 代入，並化成 $GH(j\omega) = M\angle\phi$ 之形式。

(2) ω 由 $0^+ \to +\infty$ 繪出 Nyquist Diagram。

(3) $-\infty \to 0^-$ 之圖形則與 $0^+ \to +\infty$ 之圖形相對稱於實軸。

(4) 但由 $0^- \to 0^+$ 繞左或右半面(是否繞過 −1 點)則由下列法則判斷：

① Nyquist path 之選法：在原點有極(零點)時，乃是由負虛軸以逆時針方向經過實軸繞至正虛軸，故其角度爲 $-90° \to 0° \to +90°$；該段之 $s = \rho e^{j\theta}$，當 $\rho \to 0$ 則 $\theta = -90° \to 0° \to +90°$

② 將 $s=\rho e^{j\theta}$ 代入 $GH(s)$ 中，且令 $\rho \to 0$ 則可得 GH 之角度；再將 $-90° \to 0° \to +90°$ 代入 GH 之角度中，即可知其由 $0^- \to 0^+$ 如何走法。

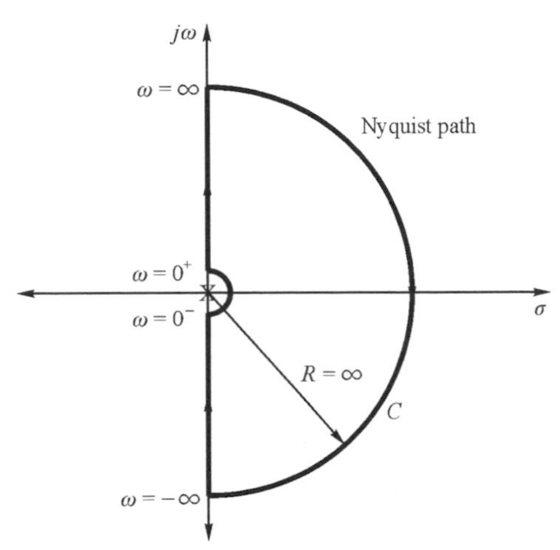

圖 7-30　Nyquist path 由 $0^- \to 0^+$ 圖

例 7-10　一回授系統之 $CE = s^3+3s^2+(K-4)s+K=0$，請以奈奎士穩定準則判斷其穩定性。

Sol

令 $1+CH$ 之分子爲零即爲 CE，現由系統之 CE 可知

$$1+\frac{Ks+K}{s^3+3s^2-4s}=1+\frac{K(s+1)}{s^3+3s^2-4s},$$

$$\therefore GH=\frac{K(s+1)}{s(s-1)(s+4)}$$，令 $s=j\omega$ 代入 GH

$$G(j\omega)H(j\omega)=\frac{K}{\omega\sqrt{\omega^2+16}}\angle \tan^{-1}\omega-90°-(180°-\tan^{-1}\omega)-\tan^{-1}\frac{\omega}{4}$$

$$=\frac{K}{\omega\sqrt{\omega^2+16}}\angle -270°+\tan^{-1}\frac{7\omega+\omega^3}{4-2\omega^2}$$

NOTE $\angle(s-1)=\tan^{-1}\left(\dfrac{\omega}{-1}\right)=180^\circ-\tan^{-1}\omega=180^\circ-\theta=\phi$

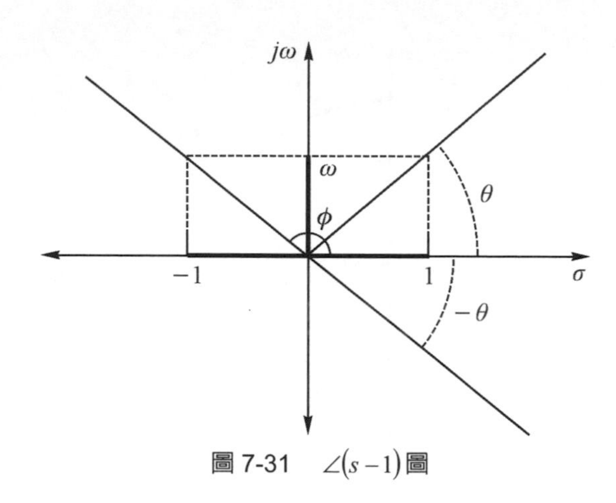

圖 7-31　$\angle(s-1)$圖

但若解成$\angle(s-1)=\tan^{-1}\left(\dfrac{\omega}{-1}\right)=-\tan^{-1}\left(\dfrac{\omega}{1}\right)=-\tan^{-1}\omega=-\theta\neq\phi$，則為錯誤！

NOTE $\tan(\alpha\pm\beta)=\dfrac{\tan\alpha\pm\tan\beta}{1\mp\tan\alpha\tan\beta}$，

$$\tan^{-1}\omega+\tan^{-1}\omega-\tan^{-1}\frac{\omega}{4}=\tan^{-1}\left[\tan\left(\tan^{-1}\omega+\tan^{-1}\omega\right)\right]-\tan^{-1}\frac{\omega}{4}$$

$$=\tan^{-1}\left[\frac{2\omega}{1-\omega^2}\right]-\tan^{-1}\frac{\omega}{4}$$

$$=\tan^{-1}\frac{7\omega+\omega^3}{4-2\omega^2}$$

當 $\omega=0^+\Rightarrow M=\infty$，$\phi=-269.\cdots^\circ$

$\omega=\sqrt{2}\Rightarrow M=\dfrac{K}{6}$，$\phi=-180^\circ$ (與實軸之交點)

(令 $4-2\omega^2=0$ 則 $\tan^{-1}\dfrac{7\omega+\omega^3}{4-2\omega^2}=90^\circ$，$\phi=-270^\circ+90^\circ=-180^\circ$)

$\omega = +\infty \Rightarrow M = 0$，$\phi = 0°$

令 $s = \rho e^{j\theta}$ 代入 GH 求 $\rho \to 0$ 時之角度

$$GH = \lim_{\rho \to 0} \frac{K(\rho e^{j\theta} + 1)}{\rho e^{j\theta}(\rho e^{j\theta} - 1)(\rho e^{j\theta} + 4)} = \frac{K \times 1}{\rho e^{j\theta}(-1)(+4)} = \frac{-K}{4\rho e^{j\theta}}$$

$$= \infty \angle \pi - \theta = M \angle \phi$$

$\because \theta = -90° \to 0° \to +90°$

$\therefore \phi = \pi - (-90°) \to \pi - 0° \to \pi - 90° = 270° \to 180° \to 90°$

$\because P = 1 \therefore N$ 必須等於 -1 系統才會穩定(逆時針)，

$\therefore -1$ 必須在心型圈內，故與虛軸之交點 $\dfrac{K}{6}$ 需大於 1。

$\therefore$系統穩定條件：$\dfrac{K}{6} > 1 \Rightarrow K > 6$

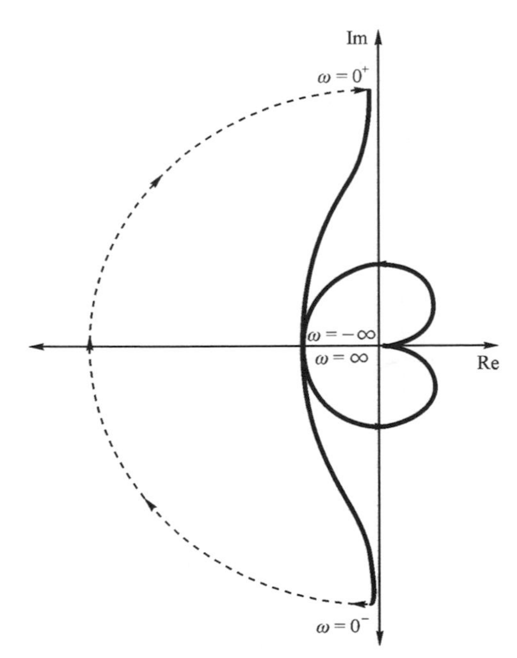

圖 7-32　例 7-10 的 Nyquist diagram

以 Routh 法驗證：

$$\begin{array}{lll} s^3 & 1 & (K-4) \\ s^2 & 3 & K \\ s^1 & \dfrac{3K-12-K}{3} & \\ s^0 & K & \end{array}$$

第一行各值間無變號須 $2K-12>0$ 與 $K>0$ 同時成立，故 $K>6$，與上述結果相同。

例 7-11 一單位回授系統之開環路轉移函數爲 $G(s)=\dfrac{Ke^{-0.8s}}{s+1}$，請以奈奎士圖決定使系統穩定之臨界 K 值。

Sol

$$G(j\omega)=\frac{Ke^{-0.8j\omega}}{j\omega+1}=\frac{K(\cos 0.8\omega-j\sin 0.8\omega)(1-j\omega)}{(1+j\omega)(1-j\omega)}$$

$$=\frac{K}{1+\omega^2}[(\cos 0.8\omega-\omega\sin 0.8\omega)-j(\sin 0.8\omega+\omega\cos 0.8\omega)]$$

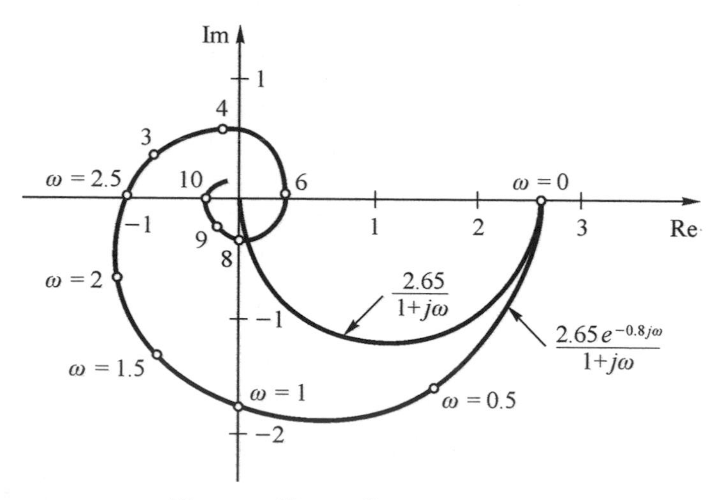

圖 7-33　例 7-11 的 Nyquist diagram

爲求圖形與實軸之交點，故設虛部爲零，即

$$\sin 0.8\omega + \omega \cos 0.8\omega = 0 \Rightarrow \omega = -\tan^{-1} 0.8\omega$$

By trail and error，滿足 ω 的最小正數爲 $\omega = 2.45$，代入 GH 求 $\omega = 2.45$ 時之長度：

$$G(j2.45) = \frac{K}{1+2.45^2}\left(\cos 1.96 - 2.45\sin 1.96\right) = -0.378K$$

令 $-0.378K = -1$，可得使系統穩定之臨界 K 值爲 $K = 2.65$

6. 常見之奈奎士圖與相對應之根軌跡圖

(1) $G(s) = \dfrac{1}{\tau_1 s + 1}$

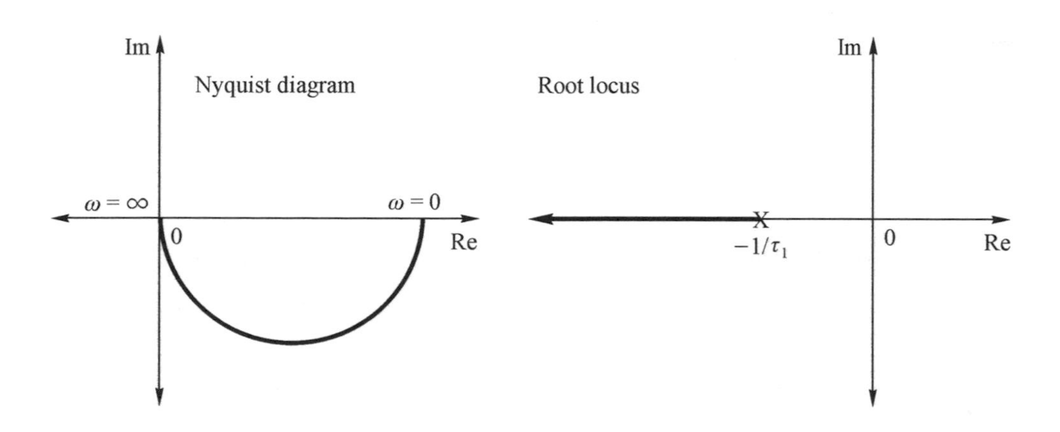

圖 7-34　常見之奈奎士圖與相對應之根軌跡圖

(2) $G(s)=\dfrac{1}{(\tau_1 s+1)(\tau_2 s+1)}$

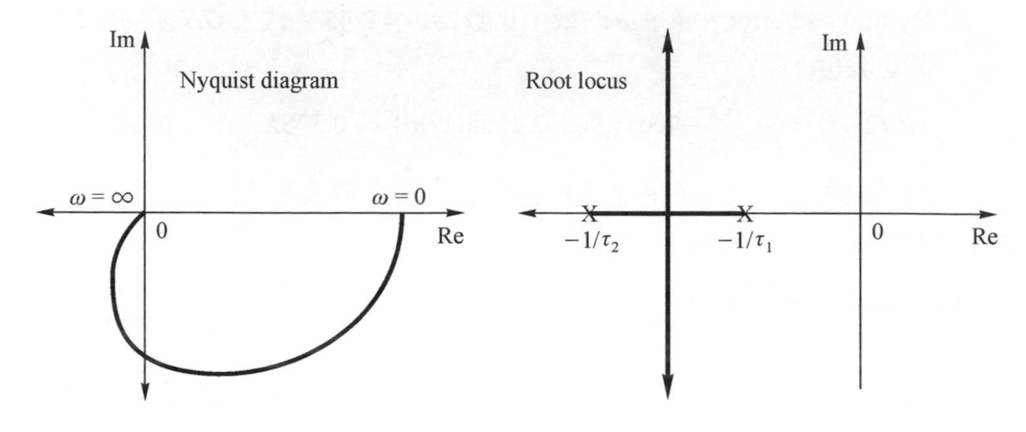

(3) $G(s)=\dfrac{1}{(\tau_1 s+1)(\tau_2 s+1)(\tau_3 s+1)}$

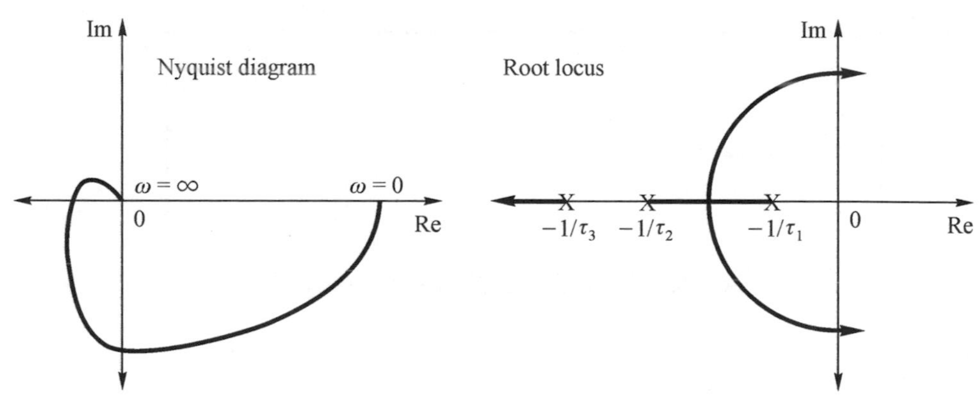

圖 7-34　常見之奈奎士圖與相對應之根軌跡圖(續)

(4) $G(s)=\dfrac{1}{s(\tau_1 s+1)}$

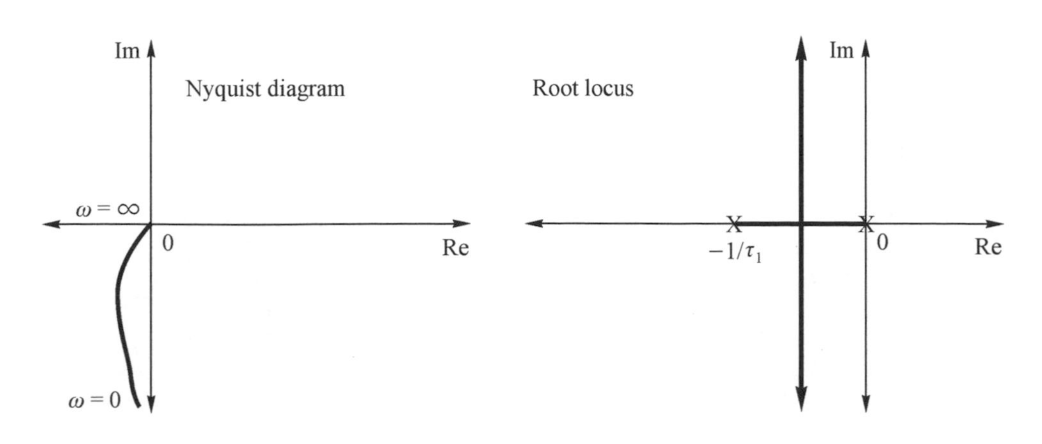

(5) $G(s)=\dfrac{1}{s(\tau_1 s+1)(\tau_2 s+1)}$

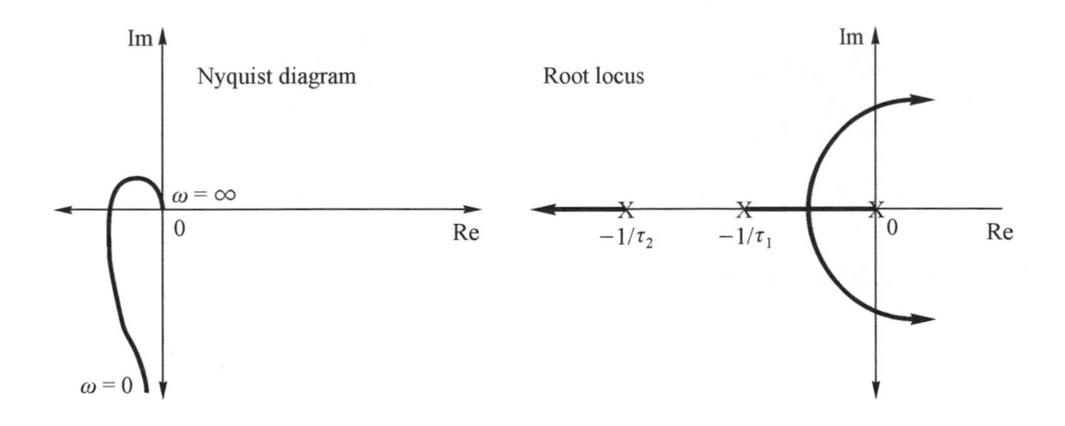

圖 7-34　常見之奈奎士圖與相對應之根軌跡圖(續)

(6) $G(s)=\dfrac{\tau s+1}{s(\tau_1 s+1)(\tau_2 s+1)}$

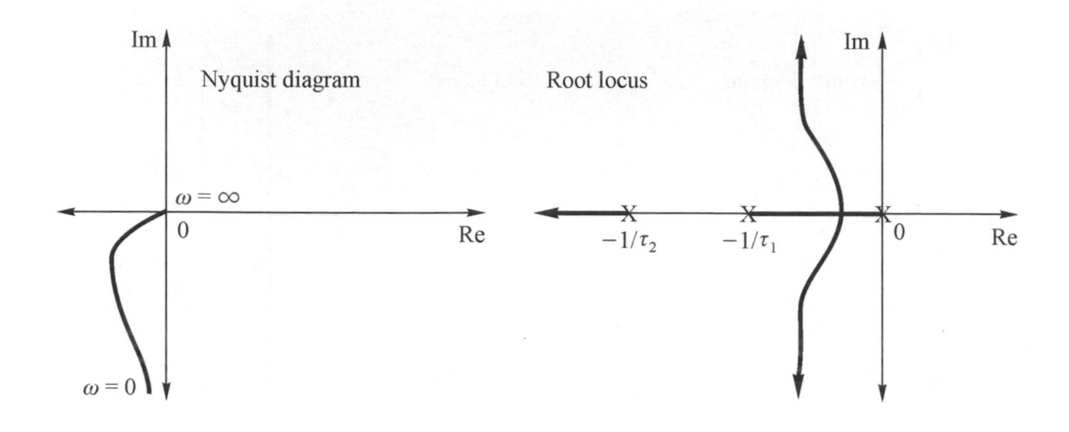

圖 7-34　常見之奈奎士圖與相對應之根軌跡圖(續)

7-6 增益邊限(Gain margin)、相位邊限(Phasemargin)

1. 增益交越頻率(Gain crossover frequency，ω_G)：GH 之大小 $M=1$時之頻率。
2. 相位交越頻率(Phase crossover frequency，ω_P)：GH 之相位 $\phi=180°$ 時之頻率。
3. 增益邊限(GM)：使系統到達邊界穩定所需改變的(stable 爲增加，unstable 爲減少)系統增益臨界值。

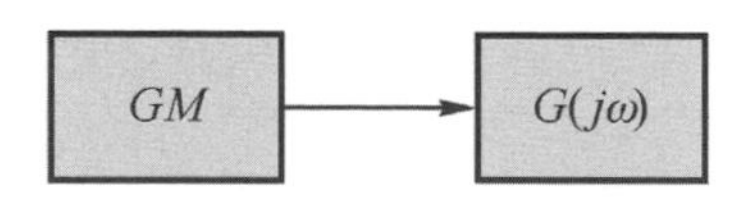

總增益 $M=(GM)\times\left|G(j\omega)\right|_{\omega=\omega_P}=1$

$\therefore \text{GM} = \dfrac{1}{\left|G(j\omega_p)\right|}$

以 dB 爲單位 $\Rightarrow \text{GM}_{db} = 20\log\dfrac{1}{\left|G(j\omega_p)\right|} = -20\log\left|G(j\omega_P)\right|$

若 $\left|G(j\omega)_p\right| > 1$ (i.e.已包圍 -1 點)則 $\text{GM} = \dfrac{1}{\left|G(j\omega_p)\right|} < 1$

$\therefore \text{GM}_{\text{db}} = 20\log\dfrac{1}{\left|G(j\omega_p)\right|} < 0$

$\therefore \text{GM}_{\text{db}}$ 爲正值則系統穩定，爲負值則系統不穩定。

NOTE $\left|G(j\omega)\right| = \left|KGH(j\omega)\right|$，可見 K 值愈大、$\left|G(j\omega)\right|$ 愈大，則 GM 愈小、系統愈不穩定。可解釋 P-controller 之 K_P 大則 stability 差。

4. 相位邊限(PM)：使 Nyquist Diagram 與實軸上(-1)點相交所需使 Diagram 旋轉的角度，i.e.使系統達到邊界穩定所需改變(stable 爲落後，unstable 爲領先)的角度。

   $\text{PM} = 180° + \angle GH(j\omega_G) \approx 100\zeta$

5. 最小相位系統(Minimum phase system)

   (1) TF 的 Zero 及 Pole 均不在右半面

   (2) Gain 的值爲正

6. MPS Stable $\Leftrightarrow$ Polar plot 不包圍 $(-1, 0j)$ 點

   $\Leftrightarrow$ Open loop $\text{GM} > 0$ 且 $\text{PM} > 0$

   NMPS Stable $\Leftrightarrow$ Polar plot 須包圍 $(-1, 0j)$ 點

   $\Leftrightarrow$ Open loop $\text{GM} < 0$ 且 $\text{PM} < 0$

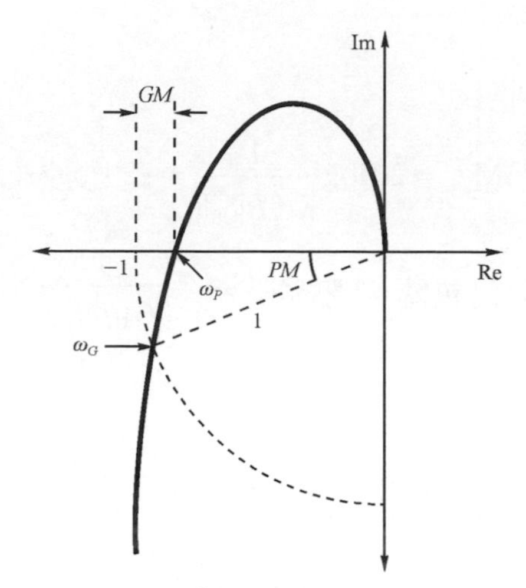

圖 7-35　增益邊限、相位邊限、增益交越頻率、相位交越頻率

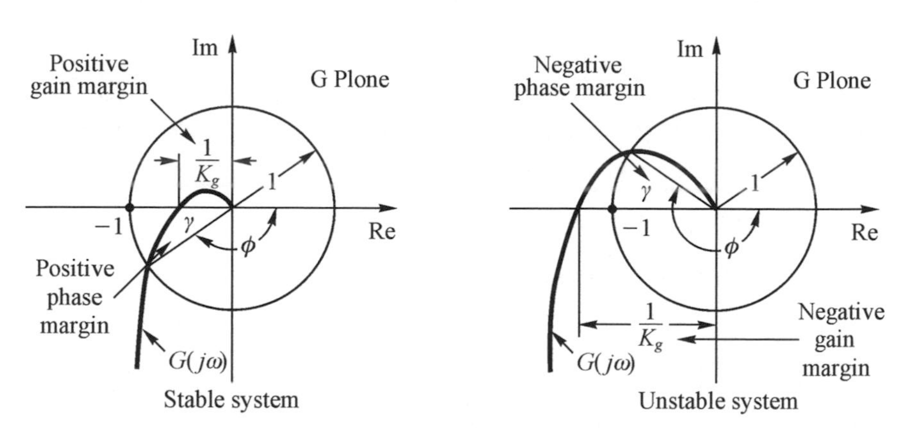

圖 7-36　Nyquist diagram 中的增益邊限、相位邊限

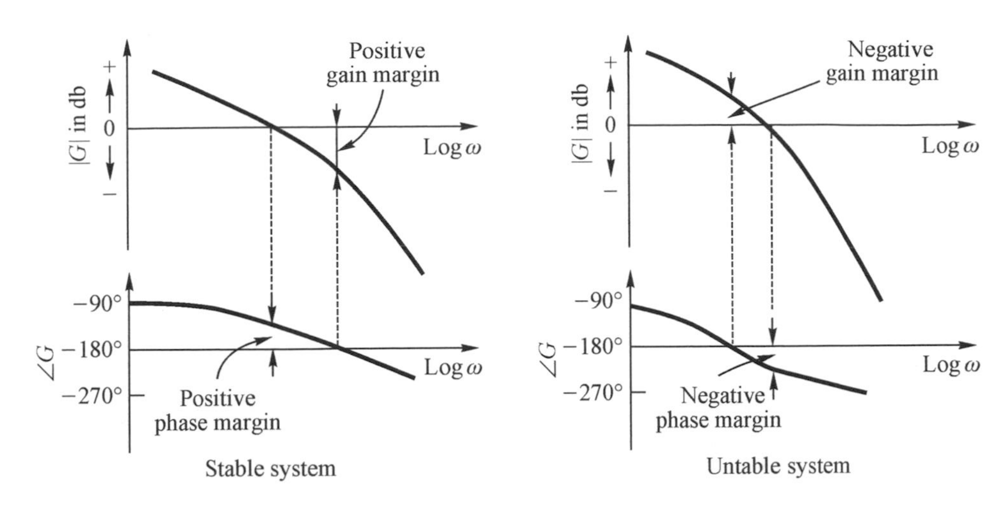

圖 7-37　Bode diagram 中的增益邊限、相位邊限

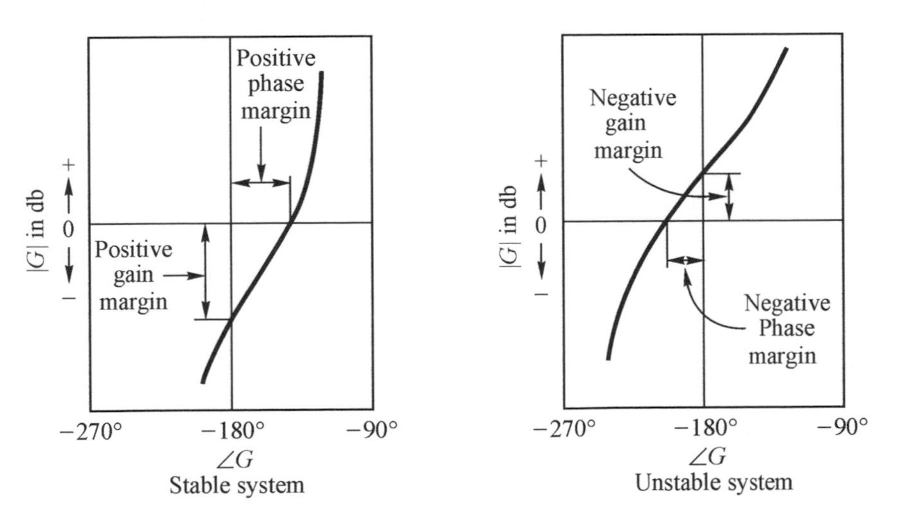

圖 7-38　大小對相位圖的增益邊限、相位邊限

例 7-12　一系統之開路轉移函數爲 $G(s)=\dfrac{10}{s(1+\frac{s}{50})(1+\frac{s}{5})}$，求：(1)以公式計算該系統之 GM 及 PM，(2)以 Bode diagram 求該系統之 GM 及 PM。

Sol

(1) $$G(j\omega)=\frac{10}{j\omega\left(1+\frac{j\omega}{50}\right)\left(1+\frac{j\omega}{5}\right)}$$

$$=\frac{2500}{\omega\sqrt{(2500+\omega^2)(25+\omega^2)}}\angle-90^\circ-\tan^{-1}\frac{\omega}{50}-\tan^{-1}\frac{\omega}{5}$$

① Phase crossover frequency (ω_P)：

$$\Rightarrow -90^\circ-\tan^{-1}\frac{\omega_p}{50}-\tan^{-1}\frac{\omega_p}{5}=-180^\circ\Rightarrow\omega_p=15.81\,\mathrm{rad/s}$$

② $$\mathrm{GM}=-20\log|G(j\omega)|_{\omega=\omega_p}$$

$$=-20\log\left|\frac{2500}{\omega_p\sqrt{(2500+\omega_p{}^2)(25+\omega_p{}^2)}}\right|=14.8\text{ db}$$

③ Gain crossover freq (ω_G)

$$\frac{2500}{\omega_G\sqrt{\omega_G{}^4+2525\omega_G{}^2+62500}}=1\Rightarrow\omega_G=6.22\,\mathrm{rad/s}$$

④ $$\mathrm{PM}=180^\circ+\left(-90^\circ-\tan^{-1}\frac{6.22}{50}-\tan^{-1}\frac{6.22}{5}\right)=32^\circ$$

NOTE $$\tan(\alpha\pm\beta)=\frac{\tan\alpha\pm\tan\beta}{1\mp\tan\alpha\tan\beta}\Rightarrow\tan\left(\tan^{-1}\frac{\omega_p}{50}+\tan^{-1}\frac{\omega_p}{5}\right)=\tan(-90^\circ)$$

$$\Rightarrow\frac{0.22\omega_p}{1-0.004\omega_p{}^2}=\infty\Rightarrow1-0.004\omega_p{}^2=0\Rightarrow\omega_p=15.81\,\mathrm{rad/s}$$

(2) Bode diagram

corner frequency：5、50

起始點：$M=20\log|G(j\omega)|_{\omega=0.1}$

$$=20\log\left|\frac{2500}{0.1\sqrt{(2500+0.1^2)(25+0.1^2)}}\right|=40\text{ db}$$

$\omega = 0 \Rightarrow \phi = -90.\cdots^\circ$

$\omega = 5 \Rightarrow \phi = -140.71^\circ$

$\omega = 50 \Rightarrow \phi = -219.29^\circ$

$\omega = \infty \Rightarrow \phi = -270^\circ$

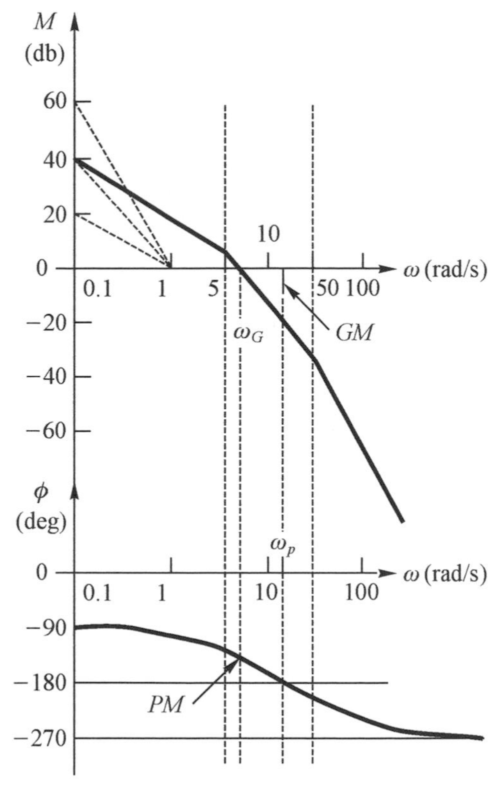

圖 7-39　例 7-12 的 Bode diagram

例 7-13　一系統之開路轉移函數爲 $G(s) = \dfrac{K}{s(1+0.2s)(1+0.05s)}$，求使該系統：(1) GM = 20db 之 K 值，(2) PM = 40° 之 K 值，(3)邊界穩定(marginal stable)之 K 值，(4)以 Routh 法驗證(3)題之結果。

Sol

$$G(j\omega)=\frac{K}{\omega\sqrt{(1+0.04\omega^2)(1+0.0025\omega^2)}}\angle-90^\circ-\tan^{-1}0.2\omega-\tan^{-1}0.05\omega$$

(1) $-90^\circ-\tan^{-1}0.2\omega_P-\tan^{-1}0.05\omega_P=-180^\circ\Rightarrow\omega_P=10\ \text{rad/s}$

$\text{GM}=-20\log|G(j\times10)|=20\Rightarrow K=2.5$

(2) $\text{PM}=180^\circ+\angle(Gj\omega)\big|_{\omega=\omega_G}=40^\circ\Rightarrow\omega_G=4\ \text{rad/s}$

$$|G(j\omega_G)|=1=\frac{K}{4\sqrt{(1+0.04\times4^2)(1+0.0025\times4^2)}}\Rightarrow K=5.2$$

NOTE 因為 K 值在 Magnitude，故須由 Angle 下手。

(3) 邊界穩定亦即 $\text{GM}=0$ db ，所以

$\text{GM}=-20\log|G(j\times10)|=0\Rightarrow K=25$

(4) 以 Routh 法驗證：

$CE=0.01s^3+0.25s^2+s+K=0$

s^3	0.01	1
s^2	0.25	K
s^1	$\dfrac{0.25-0.01K}{0.25}$	
s^0	K	

第一行各值間無變號須 $0.25-0.01K>0$ 與 $K>0$ 同時成立，

故 $K>25$，與上述結果相同。

例 7-14 一系統之開路轉移函數爲 $G(s)=\dfrac{K}{s(2s+1)(s+1)}$ 求使該系統爲：

(1)Margin stable 之 K 值，並以 Routh 法驗證，(2) $\text{GM}=3\text{db}$ 之 K 值。

Sol

$$G(j\omega)=\frac{K}{\omega\sqrt{(4\omega^2+1)(\omega^2+1)}}\angle0^\circ-\left[90^\circ+\tan^{-1}2\omega+\tan^{-1}\omega\right]$$

(1) $\phi = \angle 0^\circ - \left[90^\circ + \tan^{-1} 2\omega + \tan^{-1}\omega\right] = \angle -\left[90^\circ + \tan^{-1}\left(\dfrac{3\omega}{1-2\omega^2}\right)\right]$

$\phi = -180^\circ$ 時 $M = 1$ 爲 Marginal stable，所以 $\tan^{-1}\left(\dfrac{3\omega}{1-2\omega^2}\right) = 90^\circ$

$\Rightarrow 1-2\omega^2 = 0 \Rightarrow \omega = \dfrac{1}{\sqrt{2}}\,\text{rad/s} = \omega_P$

$\left|G(j\dfrac{1}{\sqrt{2}})\right| = 1 \Rightarrow K = 1.5$

以 Routh 法驗證：

$CE = 2s^3 + 3s^2 + s + K$

s^3	2	1
s^2	3	K
s^1	$\dfrac{3-2K}{3}$	
s^0	K	

第一行各值間無變號須 $3-2K>0$ 與 $K>0$ 同時成立，故 $K<1.5$，與上述結果相同。

(2) $3 = -20\log\left|\dfrac{K}{\sqrt{\dfrac{9}{4}}}\right| \Rightarrow K = 1.06$

習 題 EXERCISE

1. The specifications on a second order unity-feedback control system with the closed-loop transfer function $M = \dfrac{\omega_n^{\ 2}}{s^2 + 2\varsigma\omega_n s + \omega_n^{\ 2}}$ are that the maximum overshoot must not exceed 30 percent and the rise time must be less than 0.2 sec. Find the corresponding limiting values of M_r (Peak resonance) and BW(Band width).
2. 一系統之開環路轉移函數爲 $\dfrac{5(s+2)}{(s+3)}$，請繪出其波得圖(Bode diagram)。
3. 一系統之開環路轉移函數爲 $\dfrac{2500(s+10)}{s(s+2)(s^2+3s+2500)}$，請繪出其波得圖(Bode diagram)。
4. 一系統之開環路轉移函數爲 $\dfrac{2500}{s(s+5)(s+50)}$，請繪出其波得圖(Bode diagram)。
5. 一系統之開環路轉移函數爲 $\dfrac{10}{s(s+1)(s+2)}$，求繪出其波得圖(Bode diagram)。
6. 一系統之開環路轉移函數爲 $\dfrac{10}{s(s+1)(s+2)}$，求：(1)繪出其波得圖(Bode diagram)，(2)求出其 Gain Margin 及 Phase Margin 並判斷其穩定性。
7. 一系統之頻率響應大小(波得圖)如圖 7-40，求該系統之開環路轉移函數。
8. 一系統之開環路轉移函數爲 $\dfrac{(s+3)}{(s^2+4s+16)}$，請(1)繪出其奈奎士圖(Nyquist diagram)，(2)以此圖判斷其穩定性，(3)以 Routh 法驗證題(2)中所得之結果。

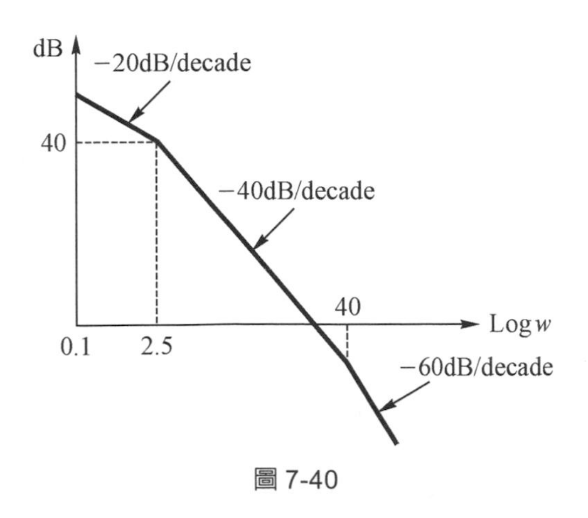

圖 7-40

9. 一系統之開環路轉移函數為 $\dfrac{K}{s(s+1)}$，請(1)繪出其奈奎士圖(Nyquist diagram)，(2)以此圖判斷其穩定性，(3)以 Routh 法驗證題(2)中所得之結果。

10. 一系統之開環路轉移函數為 $\dfrac{K(s-1)}{s(s+1)}$，請(1)繪出其奈奎士圖(Nyquist diagram)，(2)以此圖判斷其穩定性，(3)以 Routh 法驗證題(2)中所得之結果。

11. 一系統之開環路轉移函數為 $\dfrac{10}{s(s+1)(s+2)}$，請(1)繪出其奈奎士圖(Nyquist diagram)，(2)以此圖判斷其穩定性，(3)以 Routh 法驗證題(2)中所得之結果。

12. 一系統之開環路轉移函數為 $\dfrac{10}{s(s+1)(s+2)}$，求：(1)繪出其波得圖(Bode diagram)，(2)求出其 Gain Margin 及 Phase Margin 並判斷其穩定性，(3)繪出其奈奎士圖(Nyquist diagram)，並以此圖判斷其穩定性，(4)以 Routh 法驗證題(3)中所得之答案。

13. 一系統之開環路轉移函數爲 $\frac{10(s+5)e^{-0.1s}}{s(s+2)}$，求：(1)繪出其＝波得圖(Bode diagram)，(2)求出其 Gain Margin 及 Phase Margin 並以此結果判斷其穩定性。

14. 一系統之開環路轉移函數爲 $\frac{100K}{s(s+5)(s+20)}$，求：(1)使 GM = 20 db 之 K 值，(2)使系統爲 Marginal stable 的 K 值，(3)使 PM = 40° 之 K 值。

15. $G(s)=\frac{K}{s(1+0.2s)(1+0.05s)}$，求：(1)使 GM = 20 db 之 K 值，(2)使 PM = 40° 之 K 值，(3)使系統爲 Marginal stable 的 K 值，(4)以 Routh 法驗證題(3)中所得之答案。

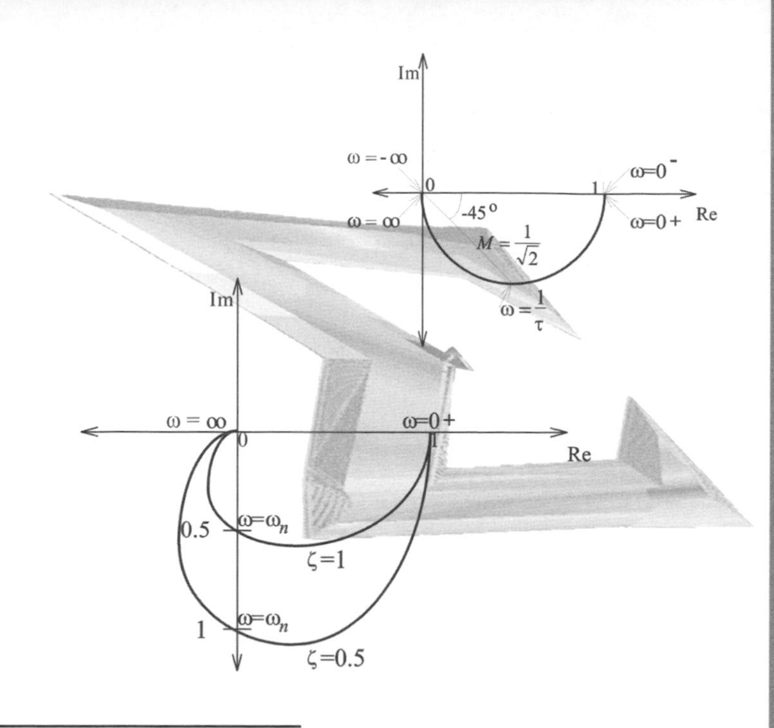

8 章

控制系統的設計與補償

8-1 前言

1. 設計目的：滿足性能要求(1)穩定，(2)快速，(3)準確。
2. 常用規格：
   (1) 時域：
   ① t_s(2%)(誤差 2%的安定時間)
   ② t_r(上升時間)
   ③ M_p(最大超越量)
   ④ ζ(阻尼比)
   ⑤ ω_n(自然頻率)
   ⑥ K_p、K_v、K_a(靜態誤差係數)

   (2) 頻域：
   ① M_r(共振尖峰值)
   ② ω_r(共振頻率)
   ③ BW(頻寬)
   ④ GM(增益邊限)
   ⑤ PM(相位邊限)
3. 改變控制系統特性的方法：
   (1) 調整(Tuning)：系統特性已很接近要求時用之，通常調整增益值即可。
   (2) 前饋補償(Feed-forward compensation)：加補償器($G_c(s)$)位於前饋路徑上，又稱「串聯式補償(Cascade compensation)」。

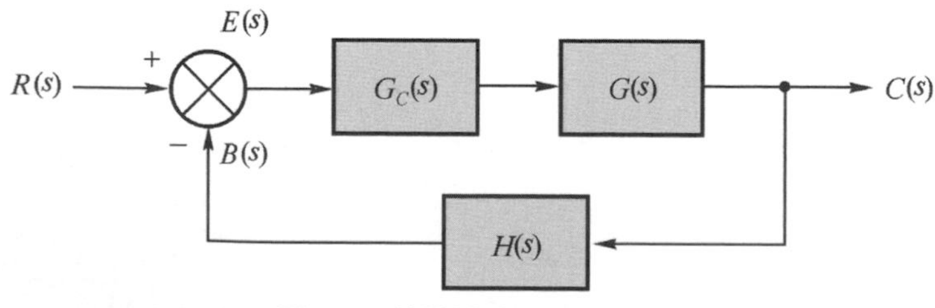

圖 8-1 前饋補償系統方塊圖

(3) 回授補償(Feedback compensation)：加補償器($G_c(s)$)位於回授路徑上。

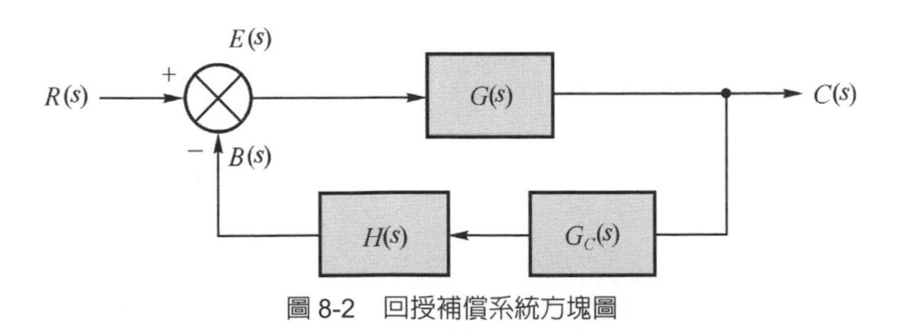

圖 8-2　回授補償系統方塊圖

4. 控制系統設計無一定方法，可以視需要選擇適當方法設計之。

8-2 PID 控制器(PID controller)

1. P (Proportional，比例)型控制器：其轉移函數為 K_P 。
2. I (Integral，積分)型控制器：其轉移函數為 K_I / s 。
3. D (Differential，微分)型控制器：其轉移函數為 $K_D s$ 。

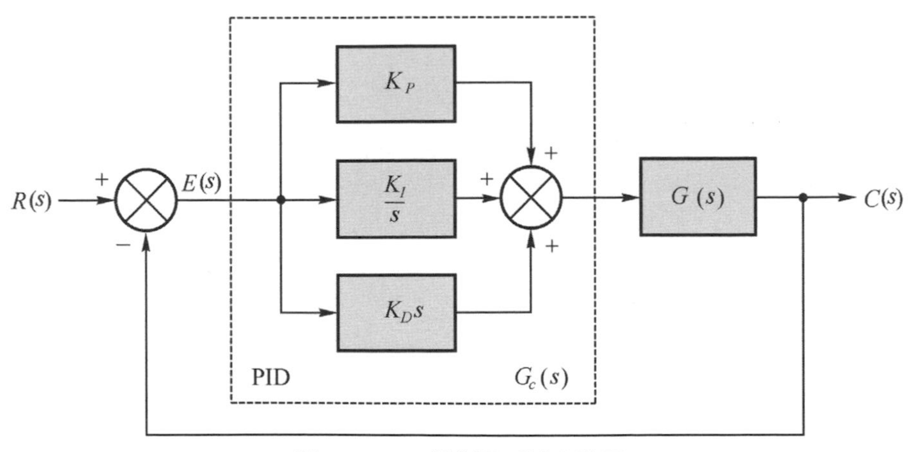

圖 8-3　PID 控制器系統方塊圖

例 8-1 一系統的 $TF=\dfrac{0.01}{s^2+0.01}$，求欲同時達成下列要求，所需加控制器的 TF？

(1) Step input，其 $e_{ss}=0$

(2) Ramp input，其 $e_{ss}=0.01\ {}^{I}\!/\!_{P}$

(3) 閉路系統之二次根所對應之 $\zeta=0.707$，$\omega_n=1\text{rad/s}$。

Sol

(1) $e_{ss}=\lim\limits_{s\to 0}s\frac{R}{1+GH}=\lim\limits_{s\to 0}sE(s)=\lim\limits_{t\to\infty}e(t)$

For step input：$e_{ss}=\lim\limits_{s\to 0}\dfrac{s\times\frac{1}{s}}{1+GH}=\dfrac{1}{1+K_P}$，$K_P=\lim\limits_{s\to 0}GH$

欲使 $e_{ss}=0$ 則 $K_P\to\infty$，i.e. $\lim\limits_{s\to 0}\left(\dfrac{0.01}{s^2+0.01}\right)\times G_c=\infty$，

所以 $G_c=\dfrac{K_I}{s}$

結論:加 I 型控制器於前饋路徑上,其轉移函數爲 $\dfrac{K_I}{s}$,其中 $K_I\neq 0$。

(2) For ramp input：$e_{ss}=\lim\limits_{s\to 0}\dfrac{s\times\frac{1}{s^2}}{1+GH}=\dfrac{1}{K_v}$，$K_v=\lim\limits_{s\to 0}s\,GH$

欲使 $e_{ss}=0.01$ 則 $\dfrac{1}{K_v}\to 0.01\Rightarrow K_v=100$，

$\Rightarrow\lim\limits_{s\to 0}s\times\left(\dfrac{0.01}{s^2+0.01}\right)\times G_c=100$，

$\Rightarrow\lim\limits_{s\to 0}s\times\left(\dfrac{0.01}{s^2+0.01}\right)\times\dfrac{K_I}{s}=100\Rightarrow K_I=100$

結論：加 I 型控制器於前饋路徑上，其轉移函數爲 $G_c=\dfrac{100}{s}$。

(3) 對二階系統，其標準式爲：$s^2+2\zeta\omega_n s+\omega_n{}^2=0$

要求 $\zeta=0.707$，$\omega_n=1$，則該系統之特性方程式爲：

$s^2+\sqrt{2}s+1=0$ ....(A)

現欲設採用 PID controller 以完成任務，其轉移函數爲：

$$G_c=K_P+\frac{K_I}{s}+K_Ds$$

所以加入控制器後系統的 $CE=1+G\times G_c=0$

$$\Rightarrow CE=1+\left(\frac{0.01}{s^2+0.01}\right)\times\left(K_P+\frac{K_I}{s}+K_Ds\right)=0$$

$$\Rightarrow s^3+0.01K_Ds^2+0.01(1+K_ps)+0.01K_I=0$$

可知其爲三階系統，而(A)式僅爲二階，故令所求系統之 $CE=(s+a)(s^2+\sqrt{2}s+1)=0$

$\Rightarrow CE=s^3+(\sqrt{2}+a)s^2+(1+\sqrt{2}a)s+a=0$ ....(B)

比較式(A)、(B)之係數可得：

$$\left.\begin{aligned}0.01K_D&=\sqrt{2}+a\\0.01(1+K_P)&=1+\sqrt{2}a\\0.01K_I&=a\end{aligned}\right\}$$

，令 $a=1$(任意一左半面之點)，解聯立方程式可得：

$K_P=240.42$，$K_D=241.42$，$K_I=100$，

結論：加 PID 型控制器於前饋路徑上，其轉移函數爲

$$G_c=240.42+\frac{100}{s}+241.42s$$ 。

8-3 相位補償器(Phase compensator)

1. 相位領先補償器(Phase-lead compensator)
   (1) 指輸出正弦信號之相位較輸入正弦信號之相位領先之補償器。
   (2) 該補償器可藉電路實現如圖 8-4。

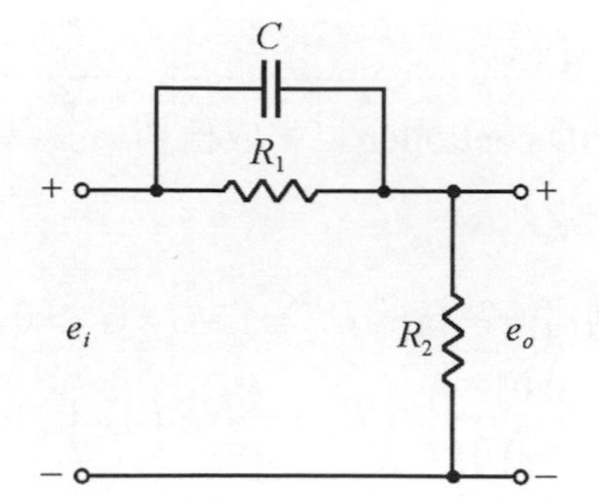

圖 8-4　可實現相位領先補償器之電路圖

例 8-2

Sol

於圖 8-4 中設 $e_i = 100\angle 0°$，$X_c = 10\Omega = R_1 = R_2$，則

$$Z = (X_c // R_1) + R_2 = \left(\frac{-R \times jX_c}{R - jX_c}\right) + R_2 = \left(\frac{-100j}{10-10j}\right) + 10$$

$$= (5-5j) + 10 = 15 - 5j = e_i = 15.8\angle -18.4°$$

$$i = \frac{e}{Z} = \frac{100\angle 0°}{15.8\angle -18.4°} = 6.3\angle 18.4°$$

$$e_o = i \times R_2 = 6.3\angle 18.4° \times 10\angle 0° = 63\angle 18.4°$$

∴輸出電壓之相位超前。

(3) $\text{TF} = \mathcal{L}[e_o(t)] / \mathcal{L}[e_i(t)]$

$$= \frac{E_o(s)}{E_i(s)} = \frac{R_2}{\left(\dfrac{\frac{R_1}{Cs}}{R_1 + \frac{1}{Cs}}\right) + R_2} = \frac{R_1R_2Cs + R_2}{R_1R_2Cs + R_1 + R_2}$$

NOTE $v_c = \dfrac{Q}{C} = \dfrac{1}{C}\int idt \Rightarrow \mathcal{L}[v_c] = \dfrac{1}{Cs} \times I(s)$，根據歐姆定律，容抗可寫成：

$$X_c = \frac{v_c}{i_c} = \frac{\frac{1}{Cs} \times I(s)}{I(s)} = \frac{1}{Cs}$$ 。該相位領先補償器電路之

$$e_i=[(R_1 // X_c)+R_2]\times i \Rightarrow \mathcal{L}[e_i(t)]=\left[\left(\frac{1}{\frac{1}{R_1}+Cs}\right)+R_2\right]\times I(s)$$ ，

$\mathcal{L}[e_o(t)]=R_2\times I(s)$ 。

NOTE 二並聯阻抗的等效值＝各阻抗的倒數的和的倒數＝二阻抗相加分之二阻抗相乘。

令 $\alpha=\dfrac{R_1}{R_1+R_2}$ ，$T=R_1C$ ，代入上式，

$$\Rightarrow \frac{E_o(s)}{E_i(s)}=\frac{s+\frac{1}{T}}{s+\frac{1}{\alpha T}}$$ ，其中 $\alpha<1$ 。

$$M=|G|=\frac{\sqrt{\left(\frac{1}{T}\right)^2+\omega^2}}{\sqrt{\left(\frac{1}{\alpha T}\right)^2+\omega^2}}=\frac{\sqrt{\alpha^2(1+\omega^2)}}{\sqrt{1+(\alpha T)^2\omega^2}}$$

$\because \alpha T<<1$ ，$\therefore |G|\approx\sqrt{\alpha^2(1+\omega^2)}$ ，可見其爲高通(High pass)之特性。

(4) pole 與 zero 的位置

Pole：$-\dfrac{1}{\alpha T}$ ，Zero：$-\dfrac{1}{T}$

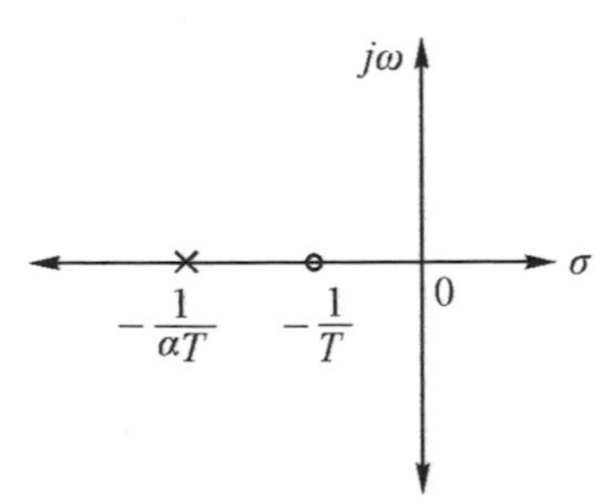

圖 8-5　相位領先補償器之 pole 與 zero 的相關位置圖

(5) 特性

① pole 在左，zero 在右。

② α 決定 pole 與 zero 間的距離。

③ 可明顯改善暫態響應，但對 e_{ss} 的改善幅度卻很小(此爲加 Zero 的效應)。

④ 是一個高通濾波器(High-pass filter)。

⑤ 不穩定系統不得使用(因爲雜訊爲高頻)。

(6) 波德圖及其說明

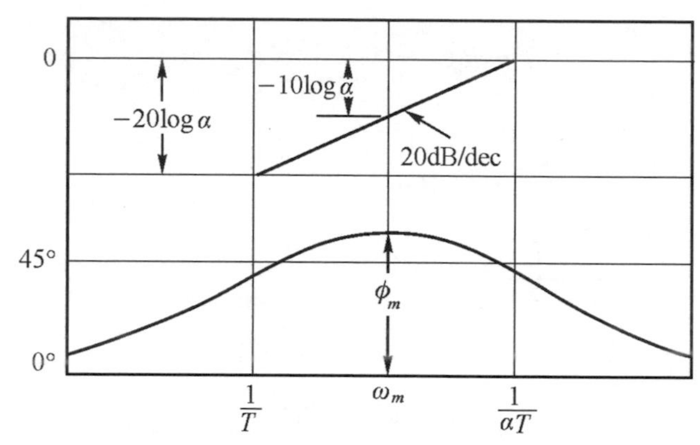

圖 8-6　相位領先補償器之波德圖

① 因爲是 Type0 的系統，所以其大小以水平線起始。

② 其大小之起始値爲

$$M = \lim_{\omega \to 0} 20\log|G(j\omega)| = \lim_{\omega \to 0} 20\log \frac{\sqrt{\alpha^2(1+\omega^2)}}{\sqrt{1+(\alpha T)^2\omega^2}} = 20\ \log\alpha\ ,$$

$\because \alpha < 1 \therefore M = 20\log\alpha < 0$ 。

③ 其大小碰到第一個轉角頻率 $\frac{1}{T}$ 時要以 20 dB/decade 之斜率上升至第二個轉角頻率 $\frac{1}{\alpha T}$ ，設斜率爲 $\frac{Y}{X} = 20$ ，則

$$\frac{Y}{X}=\frac{Y}{\log\left(\frac{1}{\alpha T}\right)-\log\left(\frac{1}{T}\right)}=\frac{Y}{\log\left(\frac{1}{\alpha}\right)}=20\text{，}$$

$$Y=20\log\left(\frac{1}{\alpha}\right)=-20\log\alpha\text{。}$$

故其大小由第一個轉角頻率 $\frac{1}{T}$ 至第二個轉角頻率 $\frac{1}{\alpha T}$ 間共上升了 $Y=-20\log\alpha$。又因為其起始值為 $20\log\alpha$，故於第二個轉角頻率 $\frac{1}{\alpha T}$ 時之大小為 0 dB。

④ 由波德圖可看出，相位領先補償器於低頻的部份衰減($-20\log\alpha$) dB，(i.e. Low rejection 的特性)，故單獨使用時需串接一個 Gain 值為 $\frac{1}{\alpha}$ 的放大器以補償之，然此舉會使原本沒有衰減的高頻區信號被放大(i.e. High pass 的特性)。

2. 相位落後補償器(Phase-lag compensator)

(1) 指輸出正弦信號之相位較輸入正弦信號之相位落後之補償器。

(2) 該補償器可藉電路實現如圖 8-7。

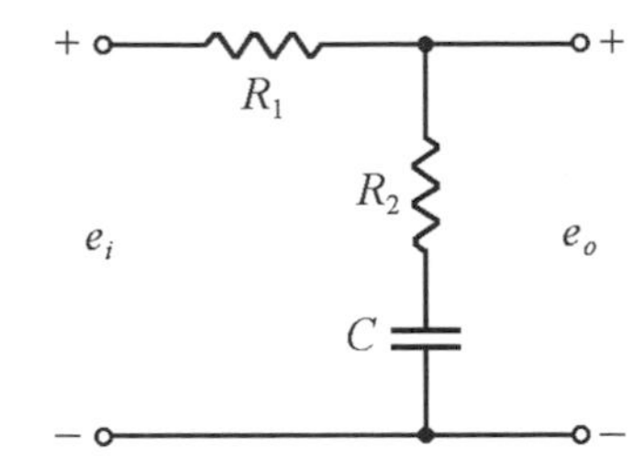

圖 8-7　可實現相位落後補償器之電路圖

$$Z=R_1+R_2-jX_c\Rightarrow\angle Z=\tan^{-1}\left(\frac{-X_c}{R_1+R_2}\right)\text{，}$$

$$i=\frac{e_i}{Z}\text{，設 }\angle e_i=0^\circ\Rightarrow\angle i=\tan^{-1}\left(\frac{X_c}{R_1+R_2}\right)\text{。}$$

$$Z_o = \angle(R_2 - jX_c) = \tan^{-1}\left(\frac{-X_c}{R_2}\right)，\ e_o = i\times(R_2 - jX_c)，$$

$$\Rightarrow \angle e_o = \tan^{-1}\left(\frac{X_c}{R_1+R_2}\right) + \tan^{-1}\left(\frac{-X_c}{R_2}\right) < 0，$$

所以輸出電壓相位落後於輸入電壓相位。

NOTE $\angle e_o$ 式中第一項正少、第二項負多，故相加後之結果小於零。

例 8-3

Sol

於圖 8-7 中設 $e_i = 100\angle 0°$， $X_c = 10\Omega = R_1 = R_2$，則

$$Z = 10 + 10 - 10j = 20 - 10j = 22.36\angle -26.5°$$

$$i = \frac{e}{Z} = \frac{100\angle 0°}{22.36\angle -26.5°} = 4.47\angle 26.5°$$

$$e_o = I\times(R_2 + X_c) = 4.47\angle 26.5°\times(10 - 10j)$$

$$= 4.47\angle 26.5°\times 14.14\angle -45° = 63.2\angle -18.5°$$

$\therefore$ 輸出電壓之相位落後。

(3) $\mathrm{TF} = \mathcal{L}[e_o(t)]/\mathcal{L}[e_i(t)]$

$$= \frac{E_o(s)}{E_i(s)} = \frac{R_2 + \frac{1}{Cs}}{R_1 + R_2 + \frac{1}{Cs}} = \frac{R_2Cs + 1}{(R_1+R_2)Cs + 1}$$

NOTE 該相位領先補償器電路之

$$e_i = (R_1 + R_2 + X_c)\times i \Rightarrow \mathcal{L}[e_i(t)] = \left(R_1 + R_2 + \frac{1}{Cs}\right)\times I(s)，$$

$$\mathcal{L}[e_o(t)] = \left(R_2 + \frac{1}{Cs}\right)\times I(s)。$$

令 $\beta = \dfrac{R_1 + R_2}{R_2}$，$T = R_2 C$，代入上式，

$$\Rightarrow \frac{E_o(s)}{E_i(s)} = \frac{1}{\beta} \times \frac{s + \frac{1}{T}}{s + \frac{1}{\beta T}}$$，其中 $\beta > 1$。

(4) pole 與 zero 的位置

Pole：$-\dfrac{1}{\beta T}$，Zero：$-\dfrac{1}{T}$

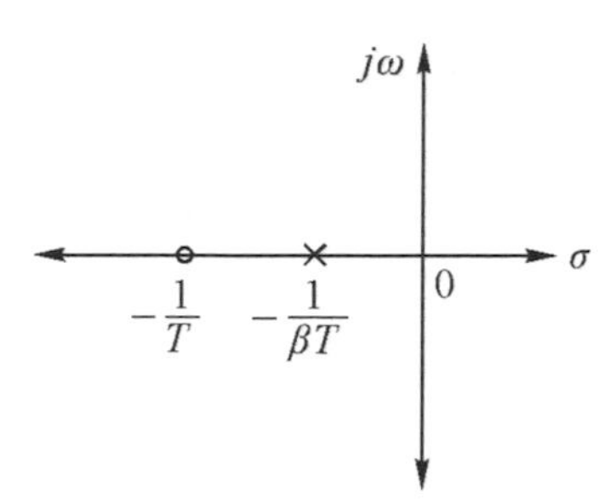

圖 8-8　相位落後補償器之 pole 與 zero 的相關位置圖

(5) 特性

① pole 在右，zero 在左。

② β 決定 pole 與 zero 間的距離。

③ 可明顯改善 e_{ss}，但會稍微延遲暫態響應(加 Pole 的效應)。因為將 pole 與 zero 選在原點附近，且彼此靠近，故僅將系統的根軌跡約略向右移，如此可補償暫態行為良好，但穩態不良之系統。

④ 是一個低通濾波器(Low-pass filter)。

NOTE 電容是相位落後元件，故電容位於輸入端則輸出相位領先，位在 output 端則輸出相位 lag。

(6) 波德圖及其說明

① 由波德圖可看出，相位落後補償器會將高頻的部份衰減($20\log\beta$) dB，(i.e. High rejection 的特性)。

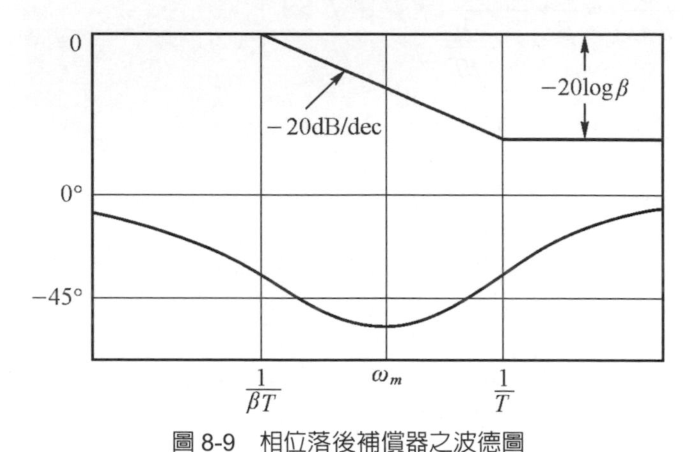

圖 8-9 相位落後補償器之波德圖

3. 相位領先-落後補償器(Phase Lead-Lag compensator)

(1) 指輸出正弦信號之相位於不同頻率範圍可較輸入正弦信號之相位領先或落後之補償器。

(2) 該補償器可藉電路實現如圖 8-10。

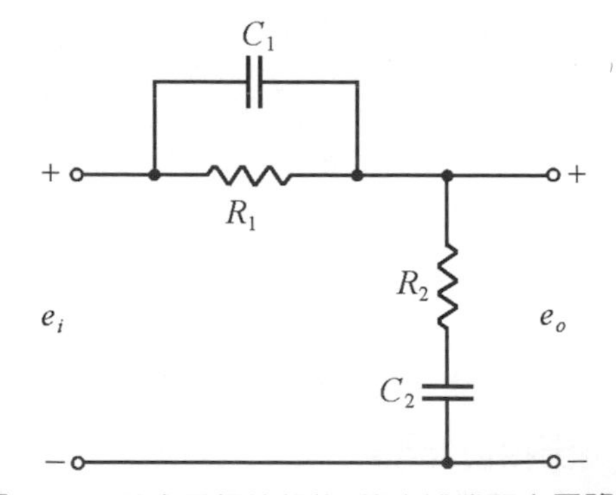

圖 8-10 可實現相位領先-落後補償器之電路圖

(3) $\text{TF} = \mathcal{L}[e_o(t)] / \mathcal{L}[e_i(t)]$

$$= \frac{E_o(s)}{E_i(s)} = \frac{R_2 + \frac{1}{C_2 s}}{\left(\frac{\frac{R_1}{C_1 s}}{R_1 + \frac{1}{C_1 s}}\right) + R_2 + \frac{1}{C_2 s}} = \frac{(R_1C_1s+1)(R_2C_2s+1)}{(R_1C_1s+1)(R_2C_2s+1) + R_1C_2s}$$

NOTE 該相位領先補償器電路之 $e_i = [(R_1 // X_{c1}) + R_2 + X_{c2}] \times i$

$$\Rightarrow \mathcal{L}[e_i(t)] = \left[\left(\frac{1}{\frac{1}{R_1} + C_1 s}\right) + \left(R_2 + \frac{1}{C_2 s}\right)\right] \times I(s) \text{，}$$

$$\mathcal{L}[e_o(t)] = \left(R_2 + \frac{1}{C_2 s}\right) \times I(s) \text{。}$$

TF 的分母：

$(R_1C_1s+1)(R_2C_2s+1) + R_1C_2s = T_1T_2s^2 + (R_1C_1 + R_2C_2 + R_1C_2)s + 1$

令 $R_1C_1 = T_1$，$R_2C_2 = T_2$，$R_1C_1 + R_2C_2 + R_1C_2 = \beta T_1 + \frac{T_2}{\beta}$，代入上式，

$$\text{TF} = \frac{(R_1C_1s+1)(R_2C_2s+1)}{(R_1C_1s+1)(R_2C_2s+1) + R_1C_2s} = \frac{(R_1C_1s+1)(R_2C_2s+1)}{T_1T_2s^2 + \left(\beta T_1 + \frac{T_2}{\beta}\right)s + 1}$$

$$= \frac{(R_1C_1s+1)(R_2C_2s+1)}{(\beta T_1 s + 1)\left(\frac{T_2}{\beta} s + 1\right)}$$

$$\Rightarrow \frac{E_o(s)}{E_i(s)} = \left(\frac{s + \frac{1}{T_1}}{s + \frac{1}{\beta T_1}}\right) \times \left(\frac{s + \frac{1}{T_2}}{s + \frac{\beta}{T_2}}\right) \text{，其中 } \beta > 1 \text{，} T_1 > T_2 \text{。}$$

NOTE 上式中$\left(\dfrac{s+\dfrac{1}{T_1}}{s+\dfrac{1}{\beta T_1}}\right)$為相位落後補償器；$\left(\dfrac{s+\dfrac{1}{T_2}}{s+\dfrac{\beta}{T_2}}\right)=\left(\dfrac{s+\dfrac{1}{T_2}}{s+\dfrac{1}{\dfrac{1}{\beta}T_2}}\right)$，若令

$\dfrac{1}{\beta}=\alpha$，則$\left(\dfrac{s+\dfrac{1}{T_2}}{s+\dfrac{\beta}{T_2}}\right)=\left(\dfrac{s+\dfrac{1}{T_2}}{s+\dfrac{1}{\dfrac{1}{\beta}T_2}}\right)=\left(\dfrac{s+\dfrac{1}{T_2}}{s+\dfrac{1}{\alpha T_2}}\right)$為相位領先補償器。

(4) pole 與 zero 的位置

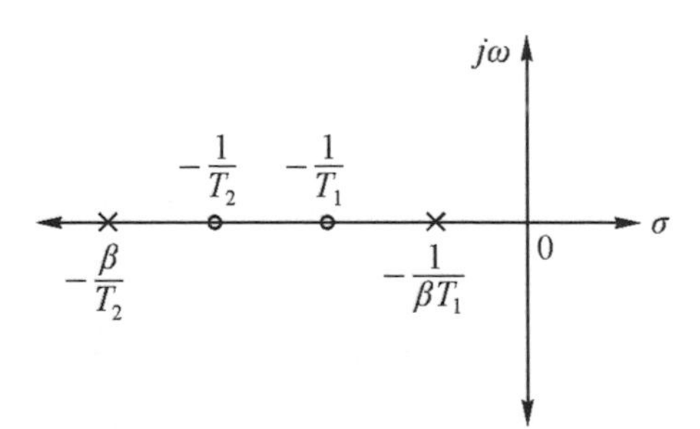

圖 8-11　相位領先-落後補償器之 pole 與 zero 的相關位置圖

(5) 特性

① 兩 zero 在兩 pole 中間。

② 暫態響應及 e_{ss} 均可得到改善。

③ 是一個帶拒濾波器(Band rejection filter)。

(6) 波德圖及其說明

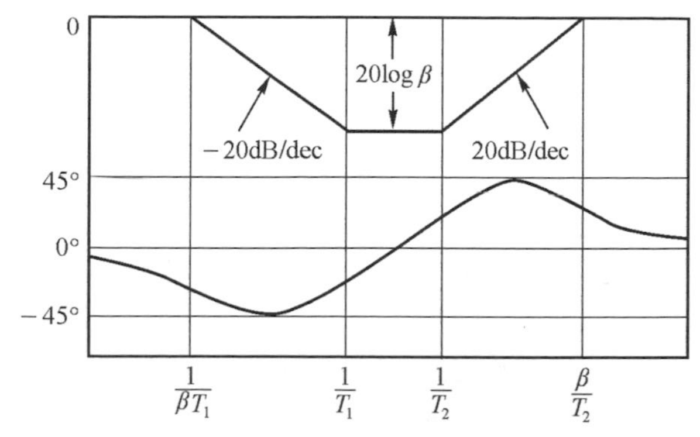

圖 8-12　相位領先-落後補償器之波德圖

① 由波德圖可看出，相位領先-落後補償器會將中頻的部份衰減 $(20\log\beta)$ dB，(i.e. Band rejection 的特性)。

8-4 時域設計

1. 相位領先補償器

(1) 設計步驟：

① 由已知條件求 ζ 及 ω_n。

② 代入特性方程式標準式 $s^2+2\zeta\omega_n s+\omega_n{}^2$ 中，求出要求的主極點 (Desired dominant poles)。

③ 將求得之極點代入開路轉移函數 GH 之角度條件(Angel condition)中，可得須補償的角度(ϕ)。

④ 於根軌跡上將極點(P)與原點(O)連線($\overline{PO}$)，並由極點(P)向左畫一條與 X 軸平行之線($\overline{PX}$)。

⑤ 將 $\angle OPX$ 等分爲二，分角線向左 $\dfrac{\phi^\circ}{2}$ 及向右 $\dfrac{\phi^\circ}{2}$，由 P 點畫出之線與實軸之交點 A、B 即爲補償器之 pole 及 zero 點且 $\angle APB=\phi$。

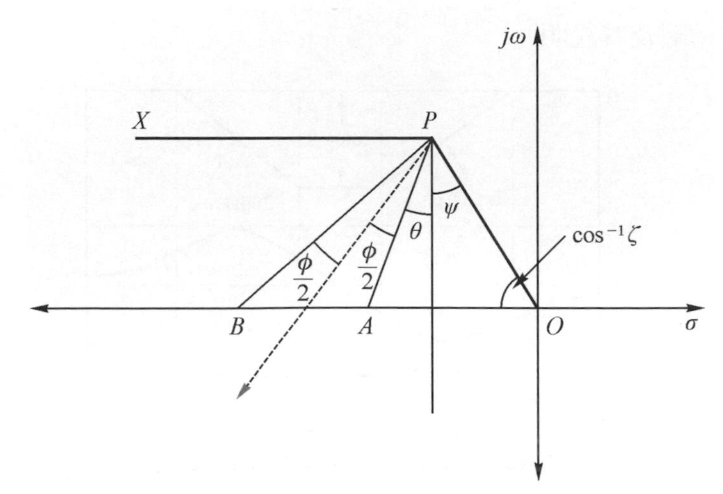

圖 8-13　時域設計相位領先補償器之各個角度關係圖

⑥ 寫成數學式：

$$\left.\begin{aligned} &\psi = 90^\circ - \cos^{-1}\zeta \\ &\theta = \frac{\psi + 90^\circ}{2} - \left(\frac{\phi}{2}\right) - \psi \\ &A(\text{zero}) = -(\sigma + \omega d \tan\theta) \\ &B(\text{pole}) = -[\sigma + \omega d \tan(\phi + \theta)] \end{aligned}\right\}$$

由 A、B 點可得 G_C 的轉移函數。

⑦ 再由大小條件(Magnitude condition)：$|G \times G_C| = 1$ 求出 K 值。

⑧ 補償後系統的轉移函數爲：$G_{\text{new}} = K \times G \times G_c$。

例 8-4 一系統之轉移函數爲 $G(s) = \frac{K}{s^2}$，現要求系統之 $t_S \le 4$ 且 $M_p \le 20\%$，求經補償後系統之轉移函數。

Sol

NOTE 要求暫態響應則應用 Lead compensator。

(1) 由安定時間之要求：$\frac{4}{\sigma} \le 4 \Rightarrow \sigma \ge 1$，現取$\sigma = 1$

由最大超越量之要求：

$M_p = e^{-\frac{\zeta\pi}{\sqrt{1-\zeta^2}}} = 0.2 \Rightarrow \zeta = 0.45$，$\omega_n = 2.22\,\text{rad/s}$

將滿足要求的ζ 及ω_n代入特性方程式之標準式，可得要求系統的特性方程式：

$s^2 + 2s + 4.9 = 0 \Rightarrow$ poles at $(-1 \pm 2j)$。

(2) 由角度條件求須補償的角度(ϕ)：

$\angle GG_c(s)_{s=-1+2j} = -180^\circ$，而$\angle G(s)_{s=-1+2j} = -234^\circ$，

$\therefore \angle G_c = 54^\circ = \phi$

(3) 作圖：

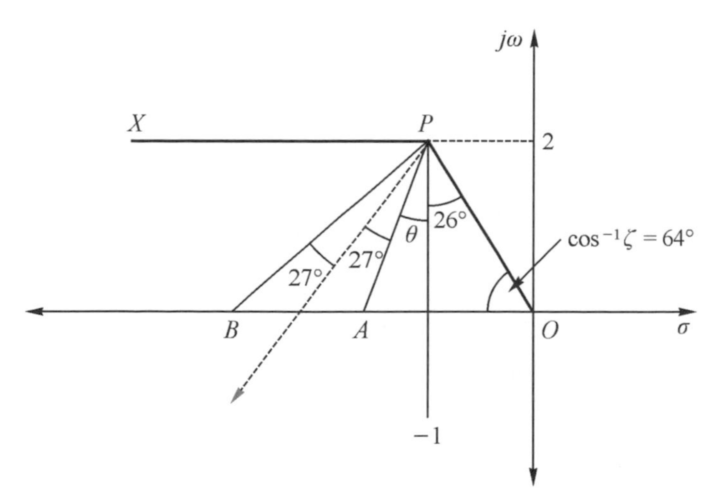

圖 8-14　例 8-4 相位領先補償器之各個角度關係圖

$\psi = 90^\circ - \cos^{-1}\zeta = 90^\circ - \cos^{-1}(0.45) = 90^\circ - 64^\circ = 26^\circ$

$\theta = \frac{\psi + 90^\circ}{2} - \left(\frac{\phi}{2}\right) - \psi = \frac{26^\circ + 90^\circ}{2} - \left(\frac{54^\circ}{2}\right) - 26^\circ = 5^\circ$

由圖中之幾何關係可得二極點的位置：

$A=-(1+2\tan 5°)=-1.15$

$B=-[1+2\tan(5°+54°)]=-4.3$

補償器的轉移函數為：$G_c=\dfrac{s+1.15}{s+4.3}$

(4) 由大小條件求 K：

$$|G\times G_c|=1\Rightarrow\left|\frac{K}{s^2}\times\frac{s+1.15}{s+4.3}\right|_{s=-1+2j}=1$$

$$\Rightarrow\frac{K\sqrt{(1.15-1)^2+4}}{5\sqrt{(4.3-1)^2+4}}=1\Rightarrow K=9.6$$

(5) 補償後系統的轉移函數為：

$$G_{\text{new}}=\frac{9.6}{s^2}\times\frac{s+1.15}{s+4.3}$$

例 8-5 一系統之轉移函數為 $G(s)=\dfrac{4}{s(s+2)}$，現要求系統之 $\omega_n=4$、$\zeta=0.5$，求經補償後系統之轉移函數。

Sol

(1) 將要求的 ζ 及 ω_n 代入特性方程式之標準式，可得要求系統的特性方程式：

$s^2+4s+16=0\Rightarrow$ poles at $(-2\pm j2\sqrt{3})$

(2) 由角度條件求須補償的角度(ϕ)：

$$\angle G_c=-180°-\angle G=-180°-\left(-\tan^{-1}\frac{2\sqrt{3}}{-2}-\tan^{-1}\frac{2\sqrt{3}}{-2+2}\right)$$

$=30°=\phi$。

(3) 作圖：

$\psi=90°-\cos^{-1}\zeta=90°-\cos^{-1}(0.5)=90°-60°=30°$

$$\theta=\frac{\psi+90°}{2}-\left(\frac{\phi}{2}\right)-\psi=\frac{30°+90°}{2}-\left(\frac{30°}{2}\right)-30°=15°$$

由圖中之幾何關係可得二極點的位置：

$A = -(2 + 2\sqrt{3}\tan 15°) = -2.928$

$B = -\left[2 + 2\sqrt{3}\tan(15^\circ + 30°)\right] = -5.464$

補償器的轉移函數為：$G_c = \dfrac{s+2.982}{s+5.464} \times K_C$

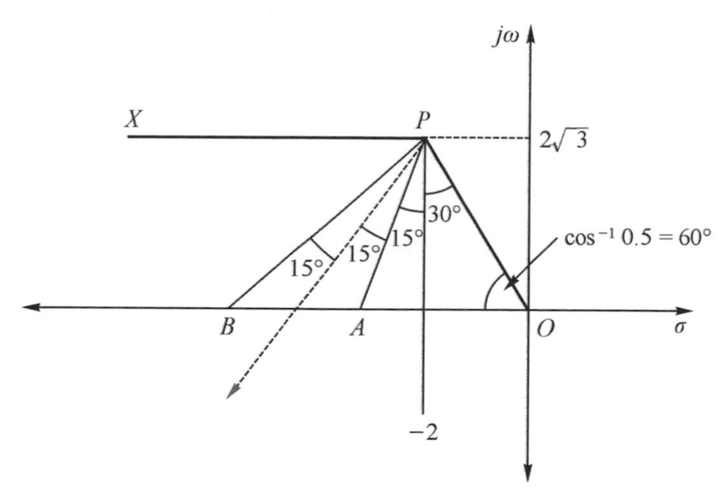

圖 8-15　例 8-5 相位領先補償器之各個角度關係圖

(4) 由大小條件求 K_C:

$$\left|G \times G_c\right| = 1 \Rightarrow \left|\frac{4}{s(s+2)} \times \frac{s+2.928}{s+5.464} \times K_C\right|_{s=-+2\sqrt{3}j} = 1$$

$$\Rightarrow \frac{4}{\sqrt{(-2)^2 + (2\sqrt{3})^2} \times \sqrt{\left(-2 + 2\sqrt{3} + 2\right)^2}} \times \frac{\sqrt{(0.928)^2 + (2\sqrt{3})^2}}{\sqrt{(3.464)^2 + (2\sqrt{3})^2}} \times Kc = 1$$

$$\Rightarrow K_c = 4.68$$

(5) 補償後系統的轉移函數為：$G_{\text{new}} = \dfrac{4}{s(s+2)} \times \dfrac{s+2.928}{s+5.464} \times 4.68$

2.　相位落後補償器

(1)　設計步驟：

①　繪出未補償之根軌跡，並求 K_v。

② 找出閉環路的主極點(Dominant pole，指較靠近原點之 pole)。

③ 由此 pole 可得要求的ζ 及ω_n 。

④ 設 $\beta = \dfrac{\text{要求的}K_v}{\text{補償前的 }K_v}$ ，且定 zero 位在 0.1 處，i.e. $T = 10$ ，(經驗值約在$1 \le \beta \le 15$ ，但一般皆令在 10 左右)

⑤ 令$K_c G_c G$ 之K_v滿足要求的值，可算得K_c 值(但此法不保證ζ 能維持原值，會使ζ 略小)；或欲維持ζ，則令

$$s = -\sigma + j\omega_d = -\sigma + j\omega_n\sqrt{1-\zeta^2} = -\sigma + j\zeta\omega_n \frac{\sqrt{1-\zeta^2}}{\zeta}$$

$$= -\sigma + j\sigma \frac{\sqrt{1-\zeta^2}}{\zeta} \leftarrow \text{將所欲維持之}\zeta \text{ 代入}$$

再代入 Angle condition 可得σ，則 s 可得；此即經補償後之 Dominant poles。

將此 pole 代入 Magnitude condition 可得 K 值。

例 8-6 一系統之開路轉移函數為：$GH = \dfrac{1.06}{s(s+1)(s+2)}$ ，現要求：

(1) $K_v = 5$

(2) 主極點位置不可明顯改變(It does not appreciably change the location of domain close loop poles)

NOTE 要求穩態應使用 Lag compensator。

NOTE 若要求主極點位置不可明顯改變必定用 Lag compensator。

Sol

(1) 補償前之系統的方塊圖及根軌跡，如圖 8-16

$K_v = \lim\limits_{s\to 0} sG = 0.53$

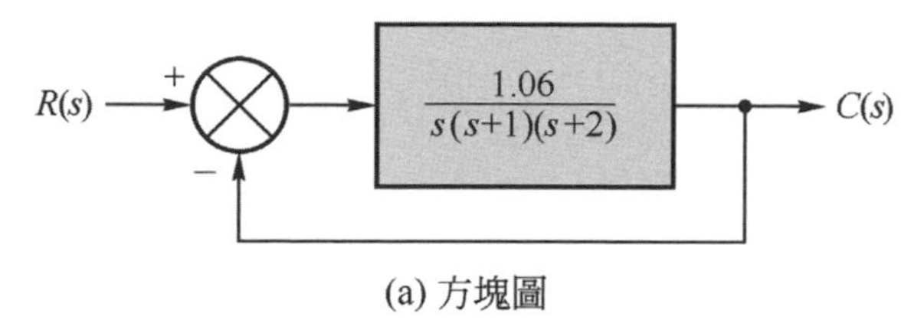

(a) 方塊圖

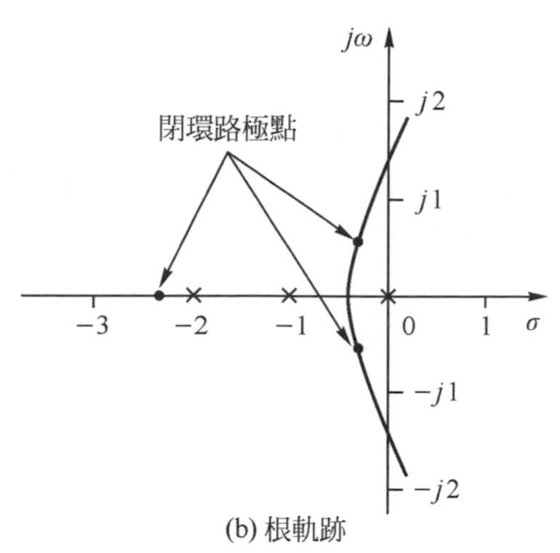

(b) 根軌跡

圖 8-16　例 8-6 補償前之系統的方塊圖及根軌跡

(2) $\dfrac{C}{R}=\dfrac{G}{1+GH}=\dfrac{1.06}{s(s+1)(s+2)+1.06}$

$=\dfrac{1.06}{(s+0.33-j0.58)(s+0.33+j0.58)(s+2.33)}$

$\Rightarrow$Dominant poles $=0.33\pm j0.58$

(3) $\sigma=0.33$，$\omega_d=0.58\Rightarrow\zeta=0.5$，$\omega_n=0.7$

(4) 設 $\beta=\dfrac{5}{0.53}\approx 10$，則 $G_c=\dfrac{K_c}{10}\times\dfrac{s+0.1}{s+0.01}$

(5) $K_v=5=\lim\limits_{s\to 0}s\times(G_cG)=\lim\limits_{s\to 0}s\times\left[\dfrac{K_c}{10}\times\dfrac{s+0.1}{s+0.01}\times\dfrac{1.06}{s(s+1)(s+2)}\right]$

$\Rightarrow K_c=9.44$ (此時滿足了 K_v 的要求但主極點之 ζ 會略小於 0.5)

(6) 補償後系統的轉移函數為：$G_{\text{new}}=\dfrac{s+0.1}{s+0.01}\times\dfrac{9.44}{10}\times\dfrac{1.06}{s(s+1)(s+2)}$

NOTE 簡言之，直接令 $\beta=10$，$G_c=\dfrac{K_c}{10}\dfrac{s+0.1}{s+0.01}$，而 $K_c=\dfrac{要求的K_v}{補償前的\ K_v}$

另法：欲維持 $\zeta=0.5$，令 $=-\sigma+j\sigma\dfrac{\sqrt{1-\zeta^2}}{\zeta}=-\sigma+\sqrt{3}\sigma j$

代入 Angle condition：$\angle GG_c\Big|_{s=-1+\sqrt{3}\sigma j}=-180°$

$$\Rightarrow -\tan^{-1}\frac{\sqrt{3}\sigma}{-\sigma}-\tan^{-1}\frac{\sqrt{3}\sigma}{1-\sigma}-\tan^{-1}\frac{\sqrt{3}\sigma}{2-\sigma}+\tan^{-1}\frac{\sqrt{3}\sigma}{0.1-\sigma}-\tan^{-1}\frac{\sqrt{3}\sigma}{0.01-\sigma}$$
$$=-180°$$

$\Rightarrow \sigma=-0.28\Rightarrow\omega_d=0.51$，$\zeta=0.5$，$\omega_n=0.56$(所以安定時間會加長)

$s=-0.28+0.51j$ 爲補償後閉環路之主極點(Compensated close loop dominant poles)，代入 Magnitude condition：

$$\left|GG_c\right|_{s=-0.28+0.51j}=\left|\frac{(s+0.1)K}{s(s+1)(s+2)(s+0.01)}\right|=1\Rightarrow K=0.98$$

$\dfrac{K_c}{10}\times1.06=0.98\Rightarrow K_c=9.25$，此時 $K_v=\lim\limits_{s\to0}s(GG_c)=4.9$，差了一點！

NOTE 此法會使主極點之 $\zeta=0.5$ 不變，但 K_v 會差一點。

(6) 補償後之系統的方塊圖及根軌跡

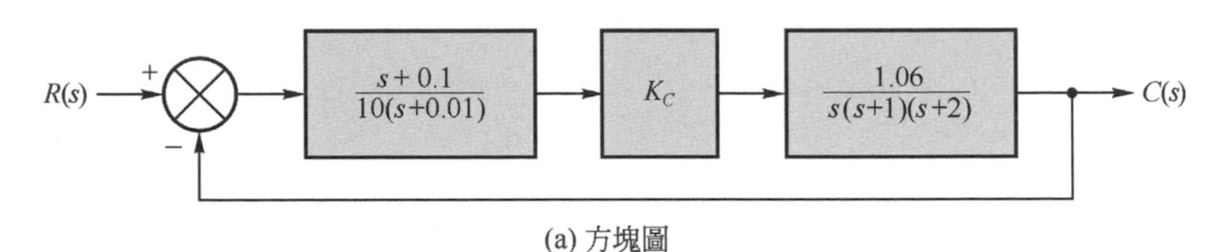

(a) 方塊圖

圖 8-17　例 8-6 補償後之系統的方塊圖及根軌跡

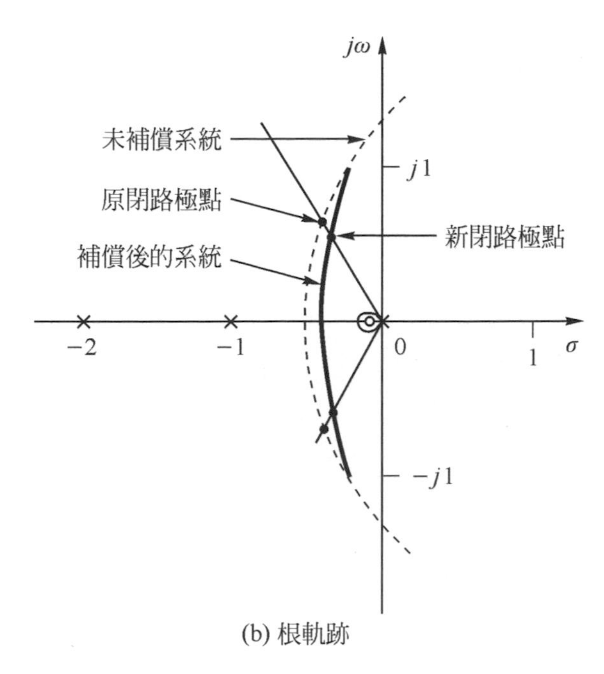

(b) 根軌跡

圖 8-17　例 8-6 補償後之系統的方塊圖及根軌跡(續)

3.　相位領先-落後補償器

例 8-7　一系統之轉移函數爲 $G(s)=\dfrac{4}{s(s+0.5)}$，現要求系統之 $\zeta=0.5$，$\omega_n=5\,\text{rad/s}$，以及 $K_v=50\sec^{-1}$，求經補償後系統之轉移函數。

NOTE 同時要求 ζ 及 K_v 則要用 Lead-lag compensator。

Sol

(1) 補償前系統之特性方程式：

$1+G(s)=0\Rightarrow s^2+0.5s+4=0$，$\Rightarrow\zeta=0.125$，$K_v=\lim\limits_{s\to 0}sG(s)=8$

(2) 要求之系統的 $CE=s^2+5s+25=0\Rightarrow s=-0.25\pm j4.33$ (閉環路極點)

(3) $\angle G(s)_{s=-2.5+j4.33}=-235°$，但角度條件爲 $\angle GG_c=-180°$，

故 $\angle G_c(s)=55°=\phi\cdots\cdots$ 此爲相位領先補償器須提供的領先角度。

(4) 設補償器之轉移函數為：$G_c(s)=\dfrac{s+\frac{1}{T_1}}{s+\dfrac{1}{\beta T_1}}\times\dfrac{s+\frac{1}{T_2}}{s+\dfrac{\beta}{T_2}}\times K_c$

依要求 $K_v=\lim_{s\to 0}GG_c=50\Rightarrow K_c=6.25$

(5) 補償後系統之開路轉移函數為：$G_cG=\dfrac{s+\frac{1}{T_1}}{s+\dfrac{1}{\beta T_1}}\times\dfrac{s+\frac{1}{T_2}}{s+\dfrac{\beta}{T_2}}\times\dfrac{25}{s(s+0.5)}$

(6) 設相位落後補償器之大小為 1，i.e.

$$\left|\frac{s+\frac{1}{T_1}}{s+\dfrac{1}{\beta T_1}}\right|_{s=-2.5+j4.33}\approx 1$$

則在閉環路極點處的大小條件為：$|GG_c|_{s=-2.5+4.33j}=1$

$$\Rightarrow\left|\frac{s+\frac{1}{T_2}}{s+\dfrac{\beta}{T_2}}\right|_{s=-2.5+j4.33}\times 6.25\times\frac{4}{\sqrt{(2.5)^2+(4.33)^2}\sqrt{2^2+4.33^2}}=1$$

$$\Rightarrow\left|\frac{s+\frac{1}{T_2}}{s+\dfrac{\beta}{T_2}}\right|_{s=-2.5+j4.33}=\frac{4.77}{5}$$ …此為相位領先補償器之大小。

(7) 以作圖法決定滿足上述角度及大小要求之相位領先補償器之極零點位置：

① 以 s 為頂點劃一 55° 之角。

② 取該角左右兩邊長之比 5：4.77。

③ 令該角左右兩邊長度分別為 5、4.77 之兩點為 i、j，且令 $\overline{ij}$ 平行於實軸。

④ $\overline{pi}$ 及 $\overline{pj}$ 與實軸交點即為所求之極零點。

⑤　圖形：

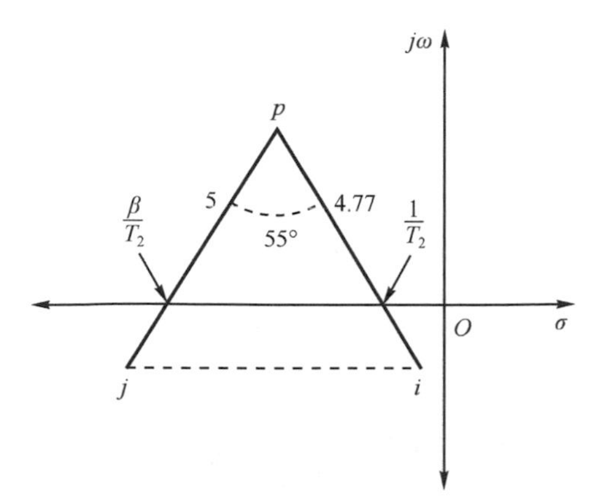

圖 8-18　決定例 8-7 相位領先補償器極零點位置之作圖

由圖中可得零點 $\frac{1}{T_2}=0.5$，極點 $\frac{\beta}{T_2}=5$ 。

故 $T_2=2$ ， $\beta=10$ ，相位領先補償器之轉移函數為：

$$\frac{s+\frac{1}{T_2}}{s+\frac{\beta}{T_2}}=\frac{s+0.5}{s+5}$$

(8) 相位落後補償器的部分則由下列二式可求得 T_1 (非唯一)，進而得其轉移函數：

① $\left|\frac{s+\frac{1}{T_1}}{s+\frac{1}{10T_1}}\right|_{s=-2.5+j4.33}=1$

② $0^\circ<\angle\frac{s+\frac{1}{T_1}}{s+\frac{1}{\beta T_1}}<3^\circ$ (經驗值)

$\Rightarrow T_1=10$，相位落後補償器之轉移函數為：

$$\frac{s+\frac{1}{T_1}}{s+\dfrac{1}{\beta T_1}}=\frac{s+0.1}{s+0.01}$$

(9) 相位領先-落後補償器之轉移函數爲：

$$G_c=\frac{s+0.5}{s+5}\times\frac{s+0.1}{s+0.01}\times 6.25$$

(10)補償後系統之開路轉移函數爲：

$$G_{new}=\frac{s+0.5}{s+5}\times\frac{s+0.1}{s+0.01}\times\frac{25}{s(s+0.5)}$$

NOTE
1. 通常 Lag 部分均用 $\frac{s+0.1}{s+0.01}\times K_c$ 。
2. $\angle APB=\phi$ 。
3. 故通常僅求 Lead 部份及 K_c 。

8-5 頻域設計

1. 概論
   (1) 較時域設計來的簡單直接。
   (2) 一性能良好的系統，其開路頻率響應會有以下特性：
      ① 低頻增益大(穩態誤差小)。
      ② 其 Bode diagram 之大小(Magnitude)曲線在增益交越頻率(Gain cross-over frequency)處之斜率爲 - 20 db/decade (使有足夠的相位邊限 PM)。
      ③ 高頻增益快速衰減(低雜訊干擾)。
   (3) 經驗值：
      ① 伺服系統(Servo system)：GM：10～20dB；PM：40°～60°。
      ② 程序控制系統(Process control system)：GM：3～10dB；PM：20° and up。

2.　相位領先補償器

(1) $G_c(s)=\dfrac{s+\dfrac{1}{T}}{s+\dfrac{1}{\alpha T}}=\alpha\dfrac{1+Ts}{1+\alpha Ts}$，$\alpha<1$

令 $s=j\omega$ 代入上式，

$$G_c(j\omega)=\alpha\frac{1+j\omega T}{1+j\alpha\omega T}$$

① Angel condition

$$\phi=\angle G_c(j\omega)=\tan^{-1}\omega T-\tan^{-1}\alpha\omega T=\tan^{-1}\left(\frac{\omega T-\alpha\omega T}{1+\alpha\omega^2T^2}\right)\cdots\cdots(*)$$

NOTE $\tan(\alpha\pm\beta)=\dfrac{\tan\alpha\pm\tan\beta}{1\mp\tan\alpha\tan\beta}$

$$\Rightarrow\tan(\tan^{-1}\omega T-\tan^{-1}\alpha\omega T)=\tan^{-1}\left(\frac{\omega T-\alpha\omega T}{1+\alpha\omega^2T^2}\right)$$

由(*)式可知，代入不同的 ω 可得不同的ϕ。

相位領先補償器於最大超前相位 ϕ_m 處之頻率爲 ω_m，則

$$\left.\frac{d\phi}{d\omega}\right|_{\omega=\omega_n}=0$$

NOTE 請看相位領先補償器的波德圖。

$\Rightarrow\dfrac{d}{d\omega}\left[\tan^{-1}\left(\dfrac{\omega_mT-\alpha\omega_mT}{1+\omega_m{}^2T^2}\right)\right]=0$，可得 $\omega_m=\dfrac{1}{\sqrt{\alpha}T}$

NOTE $\dfrac{d}{dx}\tan^{-1}X=\dfrac{1}{1+X^2}$

將(*)式等號兩邊取 tan，得： $\tan\phi_m = \dfrac{\omega_m T - \alpha\omega_m T}{1+\alpha{\omega_m}^2 T^2}$

將 $\omega_m = \dfrac{1}{\sqrt{\alpha}T}$ 代入上式，得： $\tan\phi_m = \dfrac{1-\alpha}{2\sqrt{\alpha}} \Rightarrow \sin\phi_m = \dfrac{1-\alpha}{1+\alpha}$

② Magnitude condition

$$\left|G_c(j\omega_m)\right| = \alpha \frac{\sqrt{1+(\omega_m T)^2}}{\sqrt{1+\left(\alpha\omega_m T\right)^2}}\Bigg|_{\omega_m=\frac{1}{\sqrt{\alpha}T}} = \sqrt{\alpha}$$

(2) 設計步驟

① 由對系統的要求決定系統開路增益 K。

② 令 $s = j\omega$ 代入 Magnitude condition 求未補償之增益交越頻率(Gain cross-over frequency， ω_G)。

③ 將 ω_G 代入 Angel condition 可得未補償之相位邊限(PM)，並可據此及要求得知待補償角度 ϕ。

④ 因系統串聯補償器後，原來之增益交越頻率會向右移，會使 PM 減小約 $5°$ ，故實際補償角度要再多加 $5°$ ，i.e. 實際補償角度 $\phi_m = \phi + 5°$ 。

⑤ 將 ϕ_m 代入 $\sin\phi_m = \dfrac{1-\alpha}{1+\alpha}$ ，可求得 α。

⑥ 將 α 代入原系統之大小 $\left|G(j\omega_m)\right| = \sqrt{\alpha}$ ，可求得 ω_m 。

NOTE 相位領先補償器於最大超前相位 ϕ_m 處之頻率為 $\omega_m = \dfrac{1}{\sqrt{\alpha}T}$ ，此 ω_m 為補償後系統新的 Gain cross-over frequency，於此頻率處補償器之大小的 dB 值與原系統之大小的 dB 值剛好相等但符號相反，i.e. $\left|G_c(j\omega_m)\right| = \left|G(j\omega_m)\right|$ 。又因為

$|G_c(j\omega_m)| = \alpha \left.\dfrac{\sqrt{1+(\omega_m T)^2}}{\sqrt{1+(\alpha\omega_m T)^2}}\right|_{\omega_m=\frac{1}{\sqrt{\alpha}T}} = \sqrt{\alpha}$，所以將 α 代入原系統之大小 $|G(j\omega_m)| = \sqrt{\alpha}$，可求得 ω_m。

⑦　將 ω_m 代入 $\omega_m = \dfrac{1}{\sqrt{\alpha}T}$，可求得 T。

⑧　爲補償因加入之補償器而造成的大小衰減，須加一放大器，其 Gain $= \dfrac{1}{\alpha}$。故 Compensator 之 TF：$G_c = \dfrac{1}{\alpha}\dfrac{s+\frac{1}{T}}{s+\frac{1}{\alpha T}}$。

例 8-8　一系統之轉移函數爲：$G(s) = \dfrac{K}{s(s+2)}$，現要求該系統有以下特性：(1) $K_v \geq 20$，(2) PM $\geq 50°$，(3) GM ≥ 10 db。求可使之實現之補償器的轉移函數。

Sol

(1) $K_v = \lim\limits_{s\to 0} sG(s) = \dfrac{K}{2} = 20 \Rightarrow K = 40$

(2) 令 $s = j\omega$，$|G(j\omega)| = 1 = \dfrac{40}{\omega\sqrt{\omega^2+4}} \Rightarrow \omega = 6.17 = \omega_G$

(3) $\angle G(j\omega)\big|_{\omega=6.17} = \left(-\tan^{-1}\dfrac{\omega}{0} - \tan^{-1}\dfrac{6.17}{2}\right)_{\omega=6.17} \cong -163°$，$\therefore$ PM $= 17°$

$\phi = 50 - 17 = 33° \Rightarrow \phi_m = 33° + 5° = 38°$

(4) $\sin\phi_m = \dfrac{1-\alpha}{1+\alpha} \Rightarrow \sin 38° = \dfrac{1-\alpha}{1+\alpha} \Rightarrow \alpha = 0.24$

(5) $|G(j\omega_m)| = \sqrt{\alpha} \Rightarrow \dfrac{40}{\omega\sqrt{\omega^2+4}} = 0.49 \Rightarrow \omega_m \approx 9$ rad/s

(6) $\omega_m = \dfrac{1}{\sqrt{\alpha}T} \Rightarrow 9 = \dfrac{1}{\sqrt{0.24}T} \Rightarrow \dfrac{1}{T} = 4.41$

(7) $\dfrac{1}{\alpha T} = 18.4$

(8) 補償器之轉移函數：$G_c = \dfrac{1}{0.24} \times \dfrac{s+4.41}{s+18.4}$

(9) 由圖或計算均可得知：原系統和補償後之系統的 GM 均爲∞。

(10)波德圖：如圖 8-19。

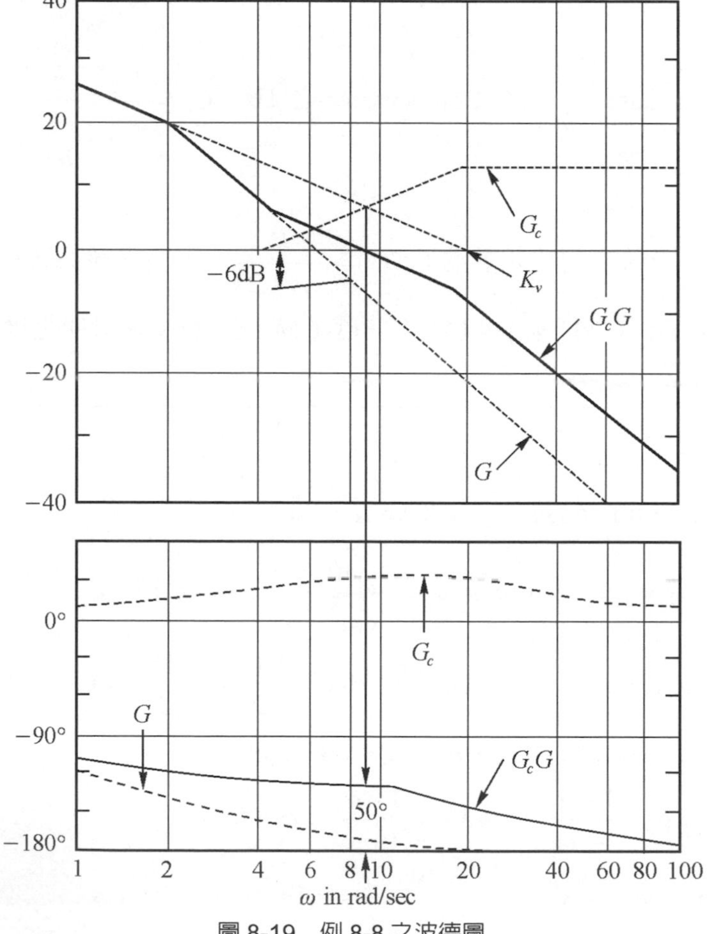

圖 8-19　例 8-8 之波德圖

NOTE $\frac{s+4.41}{s+18.4}=\frac{0.24(0.227s+1)}{0.054s+1}$，$G_c=\frac{1}{0.24}\times\frac{s+4.41}{s+18.4}=\frac{0.227s+1}{0.054s+1}$，所以
$G_{\text{new}}=G_c\times G=\frac{0.227s+1}{0.054s+1}\times\frac{40}{s(s+2)}$

3. 相位落後補償器

(1) 轉移函數：$G_c(s)=\frac{1}{\beta}\frac{s+\frac{1}{T}}{s+\frac{1}{\beta T}}$，$\beta>1$。

(2) ϕ_m 及 ω_m 的求法均與 Lead compensator 相同。

(3) 設計步驟

① 由對系統的要求決定系統開路增益 K。

② 令 $s=j\omega$ 代入 Magnitude condition 求未補償之增益交越頻率(Gain cross-over frequency，ω_G)。

③ 將 ω_G 代入 Angel condition 可得未補償之相位邊限(PM)，並可據此及要求得知待補償角度 ϕ。

④ 若 PM <0 (不穩定系統)則不可使用 Lead compensator，必用 Lag compensator。

⑤ 決定待補償角度
$N°=-180°+(\text{要求的PM}+12°)$　(經驗值為加5°~12°)。

⑥ 求相對於 $N°$ 的 ω_{m} (新的 Gain cross-over freq)。

⑦ 令 $\frac{1}{T}=\frac{1}{2}\sim\frac{1}{10}\omega_m$。

⑧ 令 $20\log|G(j\omega)|_{\omega=\omega_m}=20\log\beta$，解之可得 β 值(ω_m 對應之 Gain 值須為零，即使 $20\log\beta$ 降為零所需之補償量)。

⑨ 將求得之 $\frac{1}{T}$ 及 β 代入轉移函數標準式 $G_c(s)=\frac{1}{\beta}\frac{s+\frac{1}{T}}{s+\frac{1}{\beta T}}$ 即得。

例 8-9 一系統之轉移函數爲：$G(s)=\dfrac{K}{s(s+1)(0.5s+1)}$，現要求該系統有以下特性：(1) $K_v=5$，(2) $\text{PM}\geq 40°$，(3) $\text{GM}\geq 10$ db。求可使之實現之補償器的轉移函數。

Sol

(1) $K_v=\lim\limits_{s\to 0}sG=5=K$

(2) 令 $s=j\omega$，$|G(j\omega)|=\dfrac{K}{\omega\sqrt{1+\omega^2}\sqrt{1+(0.5\omega)^2}}=1$

$\Rightarrow \omega=2.1\,\text{rad/s}$ (Gain cross-over frequency)

(3) $\angle G(j\omega)\big|_{\omega=2.1}=-90°-\tan^{-1}\dfrac{2.1}{1}-\tan^{-1}\dfrac{1.05}{1}\cong -200°$

$\text{PM}=180°-200°=-20°$，Unstable！故必須用 Lag compensator。

NOTE $K=2$，$\omega_G=1\,\text{rad/s}$，$\text{PM}=31°$；$K=3$，$\omega_G=1.415\,\text{rad/s}$，$\text{PM}=0°$

(4) 補償角度：$N°=-180°+(40°+12°)=-128°$

NOTE 直接把補償後之系統的增益交越頻率處的相位角定在 $-128°$，i.e. 直接把補償後系統之 PM 定在要求處 $(40°+12°)$。

(5) $\angle G(j\omega)=-90°-\tan^{-1}\omega-\tan^{-1}0.5\omega=-128°\Rightarrow\omega_m\approx 0.5\,\text{rad/s}$

(6) 令 $\dfrac{1}{T}=\dfrac{1}{5}\omega_m=\dfrac{0.5}{5}=0.1$

(7) 補償量：令 $20\log\beta=20\log|G(j\omega)|_{\omega=0.5}$

(或是令 $\beta=|G(j\omega)|_{\omega=\omega_n}$，i.e 期望 $|G(j\omega_m)|=1$，但現在 $|G(j\omega_m)|\neq 1$，需除以 $\dfrac{1}{\beta}$，$20\log|G(j\omega)|_{\omega=0.5}=20\log\dfrac{10}{0.5\sqrt{1+0.25}\sqrt{4+0.25}}\approx 20\,\text{dB}$，

取 $\beta=10$，所以 $\dfrac{1}{\beta T}=0.01$。

NOTE $n-m \geq 3$ 表示只要 K 值夠大，則必有軌跡在右半面，表示有可能不穩定。可用 Routh 法求其穩定之 K 值界限(此題為 3)，與由 K_v 所得之 K 值可判知系統是否穩定。若為 Unstable 則直接跳至第(4)步)

(8) $G_c = \dfrac{1}{10} \times \dfrac{s+0.1}{s+0.01}$

(9) $G_{\text{new}} = G \times G_c = \dfrac{10}{s(s+1)(s+2)} \times \left(\dfrac{1}{10} \times \dfrac{s+0.1}{s+0.01}\right)$

(10)波德圖：如圖 8-20。

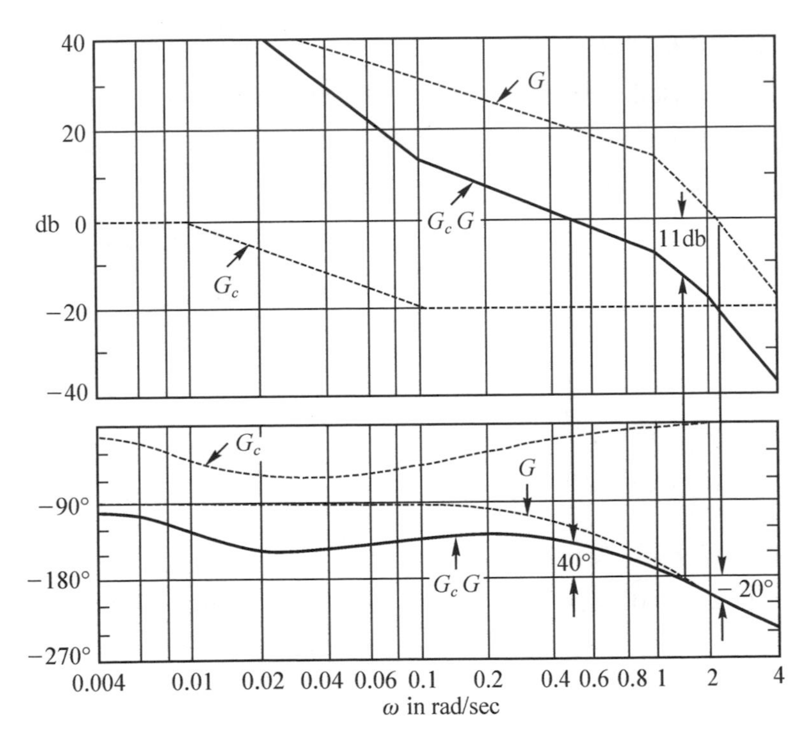

圖 8-20　例 8-9 之波德圖

4. 相位領先-落後補償器

(1) 轉移函數：

$$G_c(s)=\frac{s+\frac{1}{T_1}}{s+\frac{1}{\beta T_1}}\times\frac{S+\frac{1}{T_2}}{S+\frac{\beta}{T_2}}\text{，}\beta>1\text{，}T_1>T_2\text{。}$$

(2) 先由對系統的要求之誤差常數設計 Lag 部份，再由對系統的要求之 PM 設計 Lead 部份。

(3) 設計步驟

① 由 K_v 求系統開路增益 K。

② 繪 Bode 圖，找出 Gain crossover frequency $=\omega_G$ 及 Phase crossover frequency $=\omega_P$，或以計算法，由大小條件(MC)：$|G(j\omega_G)|=1$，解之可得 ω_G；
由角度條件(AC)：$\angle G(j\omega)=-180°$，解之可得 ω_P。

③ 令 ω_P 爲新的 Gain crossover frequency $=\omega_m$。

④ 設計 Lag 部分：

(a) 令 $\frac{1}{T_1}=\frac{1}{10}\omega_m$。

(b) 取 $\beta=10$ 得 $\frac{1}{\beta T_1}$。

⑤ 由 Bode 圖找出 ω_m 對應之 dB 值(db_m)

⑥ 將 Bode 圖中橫座標爲 ω_m 、縱座標爲 db_m 之點(ω_m ， db_m)下拉 db_m 至 0 dB，則此 ω_m 才符合 Gain crossover frequency 的定義。

⑦ 設計 Lead 部分：

(a) 以 – 20 db 爲斜率畫一條通過(ω_m ， db_m)點之線。

(b) 該線與 Bode 圖中縱座標爲 20 dB 之橫線交點即爲轉角頻率 $\frac{1}{T_2}$ (Lead 部分的 zero)；該線與 Bode 圖中縱座標爲 0 dB 之橫線交點即爲轉角頻率 $\frac{\beta}{T_2}$ (Lead 部分的 pole)。

例 8-10 一系統之轉移函數為：$G(s)=\dfrac{K}{s(s+1)(s+2)}$，現要求該系統有以下特性：(1) $K_v=10$，(2) $PM=50°$，(3) $GM\geq 10$ db。求可使之實現之補償器的轉移函數。

Sol

(1) $K_v=\lim_{s\to 0} sG=\dfrac{K}{2}=10\Rightarrow K=20$

(2) 由 Bode 圖知 Phase crossover frequency=1.5rad/s

(3) 令 $\omega_m=1.5$ rad/s(新的 Gain cross-over frequency)

(4) 令 $\dfrac{1}{T_1}=\dfrac{1}{10}\times 1.5=0.15$，取 $\beta=10$ 得 $\dfrac{1}{\beta T_1}=0.015\Rightarrow G_{Lag}=\dfrac{s+0.15}{s+0.015}$

(5) $\omega_m=1.5$ rad/s 所對應之大小約為 13 dB。

(6) 以 -20 db 為斜率畫一條通過(1.5rad/s，13 dB)點之線，作圖得

$\dfrac{1}{T_2}=0.7$，$\dfrac{\beta}{T_2}=7$，$\Rightarrow G_{\text{Lead}}=\dfrac{s+0.7}{s+7}$

(7) $G_{\text{new}}=G\times G_c=\dfrac{20}{s(s+1)(s+2)}\times\dfrac{s+0.15}{s+0.015}\times\dfrac{s+0.7}{s+7}$

NOTE 欲將 $G(s)$之 $\omega=1.5$ rad/s 處之 Magnitude 衰減至零以符合 Gain cross-over frequency 之定義，現以作圖法所得之交點所作出之 Lead compensator 已提供衰減之功能，故不需要再乘 $\dfrac{1}{\alpha}$。

(8) 波德圖，如圖 8-21

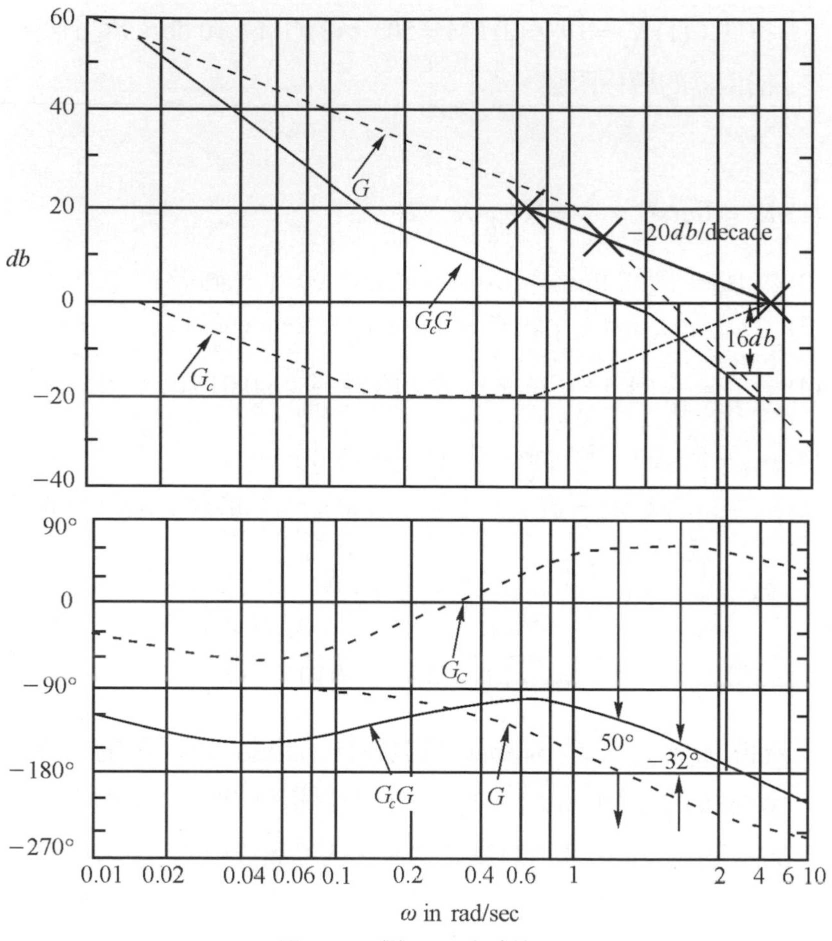

圖 8-21　例 8-10 之波德圖

習　題　　EXERCISE

1. 一系統之開環路轉移函數爲 $\frac{0.01}{s^2+0.01}$，求：(1)若輸入爲步級函數，可使輸出之穩態誤差降爲零之控制器的轉移函數？(2)若輸入爲 $r(t)=5t$，可使輸出之穩態誤差降爲 0.01 之控制器的轉移函數？(3)可使閉環路系統之二次根所對應之 $\zeta=0.707, \omega_n=1\,\text{rad/s}$ 之 PID 控制器的轉移函數？
2. 請設計一相位領先補償器，使 $G(s)=\frac{K}{s^2}$ 之 $(2\%)t_s \le 4$ 並 $M_P \le 20\%$。
3. 請設計一相位領先補償器，使得系統 $G(s)=\frac{K}{s(s+2)}$ 之(1) $K_v \ge 20$，(2) $\text{PM} \ge 50^\circ$，(3) $\text{GM} \ge 10\,\text{dB}$。
4. 請設計一相位補償器，使得系統 $G(s)=\frac{K}{s(s+1)(0.5s+2)}$ 之(1) $K_v=5$，(2) $\text{PM} \ge 40^\circ$，(3) $\text{GM} \ge 10\,\text{dB}$。
5. 請設計一油壓工作台定位控制系統，且(1)繪出其構成圖，(2)說明你所選用元件的規格，(3)繪出其時間響應圖。
6. 請設計一補償器，使轉移函數爲 $\frac{K}{s(s+1)(0.5s+1)}$ 之系統與其串聯後可使(1) $K_v=5$，(2) $\text{PM} \ge 40^\circ$，(3) $\text{GM} \ge 10\,\text{dB}$。並請寫出補償後之轉移函數。

參考文獻

1. K. Ogata, Modern Control Engineering, Prentice Hall, Englewood Cliffs, N. J., 1970.
2. I. J. Nagrath and M. Gopal, Control System Engineering, Bombay, 1982.
3. J. L. Melsa and D. G. Schultz, Linear Control System, Central, Taipei, 1969.
4. B. C. Kuo and M. F. Golnaraghi, Automatic Control Systems (8th Edition), John Wiley & Sons, New York, 2003.
5. C. T. Chen, Linear System Theory and Design, Saunder College, New York, 1970.
6. E. Kreyszig, Advanced Engineering Mathematics, John Wiley & Sons, New York, 1979.
7. W. Bolton, Control Engineering, John Wiley & Sons, New York, 1992.
8. 丘世衡、沈勇全、李新濤、陳再萬，自動控制，高立圖書有限公司，台北，1992。
9. 徐佳銘，實用自動控制工程學，逢甲書局，台中，1972。
10. 林銘瑤，回授與控制系統原理及習題，中央圖書出版社，台北，1982。
11. 楊善國，感測與量度工程(第四版)，全華科技圖書公司，台北，2005。

OpenTech
全華網路書店
.com.tw

讀者回函卡

填寫日期：　　/　　/

姓名：＿＿＿＿ 生日：西元＿＿年＿＿月＿＿日 性別：□男 □女

電話：（ ）＿＿＿＿ 傳真：（ ）＿＿＿＿ 手機：＿＿＿＿

e-mail：（必填）＿＿＿＿

註：數字零，請用 Φ 表示，數字 1 與英文 L 請另註明並書寫端正，謝謝。

通訊處：□□□□□

學歷：□博士 □碩士 □大學 □專科 □高中・職

職業：□工程師 □教師 □學生 □軍・公 □其他

學校／公司：＿＿＿＿ 科系／部門：＿＿＿＿

・需求書類：

□ A. 電子 □ B. 電機 □ C. 計算機工程 □ D. 資訊 □ E. 機械 □ F. 汽車 □ I. 工管 □ J. 土木

□ K. 化工 □ L. 設計 □ M. 商管 □ N. 日文 □ O. 美容 □ P. 休閒 □ Q. 餐飲 □ B. 其他

・本次購買圖書為：＿＿＿＿ 書號：＿＿＿＿

・您對本書的評價：

封面設計：□非常滿意 □滿意 □尚可 □需改善，請說明＿＿＿＿

內容表達：□非常滿意 □滿意 □尚可 □需改善，請說明＿＿＿＿

版面編排：□非常滿意 □滿意 □尚可 □需改善，請說明＿＿＿＿

印刷品質：□非常滿意 □滿意 □尚可 □需改善，請說明＿＿＿＿

書籍定價：□非常滿意 □滿意 □尚可 □需改善，請說明＿＿＿＿

整體評價：請說明＿＿＿＿

・您在何處購買本書？

□書局 □網路書店 □書展 □團購 □其他＿＿＿＿

・您購買本書的原因？（可複選）

□個人需要 □幫公司採購 □親友推薦 □老師指定之課本 □其他＿＿＿＿

・您希望全華以何種方式提供出版訊息及特惠活動？

□電子報 □ DM □廣告（媒體名稱＿＿＿＿）

・您是否上過全華網路書店？（www.opentech.com.tw）

□是 □否 您的建議＿＿＿＿

・您希望全華出版那方面書籍？＿＿＿＿

・您希望全華加強那些服務？＿＿＿＿

～感謝您提供寶貴意見，全華將秉持服務的熱忱，出版更多好書，以饗讀者。

全華網路書店 http://www.opentech.com.tw　　客服信箱 service@chwa.com.tw

2011.03 修訂

親愛的讀者：

感謝您對全華圖書的支持與愛護，雖然我們很慎重的處理每一本書，但恐仍有疏漏之處，若您發現本書有任何錯誤，請填寫於勘誤表內寄回，我們將於再版時修正，您的批評與指教是我們進步的原動力，謝謝！

全華圖書　敬上

勘誤表

書號		書名		作者	
頁數	行數	錯誤或不當之詞句		建議修改之詞句	

我有話要說：（其它之批評與建議，如封面、編排、內容、印刷品質等・・・）